生物力学基础

FUNDAMENTALS OF BIOMECHANICS

冯 原◎编著

内容提要

本书从宏观和微观两个尺度介绍生物力学的基本概念、基本方法、研究对象和典型应用。全书共7章，首先介绍了力学理论基础，然后从宏观层面介绍人体运动的生物力学及组织尺度上生物力学的理论和应用，再从微观层面介绍细胞生物力学，并深入到分子尺度介绍分子力学的基础、力学特性以及分子动力学模拟的理论和方法。最后对生物力学测量技术做简要介绍。

本书可作为生物力学的入门教材供相关专业学生及技术人员学习参考。

图书在版编目(CIP)数据

生物力学基础／冯原编著. -- 上海：上海交通大学出版社，2024. 12 -- ISBN 978-7-313-31155-9

Ⅰ. Q66

中国国家版本馆CIP数据核字第2024VB3808号

生物力学基础

SHENGWU LIXUE JICHU

编　　著：冯　原

出版发行：上海交通大学出版社

地　　址：上海市番禺路951号

邮政编码：200030

电　　话：021-64071208

印　　制：浙江天地海印刷有限公司

经　　销：全国新华书店

开　　本：710 mm×1000 mm　1/16

印　　张：11.75

字　　数：192千字

版　　次：2024年12月第1版

印　　次：2024年12月第1次印刷

书　　号：ISBN 978-7-313-31155-9

定　　价：48.00元

FOREWORD 前言

生物力学作为一门典型的交叉学科，自20世纪中期由冯元祯先生开创以来，在力学、生物学的基础研究领域以及临床应用方面均有广泛的应用。然而，生物力学不仅包含刚体力学、固体力学和流体力学等经典力学理论的基础，结合具体的人体、生物学问题开展分析和应用，还需要综合宏观和微观不同尺度的测量技术和分析方法。其学科跨度大，知识覆盖面广，给初学生物力学的人群，尤其是生物医学工程相关专业本科学生的学习带来了挑战。

本书作者开展生物力学的课程教学已有多年，历经多次教学改革和调整，但是一直没有合适的教材用于教学。作者回忆自身学习生物力学的历程，自硕士研究生时期的阶段开展柔性体肠道内窥镜机器人的研究，研究中体会到人体软组织的力学特性对医疗器械的设计起到关键作用，从而萌生了研究生物力学的想法。因此，作者在博士研究生阶段于美国圣路易斯华盛顿大学开展脑组织生物力学的研究，在开始阶段，首先从线弹性力学开始学习，后续的课程还包括连续体力学、非线性弹性力学、振动理论和有限元方法等。除此之外，为了结合人体组织的生物力学特性在体测量，还学习了磁共振成像技术和医学成像方法等测量测试的技术手段。显然，这些力学理论和测量技术想要在一个学期的课程中全部覆盖是很有挑战性的。然而，如果能够掌握基础理论和常用的测量测试方法，在此基础上再开展进一步的学习和探索将会变得更加轻松且高效。因此，本书的编写初衷正是为初学者介绍生物力学的基础理论和方法。

生物力学本身包含大量的基础力学理论。虽然理论基础学习是非常必要的，但是生物力学作为一门强调学科交叉和应用的学科，具有明显的理论结合实际的特征。因此，考虑当前生物力学领域需要用到的基础力学分析方法，本书在理论基础部分设置一个章节，主要介绍弹性力学和连续体力学的基本概念，并对流体和黏弹性理论基础做简要介绍。在组织力学层面，重点结合人体和生物体的宏观运动和组织变形开展介绍，结合生活场景实例介绍生物力学的理论和应用。在细胞分子层面，结合细胞和分子的生物结构和力学特性，对生物力学和力学生物学的相关内容开展介绍。在生物医学的基础与应用中，生物力学理论在测量与测试技术方法中有广泛的应用，因此本书最后一章结合具体应用场景，介绍生物力学基础研究中的测量测试技术方法。

生物力学的应用和交叉领域在不断地拓宽，在生物学和医学中的应用日益显著。希望本书能帮助初学者，尤其是生物医学工程相关专业的本科学生更好地学习生物力学的入门基础知识，同时为其今后学习、应用和研究生物力学理论和方法提供助益。

冯　原

CONTENTS 目录

1

绪 论

1.1 生物力学的历史与发展

生物力学，顾名思义是将力学的原理和方法应用于生物体。力学是一门经典的科学，主要研究物质机械运动规律，对物体的运动、受力、形变等开展分析。伽利略在他的著作《两门新科学》(1638 年)中使用了“力学”这个词作为副标题，用来描述力、运动和材料的强度。多年来，这个词的含义已经得以扩展，涵盖了对各种粒子和连续体的运动的研究，包括量子、原子、分子、气体、液体、固体、结构、恒星和星系。在广义上，它可应用于分析任何动态系统。因此，热力学、热和质量传递、控制论、计算方法等都可视为力学的重要分支。力学科学可以分为多个子领域，如静力学、动力学、弹性力学、塑性力学、流体力学等，生物力学作为一门相对较新和交叉的分支，在当今力学科学的发展中扮演着重要的角色。

早在亚里士多德时代(公元前 384—322)，亚里士多德本人就强调了“物理学”与生物学研究之间的联系，他的著作涵盖了整个知识领域，这些领域整体上深受他对生物学研究的影响。伽利略(1564—1642)在作为物理学家成名之前曾学习医学，之后他发现了单摆周期的恒定性，并利用单摆测量人的脉搏速率，以与脉搏同步的摆长定量地表示结果。他还发明了测温仪，也是第一个设计出具有现代意义的显微镜的人(1609 年)。哈维(1578—1657)在 1628 年基于伽利略测量原理的应用，论证了血液循环的概念。他首先表明，血液只能从一个方向离开心脏的心室。然后他测量了心脏的容量，发现它有 2 盎司[①]。心脏每分钟跳动 72 次，因此 1 小时向系统输送 $2\times72\times60=8\,640$(盎司)(540 磅)血液。这些血液都来自哪里？它们又会去哪里？他得出结论，循环的存在

① 1 盎司=28.350 克，16 盎司=1 磅。

是心脏功能的必要条件。伽利略的另一位同事圣托里奥·圣托里奥(1561—1636)是帕多瓦大学的医学教授,他运用了伽利略的测量方法和哲学思想,比较了人体在不同时间和不同情况下的体重。他发现,仅仅通过暴露人体就会减轻体重,他将这个过程称为"不易察觉的出汗"。他的实验为现代"代谢"研究奠定了基础。伽利略的物理发现以及圣托里奥和哈维的论证,极大地推动了人们用力学理论解释生命过程。伽利略表明,数学是科学的关键,没有数学就无法正确理解自然。这种观念激励了伟大的数学家笛卡尔(1596—1650)研究生理学。他基于力学原理提出了生理学理论。

罗伯特·胡克(1635—1703)提出了力学中经典的胡克定律,并在生物学领域创造了"细胞"一词,用以指代生命的基本单位。莱昂哈德·欧拉(1707—1783)于1775年发表了一篇关于动脉中波传播的论文。托马斯·杨(1773—1829)提出了杨氏弹性模量概念。他在研究光的波动理论的同时,也关注透镜的散光问题和色觉问题。泊肃叶(1799—1869)在学医时发明了水银血压计,用以测量狗的主动脉血压,并在毕业后发现了泊肃叶黏性流动定律。冯·亥姆霍兹(1821—1894)发明了用于测量眼睛尺寸的视网膜检眼镜,以及用于立体视觉的带有瞳孔间距调节功能的立体镜。他研究了听觉机制,并发明了亥姆霍兹谐振器。他提出的涡量守恒理论是现代流体力学的基础。他是第一个测定神经脉冲速度的人,给出了30 m/s的速度,并证明了肌肉收缩释放的热量是动物热量的重要来源。他的贡献涉及光学、声学、热力学、电动力学、生理学和医学等领域。他发现了眼睛的聚焦机制,发明了眼底镜来观察眼睛的内部结构。生理学家菲克(1829—1901)是菲克质量传递定律的提出者。流体力学家科尔特韦格(1848—1941)和兰姆(1849—1934)撰写了关于血管中波传播的精彩论文。

然而,生物力学理论体系和方法的真正建立归功于美籍华人科学家冯元桢(1919—2019)。冯元桢是公认的生物力学的开创者及奠基人,他的研究工作主要集中在生物软组织本构关系、肺血流动力学规律以及生物组织器官生长和应力关系等方面[1]。冯元桢在发现人体血球、血管、微循环方面取得了重大突破,发表了先驱性的"红细胞的零压力结构理论",创立了著名的"冯氏毛细血管隧道理论"[2-3]。他的这些研究成果为理解人体生理和病理过程提供了新的视角,也为疾病的治疗和预防提供了新的思路。他提出的理论和方法不仅丰富了生物力学的理论体系,还为医学、生物学等相关领域的研究提供了重要的参考。

冯元桢在其生物力学的经典著作 *Biomechanics: Mechanical Properties of*

Living Tissues 中指出,生物力学旨在理解生命系统的力学原理。这一领域的研究动力源自这样一个认识:没有生物力学,就难以全面理解生物体的诸多功能,就像没有空气动力学,飞机就无法飞行。对于飞机而言,力学使我们能够设计其结构并预测其性能。对于器官而言,生物力学有助于我们理解其正常功能,预测因疾病引起的变化,并提出人工干预的方法。因此,诊断、手术和义肢等都与生物力学密切相关。

> "For an airplane, mechanics enables us to design its structure and predict its performance. For an organism, biomechanics helps us to understand its normal function, predict changes due to alterations, and propose methods of artificial intervention. Thus diagnosis, surgery, and prosthesis are closely associated with biomechanics."
>
> — Mechanical Properties of Living Tissues, Fung, Y. C. 2nd ed. New York: Springer-Verlag, 1993.

时至今日,生物力学已从应用力学理论和方法对生物体进行建模和实验分析,发展成为从宏观到微观多尺度地对生命体的生物学、生理学和病理学开展具有力学元素特征的多维度研究范式。

1.2 生物力学与力学生物学

在不同尺度下,从宏观到微观均可以见到生物力学的存在。如前所述,生物力学侧重于用力学的理论和方法。对生物体进行建模和实验分析,并对生物现象从力学角度给出机制的解释和说明。下面通过具体的实例说明生物力学的内涵与应用。

在日常生活和运动中,常常发生头部与外物相碰撞的情形。碰撞的过程是一个典型的力学过程。如果将脑组织在人的颅骨中的固定看成是一个机械动力系统,那么脑组织在颅内的相对运动就可以用生物力学模型进行描述和分析。如图 1-1(a)所示,将人脑在颅内的结构用生物力学模型进行抽象和分析[4]。将脑组织和颅骨之间的结构用弹簧模型进行简化,并模拟脑组织在碰撞过程中颅内的动态过程。当人的头部在前额发生碰撞时,可能会发生两类损伤:冲击伤和对冲伤。如图 1-1(b)所示,在前额的碰撞发生后,额叶会有相应的损伤,称为冲击伤。在冲击部位的对侧枕叶则会发生对冲伤。冲击伤和对冲伤发生的物理过程可以基于图示中的简单力学模型进行分析。其中脑组织可能发生剪切变形,并对神经元产生剪切损伤。如果将脑组织与颅骨间的相互连接看成是类似于弹簧连接的形式,在碰撞发生后,脑组织在惯性力的作用下继续沿着冲击方向移动,碰在前额的颅骨壁上,从而导致冲击伤的发生。在碰撞发生后,颅骨壁在脑组织上施加反作用力。因此脑组织向冲击的反方向运动,与枕叶的颅骨发生碰撞,造成对冲伤。

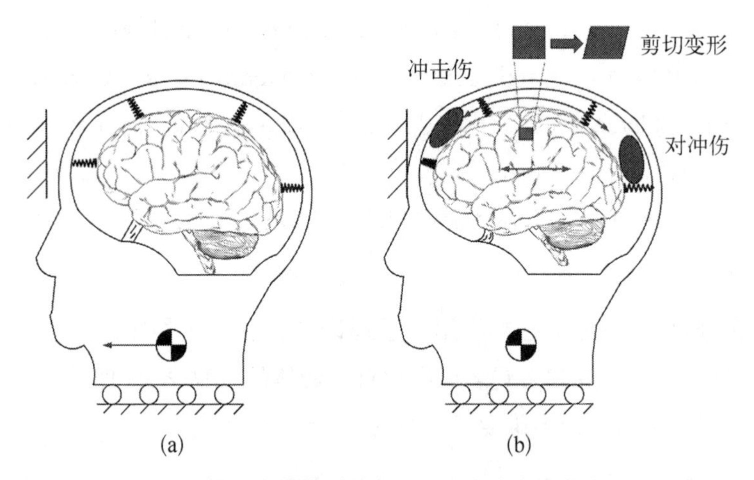

图 1-1 利用生物力学模型抽象和分析人脑在颅内的相对运动

骨折是生活中常见的损伤形式。在正常情况下,人体的骨组织会不断地进行骨形成和骨吸收的过程,以维持骨头的稳定。然而,当骨形成减少而骨吸收增加时,骨组织就会逐渐变薄、变松,导致骨质疏松,甚至发生断裂。对于中老年人,骨质疏松是常见的现象,骨质疏松所造成的直接后果就是容易导致骨折。而骨折的发生是一个典型的生物力学现象。图 1-2 所示为骨组织在不同受力条件下所发生的变形。通过骨组织在不同受力条件下其内部的应力和应变状态分析,可以找到骨折发生的条件和避免骨折所采用的措施。

软组织纤维化和硬化疾病是与生物力学密切相关的典型疾病,是当细胞外基质在组织内过度增生且增生速度超过降解速度并异常沉积而导致组织结构和功能异常的一组临床和病理学综合征。由于细胞外基质是决定组织力学特性的重要成分,因此纤维化和硬化发生时,组织的弹性模量会增加。例如,对于肝脏纤维化程度,可以对应组织的剪切模量开展分级。图 1-3 所示为代

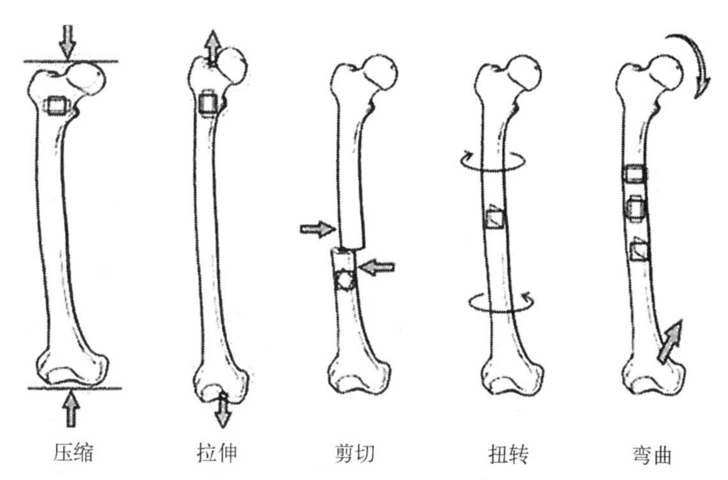

图 1-2 骨组织在不同受力条件下所发生的变形

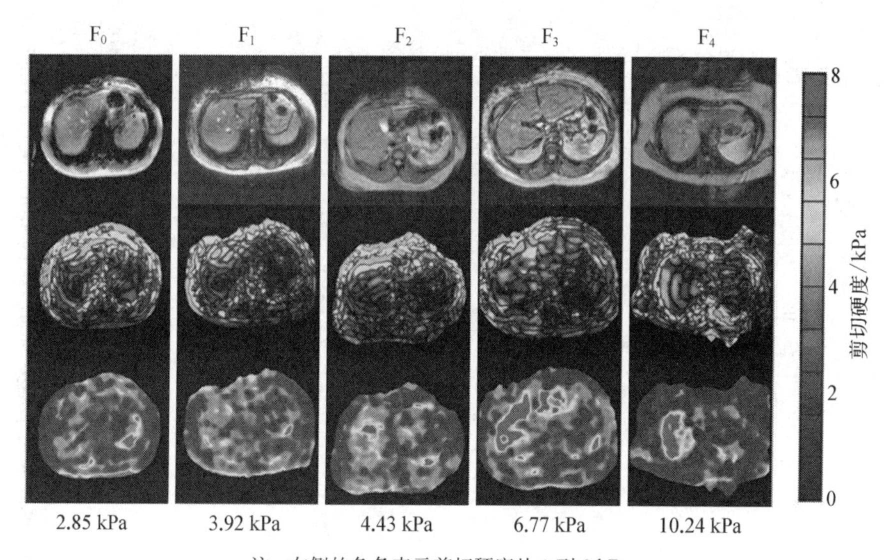

注：右侧的色条表示剪切硬度从 0 到 8 kPa。

图 1-3 代谢功能障碍相关的脂肪性肝病(MASLD)患者的肝脏剪切硬度随着纤维化(F_0～F_4)阶段的增加逐渐增大[5]

谢功能障碍相关的脂肪性肝病(MASLD)患者的肝脏纤维化程度。

在微观层面，细胞的力学性质与生命现象密切相关。细胞骨架(包括微管、微丝和中间丝)对细胞力学特性起到关键影响(见图 1-4)。细胞-细胞、细胞-胞外基质之间的相互作用通过肌动蛋白(actomyosin)、黏附斑(focal adhesion)和桥粒(desmosome)实现。组织的流动性受组织内细胞机械特性的影响。这些特性由收缩性的肌动球蛋白细胞骨架决定，该细胞骨架与细胞-基

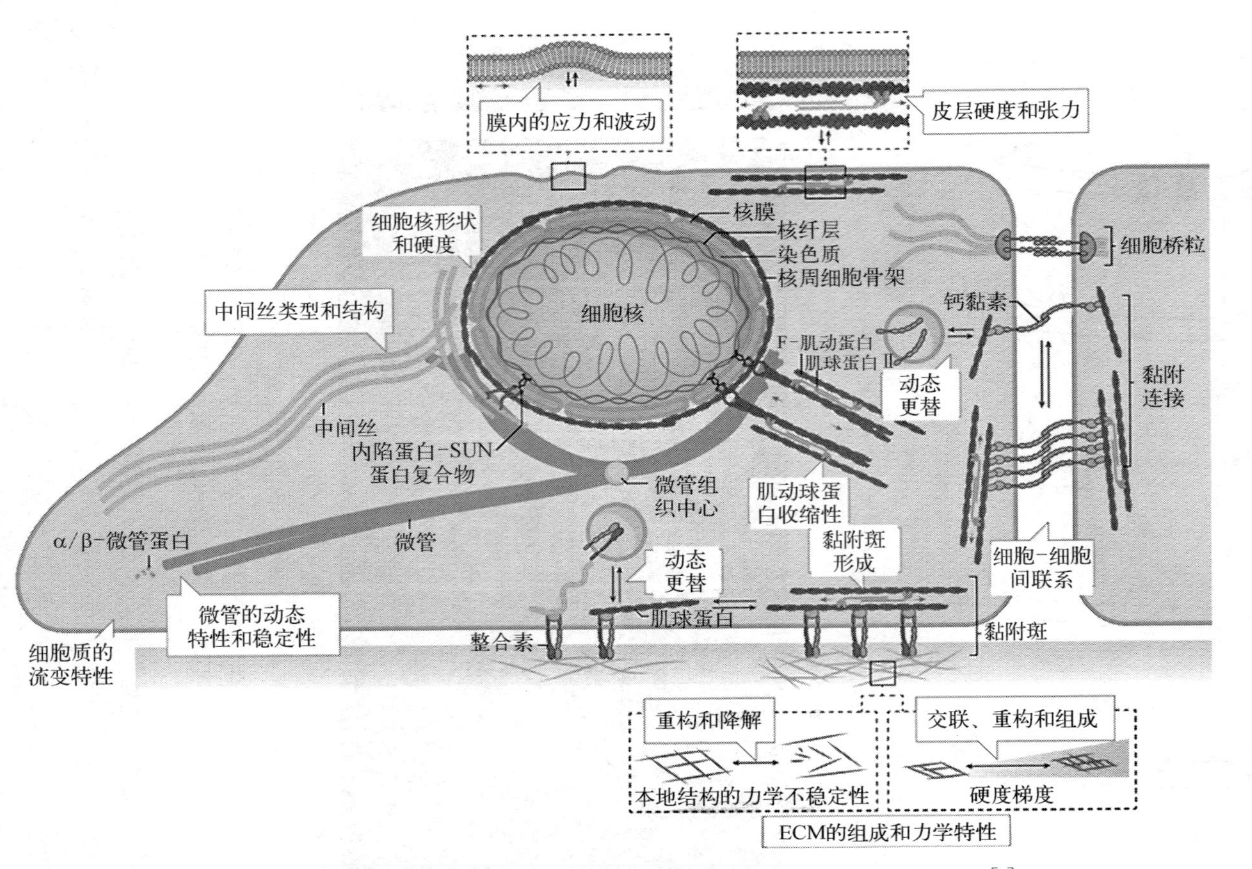

图 1-4 细胞内力学相关的功能结构和机制决定了细胞和组织的机械状态[6]

质(基于整合素的黏附)和细胞-细胞(基于钙黏蛋白的黏附)接触相连。除了细胞外基质(extra cellular matrix, ECM)的刚性和组成外,它们的成熟状态和动态更替的速率也有助于组织的流动性。中间丝和微管有助于细胞抵抗压缩载荷的能力。这种特性受到它们的局部动力学和组织方式的调节。细胞质的流变特性也通过其对微管动力学的影响来影响细胞力学。细胞核的形状和刚度是细胞力学特性的另外两个重要参数,它们由染色质组织、核纤层组成和核周细胞骨架的结构共同决定。由黏附信号调节的亚质膜肌动球蛋白是影响细胞皮层张力的主要因素。肌动球蛋白皮层张力与质膜张力共同作用下,传播膜张力以调节细胞形状和黏附性。

力学生物学(mechanobiology),顾名思义是具有力学元素的生物学。生物力学的落脚点侧重于力学科学,而力学生物学的落脚点则侧重于生命科学。在力学生物学中,添加了力学(mechano-)词头的专有名词,代表了力学生物学研究中的诸多方向,如力学感知(mechanosensing)、力学受体(mechanoreceptors)和力学介导(mechanotransduction)等。其中,力学感知是依靠力学受体将力学信号转化为其他信号的过程。力学介导是细胞将机械刺激转化为化学反应的过程。它既可能发生在专门用于感知机械信号的细胞(如力学感受器)中,又可能发生在主要功能不是力学感受器的实质细胞中。细胞外基质 ECM 是细胞所处的最直接的微环境,也是细胞感知外界环境力元素的主要构成。细胞骨架如同人体骨架一样,对细胞形态起关键作用,也是细胞感受和介导力的重要载体。细胞动态变化的驱动力来自细胞骨架的主要组成部分,包括微管、微丝(肌动蛋白)和中间丝。这些细胞骨架元素共同构成一个动态网络,使它们能够通过构建模块的聚合和解聚来改变细胞结构。肌动蛋白对动物细胞形状变化起主要作用。肌动蛋白的动态组装使细胞能够变形,并迅速响应其微环境中的生物化学和生物物理信号。例如,肌动蛋白具有形成不同类型纤维组织(分支、交联、平行和反平行网络)的能力,这些组织的形成由控制纤维排列的肌动蛋白决定。细胞中最明显的变形之一是产生被称为板状伪足和丝状伪足的突出结构。板状伪足是由分支的肌动蛋白网络在细胞膜上产生力而形成的;丝状伪足是由平行的肌动蛋白束提供的刚性方向性而产生的[7]。此外,聚合的肌动蛋白网络、细胞肌动蛋白皮质和应力纤维为细胞提供结构支持,使其能够推动和拉动细胞膜。这些力量也通过由反平行的肌动蛋白束提供的细胞收缩性进行介导。下面从几个方面举例对力学生物学的应用做介绍。

在神经生物学领域，力学生物学对揭示神经系统的发育机制起关键作用[8]。脊椎动物的大脑发育始于外胚层细胞被诱导进入神经谱系，形成神经板，然后神经板折叠形成神经管。神经管在特定位点延长、弯曲、扩张和收缩。神经干/祖细胞(neural stem/progenitor cells, NSPCs)会在脑室的空腔内壁上增殖并分化。分化的细胞迁移、相互连接，并产生特殊的神经信号中心(见图 1-5)。产生大脑和脊髓的生物过程都是产生应力和应变的动态过程，这些应力和应变反过来又会影响细胞行为和器官模式。

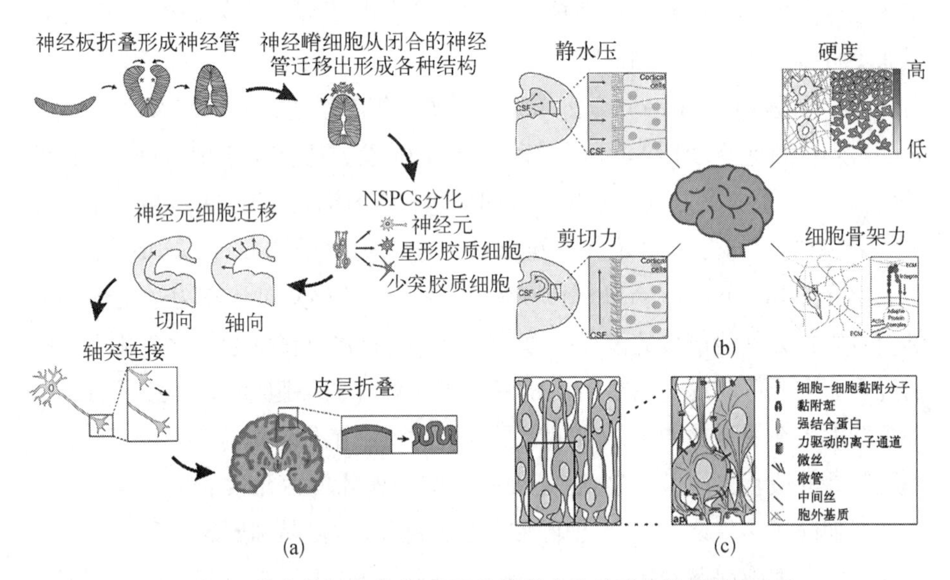

图 1-5　分化的细胞迁移、相互连接并产生特殊的神经信号中心

图 1-5 中，(a)为脑神经系统发育过程中的力学生物学过程：发育初期，神经板在 3 个点弯曲，称为铰链点(星号标记)，并闭合形成神经管；神经嵴细胞从闭合的神经管迁移出去，形成各种结构；神经干细胞/前体细胞(NSPCs)分化为神经元、星形胶质细胞和少突胶质细胞；新形成的神经元径向或切向迁移到其最终目的地；轴突从新生的神经元中延伸出来，在发育中的大脑中形成连接；大脑皮层折叠以增加皮层表面积。(b)为力作用于脑组织：如静水压力和剪切力，它们冲击着脑室衬里细胞。组织硬度由细胞外基质成分或细胞密度调节。细胞骨架通过黏附斑与细胞外基质相连，是发育过程中细胞力信号转导不可或缺的部分。(c)为发育过程中皮质参与力信号转导的分子和细胞结构[8]。

神经系统发育中的第一个主要力学事件是神经管闭合(neural tube

closure, NTC)。这一过程是由神经板顶表面产生的肌动蛋白-肌球蛋白力介导的,神经板一旦闭合,其顶表面就变成了顶边。神经板在 3 个特定位置弯曲,这些位置称为铰链点。随后,折叠的神经板的两端相遇并"拉链式"地闭合神经管。如果这一过程中出现失败,就会导致神经管缺陷,如无脑畸形和脊柱裂。在神经系统发育过程中的第一个主要迁移事件涉及神经嵴(neural crest, NC)细胞。这种特化的神经干细胞群从神经管迁移出相对较长的距离,并生成多种结构,如软骨、外周神经和平滑肌。NC 迁移是由趋化性引导的,而基质的力学特性也在细胞迁移中发挥着重要作用。由组织刚度对 NC 在体内迁移模式影响的研究发现,NC 迁移的启动受到周围组织硬度增加的调节[9]。当组织的硬度被机械或药物手段干扰时,NC 迁移就不会开始。另外,研究还发现当 NC 迁移开始时,细胞之间的黏附力减少,而 NC 前端对基质的牵引力增加[10]。最初迁移的少数先导细胞(NC 细胞)在转录上与随后的细胞不同,这表明先导细胞和跟随细胞之间存在功能差异。一旦神经管闭合,其中的液体所产生的力就成为神经系统持续发育的重要因素。早期实验发现,将 3 天大的鸡胚脑室的压力缓解几个小时,会导致整个中枢神经系统的崩溃[11]。这种干预也减少了 NSPCs 的增殖。因此,脑室压力对早期大脑发育起关键作用。虽然与胚胎发育中这一过程相关的分子机制尚不清楚,但已发现,局部黏附激酶是力学响应信号通路的一部分,该信号通路对增加的脑室压力做出反应[12]。神经管由放射状胶质细胞(radial glial cells, RGCs)组成,这是一类 NSPCs。这些双极细胞横跨神经上皮,从顶端向基底表面延伸出突起,细胞体交错排列形成假复层。这些细胞最初迅速分裂以扩大 NSPCs 池,并首先分化为神经元,随后分化为胶质细胞。研究 NSPCs 的分化受到力调节的研究主要集中在 ECM 的硬度。

新生神经元必须在发育的大脑中正确定位。它们通常通过两种迁移模式来实现这一点。第一种模式是轴向迁移,是大脑中的主要神经元迁移形式,发生在神经元沿着 RGCs 的突起垂直迁移到其适当层时。一部分神经元,其中许多是来自神经节隆起的抑制性中间神经元,展示了另一种迁移形式:切向迁移,即细胞平行于脑室表面移动。在迁移过程中,细胞会产生牵引力以允许其移位。通过使用牵引力显微镜观察发现,体外迁移的神经元表现出 3 个牵引力生成中心,一个在尾随过程中,两个在引导过程中。一个靠近生长锥,另一个靠近细胞体。神经元在迁移过程中必须移动其细胞体,这被认为涉及引导过程中的"拉力"和神经元尾随过程中的"推力"[13]。神经元迁移到最终位置后，轴突会延伸并连接到目标上。这个过程称为轴突导向或寻路。这个过程是严格受到调控的，因为轴突过程的精确靶向对于正常神经回路的生成至关重要。皮层折叠是哺乳动物中神经发育的重要特征。折叠通常认为是一个力学过程，并增加大脑皮层的总表面积。许多研究使用动物模型和计算模型来揭示皮层折叠机制[14]。基于类器官的研究发现，细胞骨架力在形成大脑皮层"脊"状脑回中起到重要作用。在药物抑制产生力量的肌球蛋白马达后，大脑类器官褶皱的曲率降低，这表明这些细胞产生的力量维持了脑回的适当形状[15]。此外，对类器官培养中脑回的原子力显微镜(atomic force microscope，AFM)测量显示，新生脑回较硬，而大脑皮层的凹槽(沟回)则软了几百帕斯卡(Pa)[16]。

在组织工程领域，主要目标是构建人类组织和器官，既可作为治疗替代品，又可作为转化研究的实验模型[17]。其面临的主要挑战是如何从细胞和材料中复制组织结构和功能。体内的组织通过细胞信号通路和力在时空上的协调，达到功能成熟的状态。这种协作机制主要来源于生化信号、细胞骨架动力学和力之间的相互作用，且三者间均具备相互调节的功能。生化、结构和力信号的协调不但在发育中至关重要，而且在稳态、组织修复和疾病中也十分重要。力学生物学领域取得的进展极大地提高了对力信号如何影响细胞行为的理解，这些行为包括细胞运动、增殖、代谢、分化以及组织层面的组织和功能。对这些影响的分子基础进一步研究，加深了对于力感知、力传导及相关信号通路的理解。早期 Discher 等开创性的研究发现，间充质干细胞向神经元、肌原性和成骨性谱系的分化是由模拟大脑、肌肉和骨骼的基质刚度决定的[18]。利用类似的方法，目前已发现刚度影响包括细胞- ECM 黏附[19]、存活[20]、增殖[21]、迁移[22]、细胞-细胞黏附[23]和集体迁移[24]在内的广泛细胞行为。通过调节细胞骨架和黏附复合物，ECM 的刚度会改变细胞本身的力学性能以及它们施加力的能力。组织刚度与功能之间的这种紧密联系确立了一个重要的设计原则，即使用模仿相关器官刚度的材料，可以实现诱导驻留细胞的适当基因表达、成熟和功能发展，从而实现组织工程优化设计。

图 1 - 6 所示为利用力学介导机制和信号传导构建组织的过程。以肠微绒毛为例，展示可以通过基于收缩性(a～c)、黏附性(d～f)和信号传导(g～j)的工具来开展组织工程。研究表明，组织形态的弯曲来自(a) 拉动基质的细胞的收缩以及(b) 来自如 RhoA 等可诱导结构的细胞内张力的增加。(c) 相比之下，组织形态的突起是由肌动蛋白聚合和分支产生的，这些过程由如 Rac、

Cdc42 或 WASP 等肌动蛋白重塑者诱导。另一种方法是调节基于整合素和钙黏蛋白的黏附。(d) 整合特定钙黏蛋白和整合素,可以促进这些组织结构的形成和稳定。(e,f) 通过使用可诱导的合成结构,可以更精细地操纵这些黏附,以控制(e) 整合素和(f) 钙黏蛋白。(g~j) 第三种方法是针对关键的力敏感信号分子,如(g) YAP/TAZ 或(i) 离子通道。用于(h) YAP/TAZ 或(j) Piezo的光遗传学结构调节。此外,Piezo 通道可以通过声音或磁场刺激[17]。

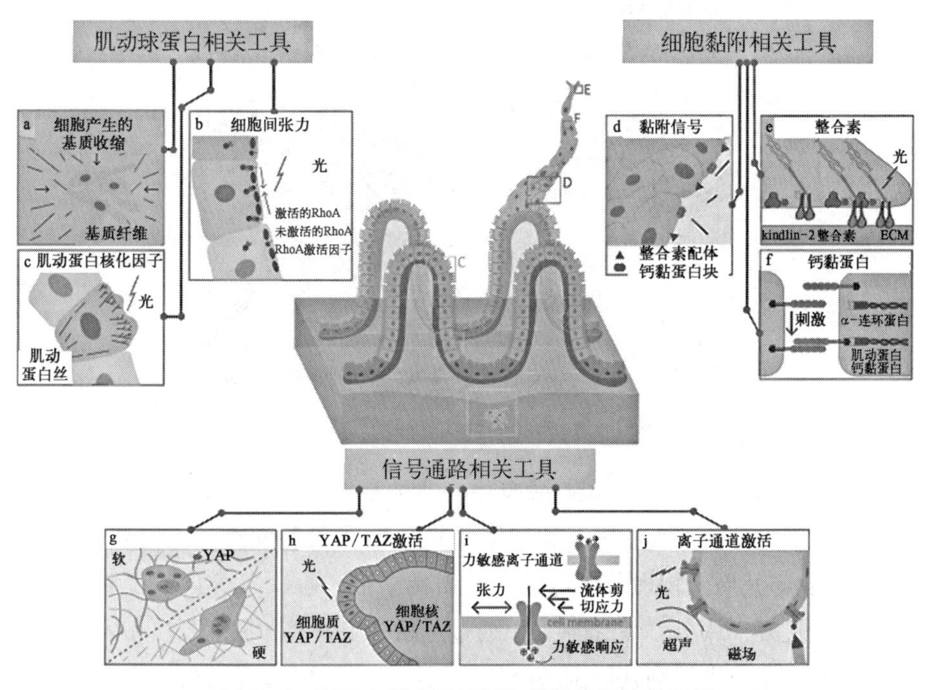

图 1-6 利用力学介导机制和信号传导构建组织

在免疫治疗领域,力学生物学也用于调控免疫反应。由于细胞形态和力学特性由构成细胞内部网络的细胞骨架控制,细胞骨架的动态变化使细胞能够与其所在的小环境相互作用、迁移并执行细胞特有的功能,如抗原识别、细胞极化和细胞内吞等[25]。图 1-7 所示为阿米巴样迁移和间充质迁移。在阿米巴样迁移中,前端和后端极性显著,具有弥散的整合素和较低的基质金属蛋白酶(matrix metalloproteinase, MMP)活性,其中在前沿形成高密度的 F-肌动蛋白网络,并在后端运动的伪足施加强烈的收缩力。间充质迁移涉及在前端形成投射的肌动蛋白网络(如片足和丝状伪足),以及多个焦点黏附以实现细胞与细胞外基质之间的物理连接[27]。

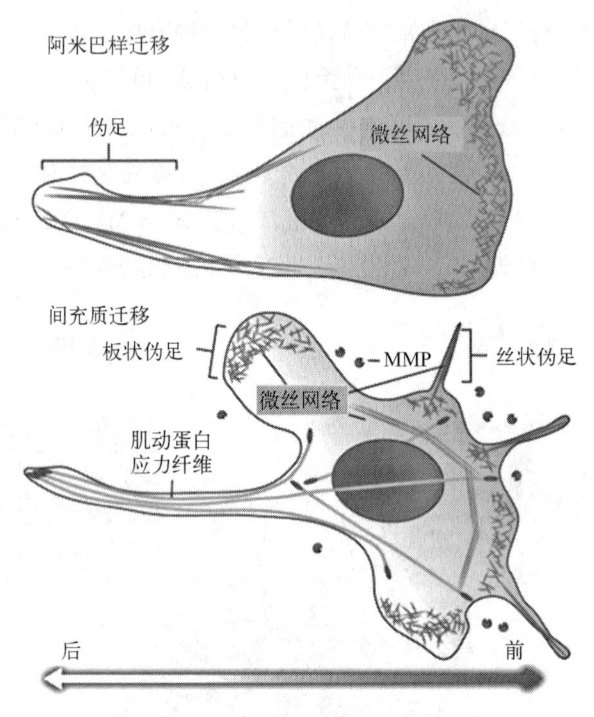

图 1-7 阿米巴样迁移和间充质迁移

从传统的免疫学角度来看，免疫反应通常是通过分子启动子(包括免疫细胞和组织细胞分泌的细胞因子和趋化因子)介导的细胞间相互作用来调节的。然而，细胞与其周围物理微环境之间的相互作用还通过力学介导的生物物理信号传导过程来调节[26]。细胞可以通过包括细胞骨架和黏附蛋白在内的各种生物机制产生力来识别其周围环境的物理特性。这些力可以在细胞质和细胞核中传递，并转化为可以介导各种信号通路并诱导细胞反应的生物信号。同样地，免疫细胞也与组织环境进行化学和物理上的相互作用。一般来说，当白细胞识别到触发向激活剂趋化的细胞因子时，它们会通过血管从血液迁移到各种组织；这些渗出过程涉及多种调节过程。免疫细胞也可以通过识别物理环境来调节免疫反应。这在巨噬细胞和树突状细胞中尤为明显，它们存在于所有组织中，并与组织常驻细胞和组织细胞外基质进行物理上的相互作用。总之，物理和生化刺激都可以通过不同的认知机制激活免疫细胞的细胞内信号通路，由生化刺激引发的信号可以通过共享的信号通路或通过生物物理机制调节。因此，了解免疫细胞的力生物学特性对于生物医学应用也至关重要，包括开发新的药理学靶点和控制免疫反应的活性生物材料等[27]。

1.3 本书内容简介

第 1 章绪论,介绍生物力学的历史发展、生物力学和力学生物学的基本内容。第 2 章力学理论基础,主要介绍生物力学的基础力学理论,包括力与力矩、应力与应变的基本概念与计算,并简要介绍大变形分析和黏弹性理论。第 3 章从宏观层面介绍人体运动的生物力学。从刚体力学的角度出发,分为静力学和动力学两个主要部分介绍,并综合人体运动实例开展人体生物力学的分析。第 4 章从宏观层面介绍组织尺度上生物力学的理论和应用。从经典可变形体力学的角度出发,介绍典型的拉伸、扭转、弯曲、变形的一般分析方法,并结合组织的变形,开展综合应用的分析。第 5 章从微观层面介绍细胞生物力学。在介绍细胞和亚细胞结构后,分别介绍和分析细胞膜力学、细胞骨架力学和细胞黏附力学。第 6 章在微观层面深入分子尺度,介绍分子生物力学中分子力学的基础、力学特性以及分子动力学模拟的理论和方法。第 7 章综合前面章节内容,简要介绍生物力学测量技术。其中,宏观生物力学的测量包括压痕测试、拉伸测试、剪切与扭转测试以及振动和波的应用。在微观测试的领域主要介绍原子力显微镜、牵引力显微镜、微管吸吮和平行板流动测试等技术。本书内容框架如图 1-8 所示。

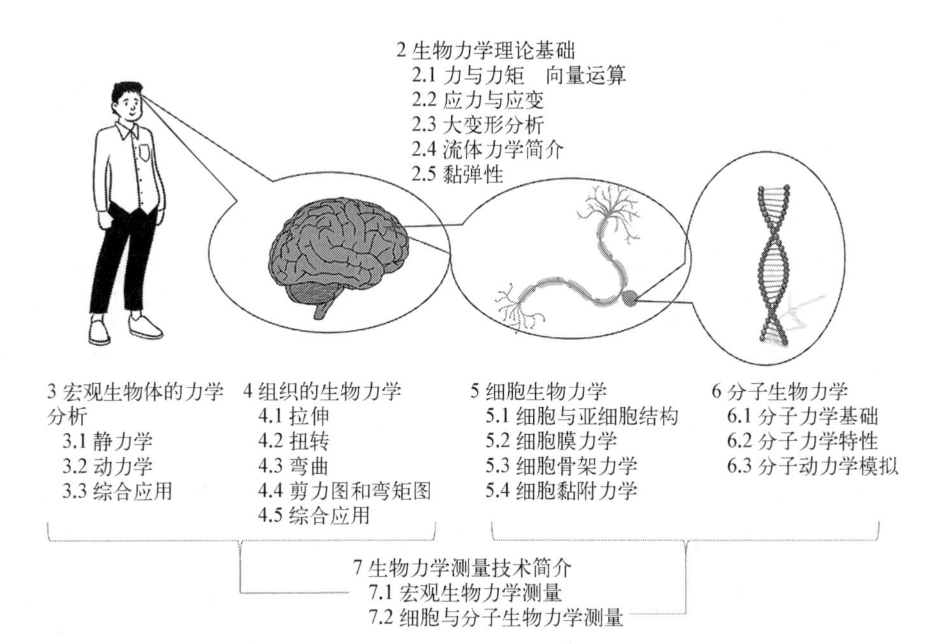

图 1-8 本书内容框架

生物力学理论基础

2.1 力与力矩 向量运算

力(常用符号 F)与力矩(常用符号 M)都是具有大小和方向的向量。对比标量,向量的主要特征在于有方向。规定的标记向量的方法有两种,即上箭头 $\vec{F}$ 或粗体 $\boldsymbol{F}$。在本书中,采用粗体(如 $\boldsymbol{F}$ 与 $\boldsymbol{M}$)标记,与张量的标记一致。在确立坐标系后,可以基于坐标系的分量将向量写成分量形式(见图 2-1)。例如,在三维直角坐标系 (x, y, z) 下,如基坐标向量为 $(\boldsymbol{e}_x, \boldsymbol{e}_y, \boldsymbol{e}_z)$,力向量 $\boldsymbol{F}$ 可以表示为

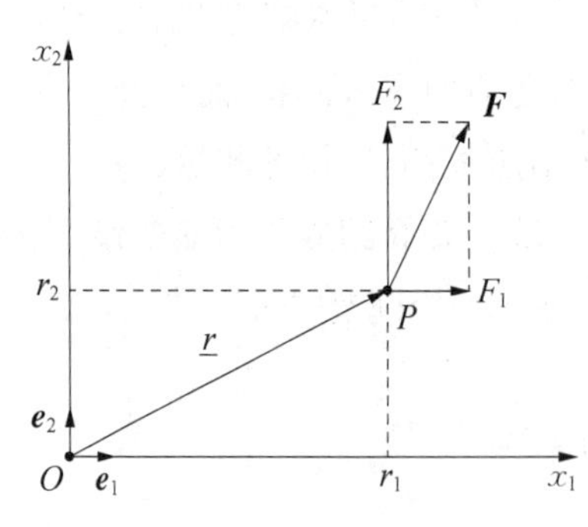

图 2-1 力与力矩的向量表示

$$\boldsymbol{F} = [F_x, F_y, F_z]^{\mathrm{T}} = F_x\boldsymbol{e}_x + F_y\boldsymbol{e}_y + F_z\boldsymbol{e}_z \tag{2-1}$$

式中,$[F_x, F_y, F_z]^{\mathrm{T}}$ 为向量/矩阵表示;$F_x\boldsymbol{e}_x + F_y\boldsymbol{e}_y + F_z\boldsymbol{e}_z$ 为分量和的形式。三维坐标系的标识方式在不同文献中有不同的表示,常用的还包括数字标号 (x_1, x_2, x_3) 及相应的基坐标向量 $(\boldsymbol{e}_1, \boldsymbol{e}_2, \boldsymbol{e}_3)$。与此对应的向量表示为

$$\boldsymbol{F} = [F_1, F_2, F_3]^{\mathrm{T}} = F_1\boldsymbol{e}_1 + F_2\boldsymbol{e}_2 + F_3\boldsymbol{e}_3 \tag{2-2}$$

对于二维和刚体问题,采用 (x, y, z) 的标识情况较多,以方便直观理解。对应可变形体的分析,常采用 (x_1, x_2, x_3) 的标识。在本书中,采用 (x_1, x_2, x_3) 的标识以方便与一般固体力学的表达方式对接。基于此,如力 $\boldsymbol{F}$ 的作用力臂向量为 $\boldsymbol{r}$,力矩向量 $\boldsymbol{M}$ 可用向量乘法计算(见图 2-1),表示为

$$
\begin{aligned}
\boldsymbol{M} &= \boldsymbol{r} \times \boldsymbol{F} = (r_1\boldsymbol{e}_1 + r_2\boldsymbol{e}_2 + r_3\boldsymbol{e}_3) \times (F_1\boldsymbol{e}_1 + F_2\boldsymbol{e}_2 + F_3\boldsymbol{e}_3) \\
&= \begin{vmatrix} \boldsymbol{e}_1 & \boldsymbol{e}_2 & \boldsymbol{e}_3 \\ r_1 & r_2 & r_3 \\ F_1 & F_2 & F_3 \end{vmatrix} \\
&= (r_2F_3 - r_3F_2)\boldsymbol{e}_1 - (r_1F_3 - r_3F_1)\boldsymbol{e}_2 + (r_1F_2 - r_2F_1)\boldsymbol{e}_3 \\
&= M_1\boldsymbol{e}_1 + M_2\boldsymbol{e}_2 + M_3\boldsymbol{e}_3
\end{aligned}
\tag{2-3}
$$

基于向量的分量和形式,可以推导出以下向量运算的公式:

$$
\begin{gathered}
\nabla(\phi\psi) = (\nabla\phi)\psi + (\nabla\psi)\phi \\
\nabla(\phi\boldsymbol{a}) = (\nabla\phi)\boldsymbol{a} + \phi(\nabla\boldsymbol{a}) \\
\nabla(\boldsymbol{a}\cdot\boldsymbol{b}) = (\nabla\boldsymbol{a})\cdot\boldsymbol{b} + (\nabla\boldsymbol{b})\cdot\boldsymbol{a} \\
\nabla(\boldsymbol{ab}) = (\nabla\boldsymbol{a})\boldsymbol{b} + (\nabla^{\mathrm{T}}\boldsymbol{a}^{\mathrm{T}})\cdot\boldsymbol{b} \\
\nabla\cdot(\phi\boldsymbol{a}) = (\nabla\phi)\cdot\boldsymbol{a} + \phi(\nabla\cdot\boldsymbol{a}) \\
\nabla\cdot(\boldsymbol{ab}) = (\nabla\cdot\boldsymbol{a})\boldsymbol{b} + \boldsymbol{a}\cdot(\nabla\boldsymbol{b}) \\
\nabla\cdot(\boldsymbol{a}\times\boldsymbol{b}) = (\nabla\times\boldsymbol{a})\cdot\boldsymbol{b} + \boldsymbol{a}\cdot(\nabla\times\boldsymbol{b}) \\
\nabla\cdot(\nabla\times\boldsymbol{a}) = \boldsymbol{0} \\
\nabla\times(\phi\boldsymbol{a}) = (\nabla\phi)\times\boldsymbol{a} + \phi(\nabla\times\boldsymbol{a}) \\
\nabla\times(\boldsymbol{ab}) = (\nabla\times\boldsymbol{a})\boldsymbol{b} + \boldsymbol{a}\times(\nabla\boldsymbol{b}) \\
\nabla\times(\boldsymbol{a}\times\boldsymbol{b}) = \boldsymbol{a}(\nabla\cdot\boldsymbol{b}) + \boldsymbol{b}\cdot(\nabla\boldsymbol{a}) - \boldsymbol{a}\cdot(\nabla\boldsymbol{b}) - \boldsymbol{b}\cdot(\nabla\boldsymbol{a}) \\
\nabla\times(\nabla\times\boldsymbol{a}) = \nabla(\nabla\cdot\boldsymbol{a}) - \nabla^2\boldsymbol{a} \\
\nabla\times(\nabla\phi) = \boldsymbol{0}
\end{gathered}
\tag{2-4}
$$

其中

$$
\nabla = [\partial/\partial x_1,\ \partial/\partial x_2,\ \partial/\partial x_3]^{\mathrm{T}} = \partial/\partial x_1\boldsymbol{e}_1 + \partial/\partial x_2\boldsymbol{e}_2 + \partial/\partial x_3\boldsymbol{e}_3 \tag{2-5}
$$

是微分梯度算子,$\boldsymbol{a}$、$\boldsymbol{b}$ 为向量,ψ 为标量。

例 2.1 在笛卡尔坐标系中,计算标量函数 $\phi(x_1,\ x_2,\ x_3)$ 的梯度和矢量函数 $\boldsymbol{a}(x_1,\ x_2,\ x_3)$ 的散度。

解:

$$
\nabla(\phi) = \left(\boldsymbol{e}_1\frac{\partial}{\partial x_1} + \boldsymbol{e}_2\frac{\partial}{\partial x_2} + \boldsymbol{e}_3\frac{\partial}{\partial x_3}\right)\phi = \sum \boldsymbol{e}_i\frac{\partial\phi}{\partial x_i}
$$

$$
\nabla\cdot\boldsymbol{a} = \left(\boldsymbol{e}_1\frac{\partial}{\partial x_1} + \boldsymbol{e}_2\frac{\partial}{\partial x_2} + \boldsymbol{e}_3\frac{\partial}{\partial x_3}\right)\cdot(a_1\boldsymbol{e}_1 + a_2\boldsymbol{e}_2 + a_3\boldsymbol{e}_3) = \sum\frac{\partial a_i}{\partial x_i}
$$

例 2.2 在用哑铃开展上肢锻炼时,哑铃的重力会在肩关节处产生力矩。假设哑铃的重量为 $\boldsymbol{W}$,上臂和下臂的长度分别为 a 和 b。在图 2-2 所示的位置,将坐标系建立在肩关节处,计算哑铃在肩关节处产生的力矩。

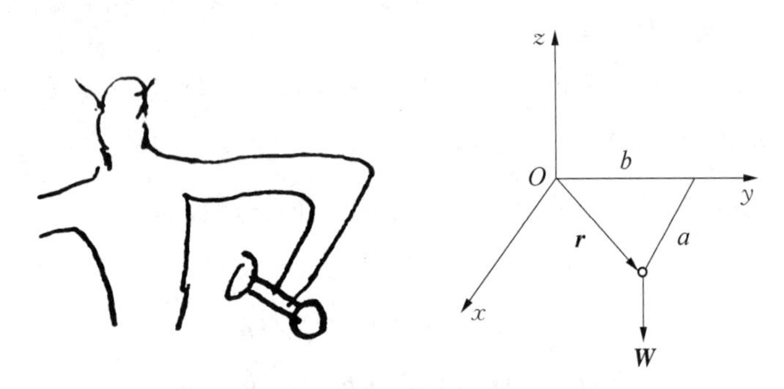

图 2-2 计算哑铃对肩关节的力矩

解: 基于图示坐标系,分别写出哑铃重力 $\boldsymbol{W}$ 和力矩 $\boldsymbol{r}$ 的向量表达式:

$$\boldsymbol{W} = -W\boldsymbol{e}_3,\ \boldsymbol{r} = a\boldsymbol{e}_1 + b\boldsymbol{e}_2$$

采用向量乘法计算力矩 $\boldsymbol{M}$:

$$\begin{aligned}\boldsymbol{M} = \boldsymbol{r} \times \boldsymbol{W} &= (a\boldsymbol{e}_1 + b\boldsymbol{e}_2) \times (-W\boldsymbol{e}_3) = -aW\boldsymbol{e}_1 \times \boldsymbol{e}_3 - bW\boldsymbol{e}_2 \times \boldsymbol{e}_3 \\ &= -aW(-\boldsymbol{e}_2) - bW\boldsymbol{e}_1 = aW\boldsymbol{e}_2 - bW\boldsymbol{e}_1\end{aligned}$$

提示:基坐标向量乘法可以采用如图 2-3 所示的简易记法确定符号。其中顺时针叉乘符号为正,逆时针叉乘为负。叉乘的结果为按顺序的下一个基向量。

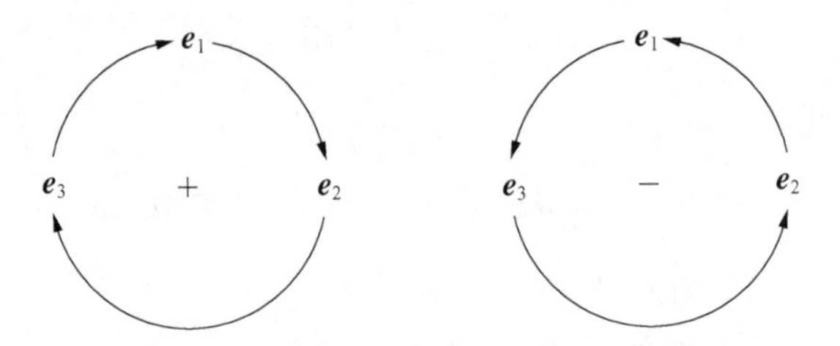

图 2-3 基坐标向量乘法的简易记法

2.2 应力与应变

2.2.1 应力

在分析宏观生物体的运动时(如人体或肢体的运动),往往采用刚体力学的理论和方法，将分析对象抽象为质点或刚性几何体开展分析。但是，生物体内部的受力情况如何却无法了解。刚体力学将分析对象抽象为不可变形的几何形体开展分析。然而，分析对象内部的受力情况具有重要意义。例如，对于机械和建筑等传统工业应用领域，杆、梁、轴等结构的内部受力状态往往对于可靠的工程设计至关重要。对于生物体而言，组织和器官内部的受力情况与生长、发育和疾病密切相关。在一项皮肤癌的机制分析中，研究者发现肿瘤形成的过程中，其内部受力情况影响了其生长及出芽或破裂的形态（见图 2－4）。在另外一个场景中，在外界施加周期变化的剪切力可以激发剪切波动的传递，在不同生物组织中具有显著的波动特征（见图 2－5）。因此，建立分析生物体内部受力情况的一般方法至为重要。

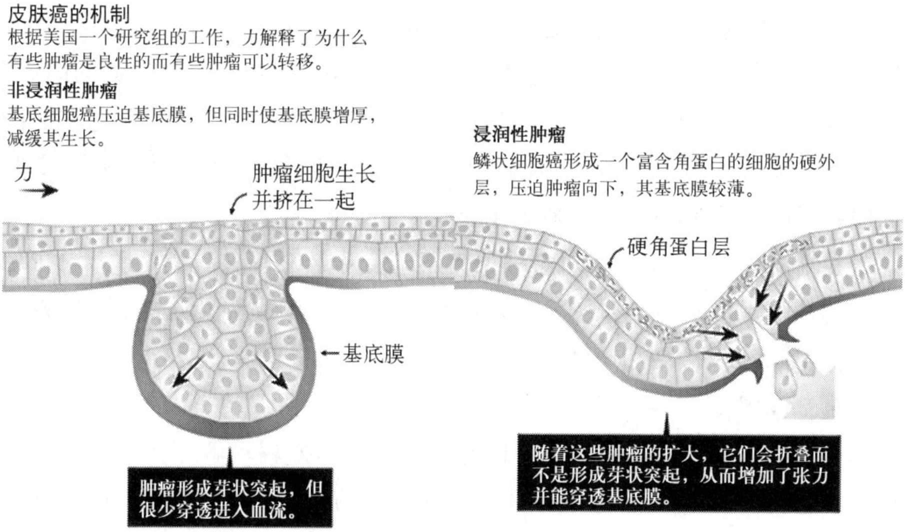

图 2－4　肿瘤内部受力情况与其良恶性密切相关

在针对皮肤癌的一项研究中，发现良性非浸润性肿瘤的基底细胞压迫基底膜，形成芽状凸起，但很少穿透进入血流。同时使基底膜增厚，减缓其生长。恶性浸润性肿瘤的鳞状细胞癌形成一个富含角质蛋白的硬外层，压迫肿瘤向下，其基底膜较薄。随着肿瘤的扩大，它们折叠而不是形成芽状凸起，从而增加了膜的张力，其内部受力大，并能穿透基底膜[28]。

在刚体力学中分析宏观的受力情况，如骨骼或肌肉的总体受力，如果想进一步了解生物体内部的受力情况，如受力分布和受力状态，需要对局部或空间

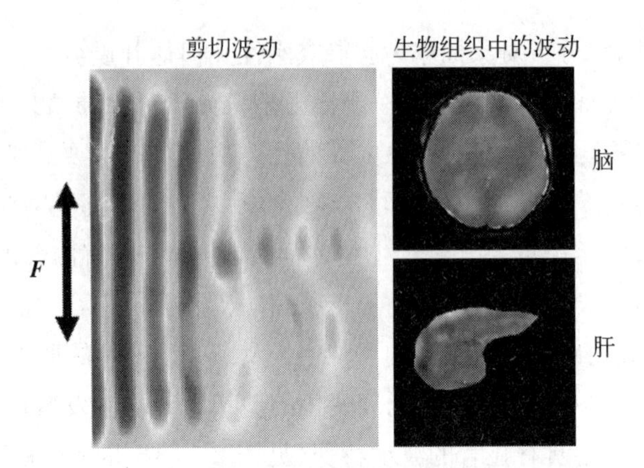

图 2-5 周期剪切力产生剪切波动与典型生物组织中剪切波动的传递场景

位点的受力用弹性力学分析，这为我们分析内部和更精确的微观位点受力情况提供了有力的理论工具。弹性力学的分析对象为可以视为弹性体的固体，其中若所分析的弹性体其自身变形较小（小变形），则其力-变形之间存在线性关系，此种情况属于线弹性力学。与此相反，若弹性体的变形较大，或力-变形间关系不再是线性，此种情况则属于非线弹性力学。

在刚体力学中，将分析对象抽象为不可变形的几何体，其作用力均在几何体的外部。因此，刚体力学中分析的均是“外力”，通过刚体所受到的外力，建立静力或动力平衡方程进行分析。然而，分析对象的内部受力情况并不知晓。如图 2-6(a)所示，物体受到空间任意力系 $\boldsymbol{F}_1 \sim \boldsymbol{F}_4$ 的作用。通过刚体受力分析，如有未知外力，可以通过建立平衡方程求解。针对物体内部的受力情况，可以采用截面法，对内部感兴趣的部位进行分析。简单地说，截面法采用一个假想截面切割分析对象，切割的位置是所需要分析的部位，如图 2-6(a)中的 $ABCD$ 截面所示。假想截面将物体切开后，内部的面就变成了分割后物体的外部面，因此可以采用隔离体法，分别对两个隔离体展开分析，求解在面上的力 $\boldsymbol{P}$ 与力矩 $\boldsymbol{M}$，如图 2-6(b)所示。注意，力 $\boldsymbol{P}$ 与力矩 $\boldsymbol{M}$ 的方向并不确定，根据外力的具体情况和平衡条件确定。因此，如基于截面建立坐标系，并将力 $\boldsymbol{P}$ 与力矩 $\boldsymbol{M}$ 向着垂直与平行截面的方向分解，可以得到一个垂直截面的分量 $\boldsymbol{P}_{\perp}$ 和一个平行截面的分量 $\boldsymbol{P}_{\parallel}$。其中，$\boldsymbol{P}_{\perp}$ 起到拉伸或压缩的作用，沿着截面法向；$\boldsymbol{P}_{\parallel}$ 起到沿着截面剪切的作用，沿着截面切向。

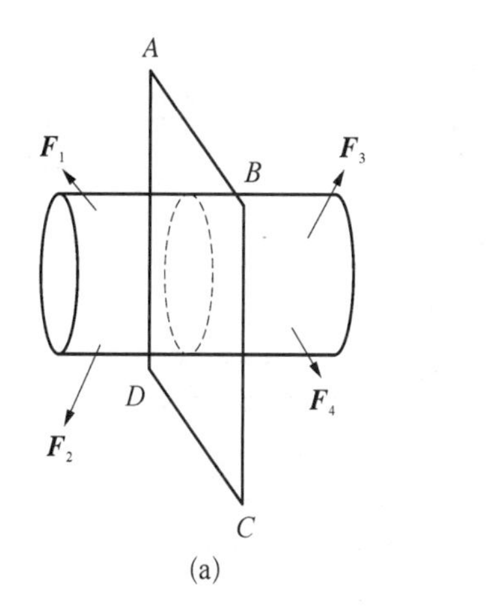

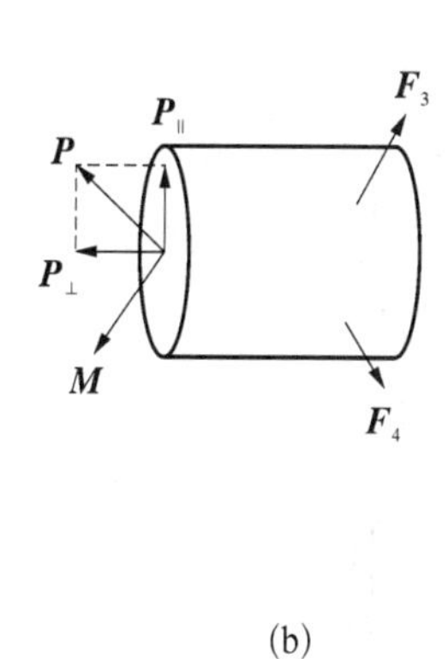

图 2-6 通过截面法分析任意力系作用条件下的内力

(a) 将截面分割的两部分采用隔离体开展分析;(b) 作用在截面上的力可以分解为垂直截面的分量 $\boldsymbol{P}_{\perp}$ 和平行截面的分量 $\boldsymbol{P}_{\parallel}$

可见,通过截面法和隔离体法,我们可以求得物体内部力的情况。但是截面上力的分布情况如何?如果想了解物体内部的微观 B 的受力情况,应当如何分析?我们首先通过一个简单的情况入手分析。

例 2.3 如图 2-7(a)所示,单轴拉伸实验是测量材料力学特性的常用方法,在生物力学中亦有广泛应用。单轴拉伸实验将试样加载在两端固定的夹具中,通过测量拉伸的力和位移,对测试对象的力学特性进行测量。

(1) 假设相同材料、相同长度、截面积不同的两个柱状材料(见图 2-7(b)),在单轴拉伸情况下,记录断裂时的力,哪个试样的断裂时所测量的力更大?

(2) 如果 3 个试样的截面积、长度分别如图 2-7(c)所示,记录拉力和拉伸位移,是否可以表征试样材料的本征力学属性?

解: (1) 如果记录了 1 和 2 断裂时的力 F_1 和 F_2,可以观察到 $F_2 > F_1$,这也是符合日常生活常识的。显然,通过力的数值,不能描述同种材料的特性。

(2) 如果记录 3 个同种材料试样的拉力-拉伸位移曲线,可以发现,3 条曲线各异,并不能反映同种材料的本征力学属性。但是,如果我们采用截面法和隔离体分析,计算拉力在法向为拉伸轴向的截面上单位面积分布密度的值,并将力在截面上分布密度和拉伸位移的相对试样的总长度比例作为坐标轴,会发现 3 个试样的曲线重合了(见图 2-8)。这表明,力在单位面积上分布的密度是一个可以表征材料本征力学特性的物理量。

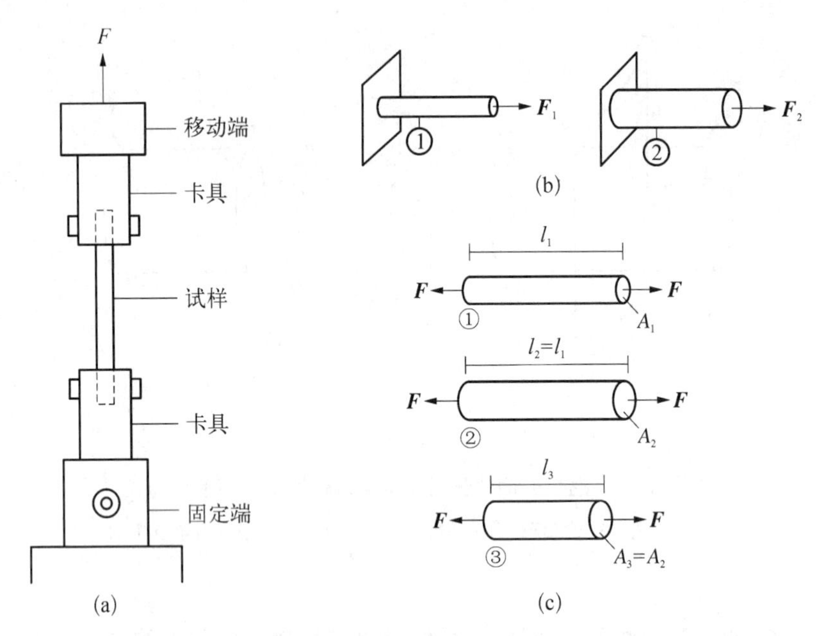

图 2-7　单轴拉伸实验(a)；相同材料，相同长度，截面积不同的两个柱状材料，在单轴拉伸情况下，记录断裂时的力(b)；同种材料，不同几何的式样开展单轴拉伸实验(c)

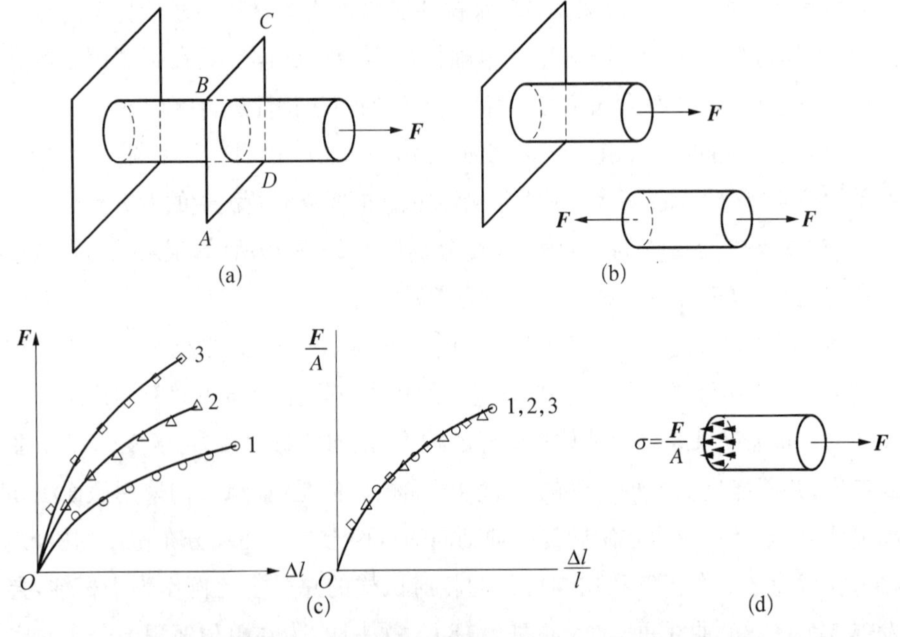

图 2-8　对圆柱试样的内力分析(a)；3 个试样在单轴拉伸条件下的力-位移曲线(b)；力分布密度与归一化位移曲线(c)；圆柱截面的力密度(应力)与分布(d)

力在所作用面上的分布密度为 F/A，我们定义为应力，常用 σ 表示。例 2.2 中，力和应力的方向均沿着试样的轴线方向，计算的应力成为法应力。如果作用力的方向沿着截面方向（见图 2-9），应力也沿着截面的切向方向，称为切应力或剪应力，剪应力常用 τ 表示。

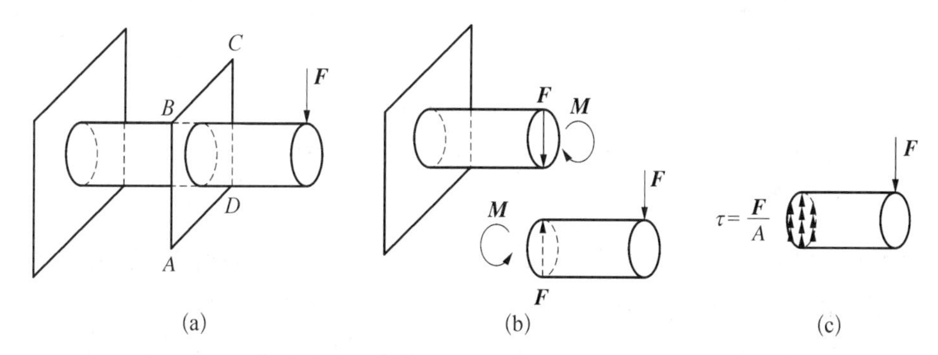

图 2-9 切向力作用下的截面法和隔离体法分析以及切应力的分布

对于更一般的情况，如图 2-6(b)中的一般力系作用下的内力情况，截面上的力以及法向力和切向力分量也可以用单位面积分布的密度来计算应力的数值。但是，不同于简单的受力状态，一般情况下截面上力的分布并不均匀。因此，对于截面上的每一个具体的位点需要开展具体的分析。下面用微元法对应力开展一般定义。

怎样定量刻画和分析一般情况下的内部受力情况？通常可以从熟悉的刚体力学入手，将分析对象用假想截面切开，分析其内部的受力。例如，对于任意形状的分析对象，其受到外界任意力 $\boldsymbol{P}_1$、$\boldsymbol{P}_2$、$\boldsymbol{P}_3$ 的作用，如图 2-10(a)所示。首先，建立坐标系，并选取法向量沿 x_1 轴的截面，平行 x_2-x_3 面截开物体内部。基于此，可以采用刚体力学的受力平衡分析截面上的合力 $\boldsymbol{P}^{x_1}$。这里采用 x_1 为上角标，表示截面的法向量沿着 x_1 方向。合力 $\boldsymbol{P}^{x_1}$ 可以朝着截面的法向方向和切向分解，分别得到法向力 $\boldsymbol{F}^{x_1}$ 和切向力 $\boldsymbol{V}^{x_1}$，如图 2-10(b)所示。至此，分析对象内部受力就已知晓。但是怎样知道其局部的受力情况？一个直观的方式是选取截面上的局部面积，针对局部面上的力开展分析，如图 2-10(c)所示。在一个小的微元面积上，对应合力 $\Delta\boldsymbol{P}^{x_1}$，及其朝着截面的法向方向和切向方向的分量 $\Delta\boldsymbol{F}^{x_1}$ 和 $\Delta\boldsymbol{V}^{x_1}$。

但是，在截面上的受力其分布是怎样的呢？回忆在刚体力学中，定义单位

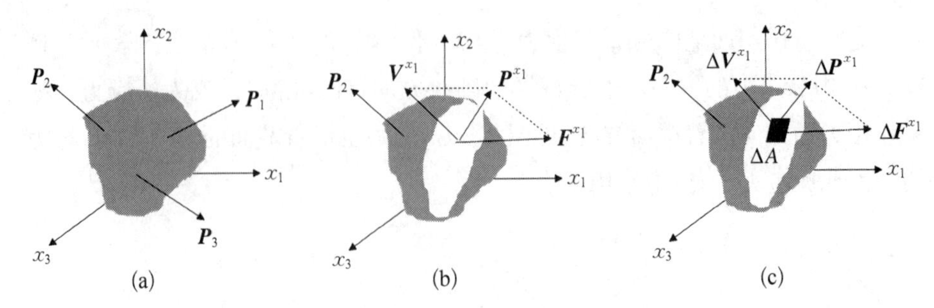

图 2-10 采用截面法分析物体内力

(a) 物体受到外界任意力 $\boldsymbol{P}_1$、$\boldsymbol{P}_2$、$\boldsymbol{P}_3$ 的作用；(b) 采用截面法对物体内部受力开展分析；(c) 对应截面上微元面积的受力

面积上的力为压力，其单位为帕(Pa=N/m^2)，如图 2-11(a)所示。注意压力是对分布在面上力的平均密度分布，实际的场景中，截面上的压力并不一定是均匀分布的。因此，往往采用微元法，针对一个小的微元面积 ΔA 分析其压力的情况，如图 2-11(b)所示。考虑截面上微元面积的受力，如图 2-10(c)所示，对微元面积 ΔA 取极限得到

$$\boldsymbol{T} = \lim_{\Delta A \to 0} \frac{\Delta \boldsymbol{P}^{x_1}}{\Delta A} \tag{2-6}$$

$$\boldsymbol{\sigma} = \lim_{\Delta A \to 0} \frac{\Delta \boldsymbol{F}^{x_1}}{\Delta A} \tag{2-7}$$

$$\boldsymbol{\tau} = \lim_{\Delta A \to 0} \frac{\Delta \boldsymbol{V}^{x_1}}{\Delta A} \tag{2-8}$$

式中，$\boldsymbol{T}$ 称为牵拉力向量(traction force)；$\boldsymbol{\sigma}$ 称为正应力(normal stress)；$\boldsymbol{\tau}$ 称

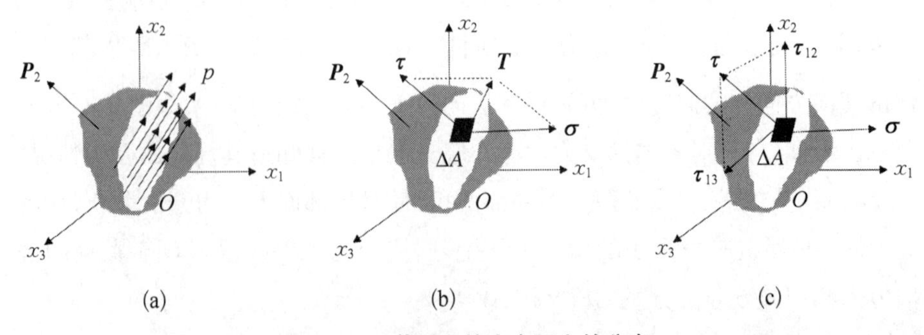

图 2-11 截面上的力在面上的分布

为剪应力(shear stress)。正应力和剪应力都是应力(stress),只是其方向依据作用面的法向和切向分别命名。如将剪切力向量朝着 x_2 和 x_3 方向分别分解,得到剪切应力的两个分量 τ_{12} 和 τ_{13},如图 2-11(c)所示。由于图示截面法向朝着 x_1 方向,$\boldsymbol{\sigma}$ 分量即 σ。对于简单的轴向拉伸情况,如拉力为 F,截面积为 A,应力 σ 可以表示为

$$\sigma = \frac{F}{A} \tag{2-9}$$

基于上述分析,对于任意面上的牵拉力向量,均可以朝着坐标系分解。对应直角坐标系中的 3 个法面上的牵拉力 $\boldsymbol{T}_1$、$\boldsymbol{T}_2$、$\boldsymbol{T}_3$ 可以得到以下 9 个应力分量(见图 2-12):

(1) 截面法向为 x_1 方向:σ_{11},σ_{12},σ_{13}。

(2) 截面法向为 x_2 方向:σ_{21},σ_{22},σ_{23}。

(3) 截面法向为 x_3 方向:σ_{31},σ_{32},σ_{33}。

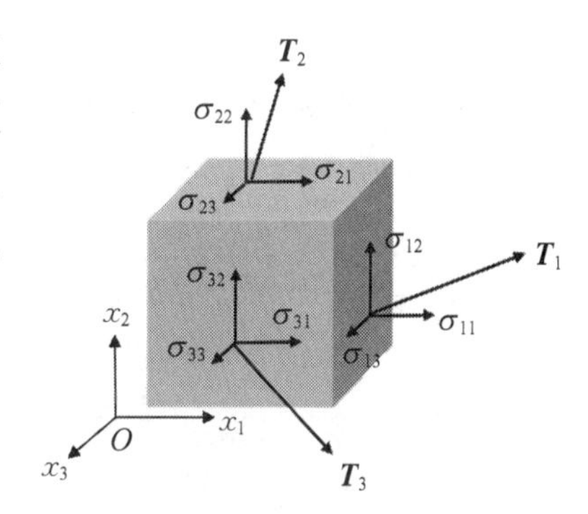

图 2-12 对应直角坐标系中的 3 个法面上的牵拉力向量及其在坐标轴上的投影分量

将这些应力分量写成矩阵形式,得到应力 $\boldsymbol{\sigma}$ 一般形式的矩阵表达式:

$$\boldsymbol{\sigma} = \begin{bmatrix} \sigma_{11} & \sigma_{12} & \sigma_{13} \\ \sigma_{21} & \sigma_{22} & \sigma_{23} \\ \sigma_{31} & \sigma_{32} & \sigma_{33} \end{bmatrix} \tag{2-10}$$

应力 $\boldsymbol{\sigma}$ 也称为应力张量。

例 2.4 以笛卡尔坐标系下 $(x-y)$ 的二维微元体为例(见图 2-13),证明剪应力互等 $\tau_{xy} = \tau_{yz}$,并建立平衡方程:

$$\frac{\partial \sigma_x}{\partial x} + \frac{\partial \tau_{yx}}{\partial y} + F_x = 0$$

$$\frac{\partial \tau_{xy}}{\partial x} + \frac{\partial \sigma_y}{\partial y} + F_y = 0$$

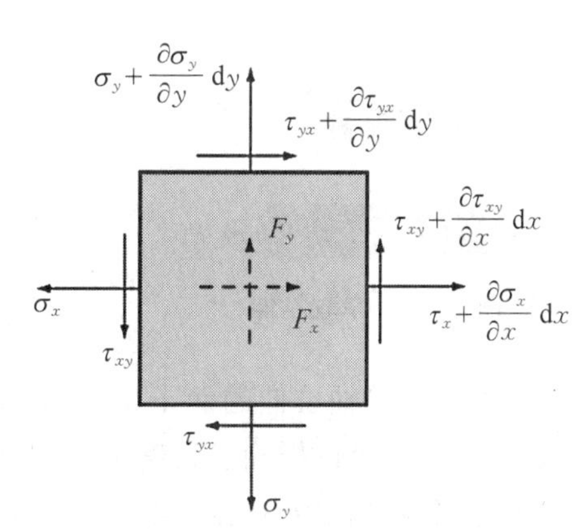

图 2-13 二维微元体上的应力分布

解: 首先对于力矩平衡,有

① 因为 $\sum \boldsymbol{M}=0$，

故 $$\left(\tau_{xy}+\frac{\partial \tau_{xy}}{\partial x}\mathrm{d}x\right)\mathrm{d}y\cdot\frac{\mathrm{d}x}{2}+\tau_{xy}\mathrm{d}y\cdot\frac{\mathrm{d}x}{2}-\left(\tau_{yx}+\frac{\partial \tau_{yx}}{\partial y}\right)\mathrm{d}x\cdot\frac{\mathrm{d}y}{2}-\tau_{yx}\mathrm{d}x\cdot\frac{\mathrm{d}y}{2}=0$$

所以 $$2\tau_{xy}+\frac{\partial \tau_{xy}}{\partial x}\mathrm{d}x : 2\tau_{yx}+\frac{\partial \tau_{yx}}{\partial y}\mathrm{d}y$$

微元体有 $\mathrm{d}x \rightarrow 0$，$\mathrm{d}y \rightarrow 0$，有 $\tau_{xy}=\tau_{yz}$

对于力平衡，在 x 方向有：

② 因为 $\sum F_x=0$，

故 $$\left(\sigma_x+\frac{\partial \sigma_x}{\partial x}\mathrm{d}x\right)\mathrm{d}y-\sigma_x\mathrm{d}y+\left(\tau_{yx}+\frac{\partial \tau_{yx}}{\partial y}\mathrm{d}y\right)\mathrm{d}x-\tau_{yx}\mathrm{d}x+F_x\mathrm{d}x\mathrm{d}y=0$$

$$\frac{\partial \sigma_x}{\partial x}\mathrm{d}x\mathrm{d}y+\frac{\partial \tau_{yx}}{\partial y}\mathrm{d}x\mathrm{d}y+F_x\mathrm{d}x\mathrm{d}y=0$$

所以 $$F_x+\frac{\partial \sigma_x}{\partial x}+\frac{\partial \tau_{yx}}{\partial y}=0$$

同理可得 y 方向： $$F_y+\frac{\partial \tau_{xy}}{\partial x}+\frac{\partial \sigma_y}{\partial y}=0$$

2.2.2 应变

生物体的形变复杂多样，如何准确定量描述生物体的形变？总体而言，形变可以分为大小的变化和形状的变化。其中大小的变化对应于拉伸和压缩，形状的变化对应于角度的变化。首先考虑一个简单的情况：相同材料和截面积的两个圆柱形材料试样 A 和 B 长度分别为 l_A 和 l_B，如果 $l_A < l_B$，对试样施加相同的力 F，对比两个试样长度的绝对增量和拉伸的比率(见图 2-14)。

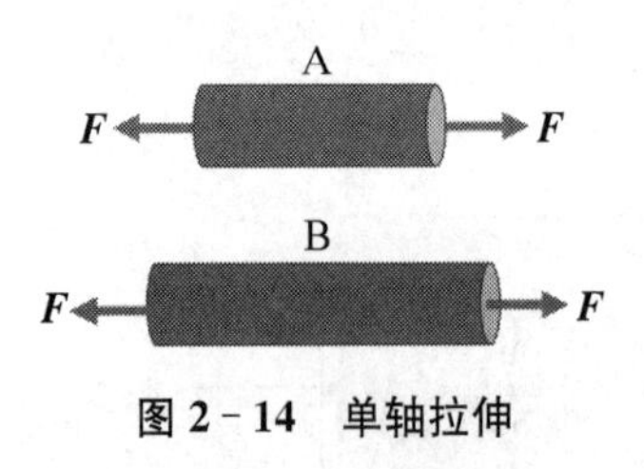

图 2-14 单轴拉伸

在这个单轴拉伸的例子中，B 的长度较长，其拉伸的绝对增量 Δl_B 也更大。但是，两个试样除了长度不同，其余所有物理量均一致。可以看出，对于拉伸变形，拉伸量本身并不能体现所研究对象的物理本质。如果计算两者的拉伸比率，可以观察到 $\Delta l_A/l_A=\Delta l_B/l_B$。 作为一个无量纲量，拉伸比率可以较好地描述所研究对象的拉伸形变特征，称为正应变 ε(见图 2－15)，公式如下：

$$\varepsilon = \frac{\delta}{L} = \frac{u_1}{L} \tag{2-11}$$

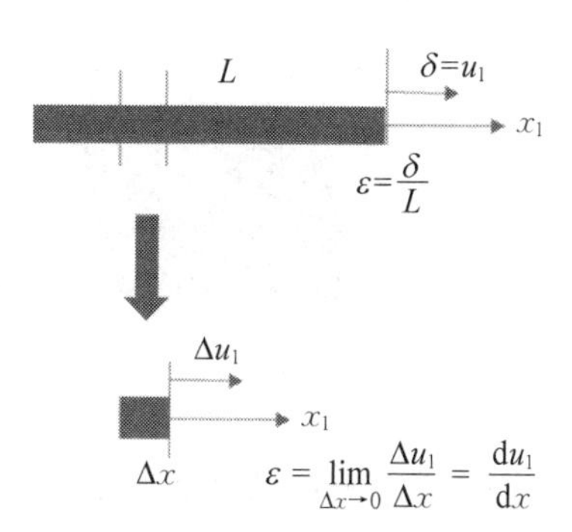

图 2－15 应用拉伸变形定义正应变及其在全局与局部的计算

式中，$\delta = u_1$ 为沿着 x_1 方向的拉伸变形位移；L 为原始长度。与前面应力的概念类似，拉伸比率也可以定义在一个小的微元单元上，描述某一个位点的拉伸变形。当选取一个小的微元长度 Δx，其拉伸变形量为 $\Delta\delta$ 时，正应变为(见图 2－15)

$$\varepsilon = \lim_{\Delta x \to 0} \frac{\Delta u_1}{\Delta x} = \frac{\mathrm{d}u_1}{\mathrm{d}x} \tag{2-12}$$

对于形状改变的描述，常采用角度变化进行定义。对于宏观剪切变形[见图 2－16(a)]，当变形角度较小时，可以用变形角度 $\gamma \approx \tan\gamma = \delta / l$ 定义剪切应变，其中 δ 为对应的剪切位移，l 为边长。

注意：这里变形角度 γ 是微小的，因此可以用 $\tan\gamma$ 近似计算。在大变形条件下，此假设不再成立，因此需要不同的处理。

相应地，我们以二维为例，简要说明剪切应变的一般定义，如图 2－16(b)所示。对应一个微元单元发生剪切变形，其变形的角度 γ 为

$$\gamma_{12} = \frac{\mathrm{d}u_1}{\mathrm{d}x_2} + \frac{\mathrm{d}u_2}{\mathrm{d}x_1} \tag{2-13}$$

式中，u_1 为沿着 x_1 方向的位移；u_2 为沿着 x_2 方向的位移；$\mathrm{d}x_1$ 和 $\mathrm{d}x_2$ 为沿着 x_1 和 x_2 方向的微元长度；γ_{12} 也称为工程应变(engineering strain)；下角标 12 表示在 $x_1 - x_2$ 平面内的应变。相比应力矩阵和应力张量，对应也有应变矩阵和应变张量。在固体力学中，用变形角度的 1/2 作为剪切应变的定义，表示为

$$\varepsilon_{12} = \frac{\gamma_{12}}{2} = \frac{1}{2}\left(\frac{\partial u_1}{\partial x_2} + \frac{\partial u_2}{\partial x_1}\right) \tag{2-14}$$

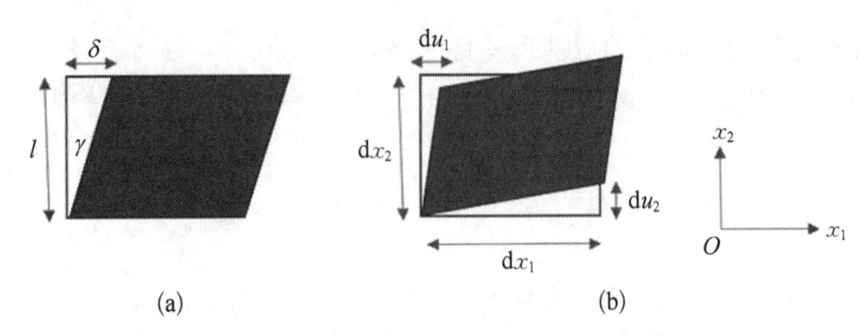

图 2-16 应用角度变化定义剪应变(a)与采用二维剪切变形定义剪应变(b)

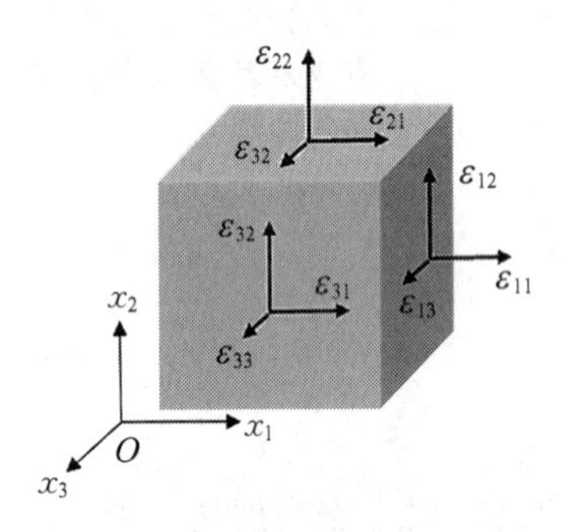

图 2-17 对应直角坐标系中的 3 个法面上的应变分量

基于上述定义，可以在 x_1-x_2 平面内描述沿着坐标轴 x_1 和 x_2 的正应变 ε_1 和 ε_2 以及剪应变 ε_{12}。在直角坐标系的 3 个正交面上，可以分别定义正应变和剪应变，得到以下 9 个应变分量(见图 2-17)：

(1) 截面法向为 x_1 方向：ε_{11}，ε_{12}，ε_{13}。

(2) 截面法向为 x_2 方向：ε_{21}，ε_{22}，ε_{23}。

(3) 截面法向为 x_3 方向：ε_{31}，ε_{32}，ε_{33}。

将这些应变分量写成矩阵形式，得到应变 $\boldsymbol{\varepsilon}$ 一般形式的矩阵表达式为

$$\boldsymbol{\varepsilon}=\begin{bmatrix}\varepsilon_{11} & \varepsilon_{12} & \varepsilon_{13}\\ \varepsilon_{21} & \varepsilon_{22} & \varepsilon_{23}\\ \varepsilon_{31} & \varepsilon_{32} & \varepsilon_{33}\end{bmatrix} \tag{2-15}$$

应变 $\boldsymbol{\varepsilon}$ 也称为应变张量。

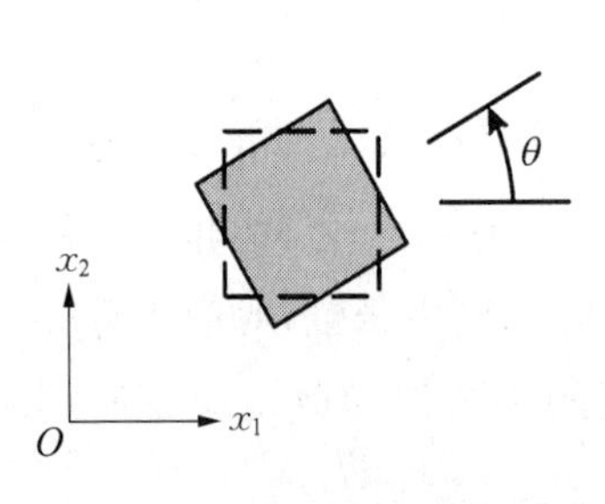

图 2-18 在笛卡尔坐标系下，微元体从初始状态(虚线)旋转 θ 角度

下面通过二维条件下不同方向的应变情况，说明主方向和主应变的概念。在平面应变条件下，只有 $\boldsymbol{\varepsilon}=\begin{bmatrix}\varepsilon_{11} & \varepsilon_{12}\\ \varepsilon_{21} & \varepsilon_{22}\end{bmatrix}$，如旋应变微元体，基于旋转变换矩阵(见图 2-18)：

$$\boldsymbol{Q}=\begin{bmatrix}\cos\theta & -\sin\theta & 0\\ \sin\theta & \cos\theta & 0\\ 0 & 0 & 1\end{bmatrix} \tag{2-16}$$

应变为

$$\boldsymbol{\varepsilon}=\boldsymbol{Q}^{\mathrm{T}}\boldsymbol{\varepsilon}\boldsymbol{Q}=\begin{bmatrix}\cos\theta & \sin\theta\\ -\sin\theta & \cos\theta\end{bmatrix}\begin{bmatrix}\varepsilon_{11} & \varepsilon_{12}\\ \varepsilon_{21} & \varepsilon_{22}\end{bmatrix}\begin{bmatrix}\cos\theta & -\sin\theta\\ \sin\theta & \cos\theta\end{bmatrix}=\begin{bmatrix}\widetilde{\varepsilon_{11}} & \widetilde{\varepsilon_{12}}\\ \widetilde{\varepsilon_{21}} & \widetilde{\varepsilon_{22}}\end{bmatrix} \tag{2-17}$$

其中，

$$\widetilde{\varepsilon_{11}}=\varepsilon_{11}\cos^2\theta+2\varepsilon_{12}\sin\theta\cos\theta+\varepsilon_{22}\sin^2\theta$$

$$\widetilde{\varepsilon_{22}}=\varepsilon_{11}\sin^2\theta-2\varepsilon_{12}\sin\theta\cos\theta+\varepsilon_{22}\cos^2\theta$$

$$\widetilde{\varepsilon_{12}}=\widetilde{\varepsilon_{21}}=(\varepsilon_{22}-\varepsilon_{11})\sin\theta\cos\theta+\varepsilon_{12}(\cos^2\theta-\sin^2\theta) \tag{2-18}$$

考虑一个简化的特殊情况，当 $\varepsilon_{22}=\varepsilon_{11}=\varepsilon_0$，$\varepsilon_{12}=\varepsilon_0/2$，有 $\widetilde{\varepsilon_{11}}=\widetilde{\varepsilon_{22}}=\varepsilon_0(1+\sin\theta\cos\theta)$，$\widetilde{\varepsilon_{12}}=\frac{\varepsilon_0}{2}(\cos^2\theta-\sin^2\theta)$。将微元体旋转后的应变随着旋转角度 θ 的变化绘制出来(见图 2-19)，可以发现正应变 $\widetilde{\varepsilon_{11}}$ 和 $\widetilde{\varepsilon_{22}}$ 有最大值或最小值时，剪切应变 $\widetilde{\varepsilon_{12}}$ 为 0。正应变 $\widetilde{\varepsilon_{11}}$ 和 $\widetilde{\varepsilon_{22}}$ 的最大值之间，间隔旋转角度 $\theta=180°$。因此，当剪切应变为 0 时，只有一个方向，称为主方向(principle direction)。此时的正应变称为主应变(principle strain)。

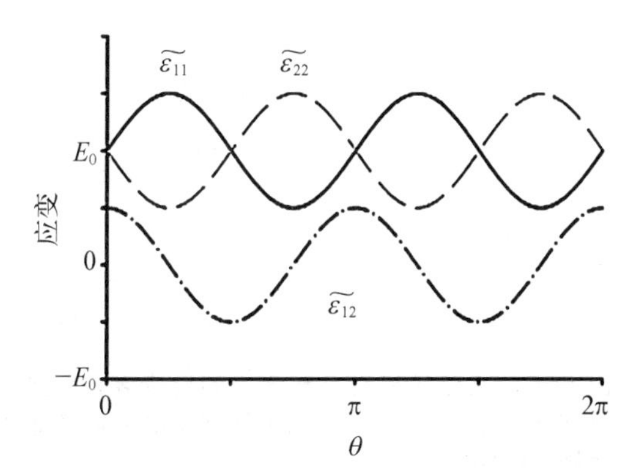

图 2-19 微元体的应变 $\widetilde{\varepsilon_{11}}$，$\widetilde{\varepsilon_{22}}$ 和 $\widetilde{\varepsilon_{12}}$ 随着旋转角度 θ 变化

类似地，对于应力而言，也存在主应力和主方向。对于线弹性材料，应力和应变的主方向相同。相对应应力和应变矩阵，其主方向即是矩阵的特征方向，主应力和主应变对应着矩阵的特征值。

2.2.3 应力与应变的关系

应力和应变的关系，体现了研究对象的本征力学特性，其关系式称为“本构方程”。回忆在中学物理课程中，弹簧的弹性常量作为比例系数联系了力和位移。类似地，对于线弹性材料，在小变形的条件下，应力和应变也存在类似的比例关系。

注意：本书主要讨论线弹性情况，对于非线弹性的情况，应力和应变不再是简单的比例关系，相关内容将在 2.3 节介绍。

对线弹性材料，在拉伸条件下，拉应力 σ 和产生的拉应变 ε 之间存在比例关系，其比例系数称为杨氏模量，常用 E 表示；在剪切条件下，剪应力 τ 和产生的剪切变形角度 γ 之间存在比例关系，其比例系数称为剪切模量，常用 G 表示（见图 2－20）。

$$\sigma = E\varepsilon \tag{2-19}$$

$$\tau = G\gamma \tag{2-20}$$

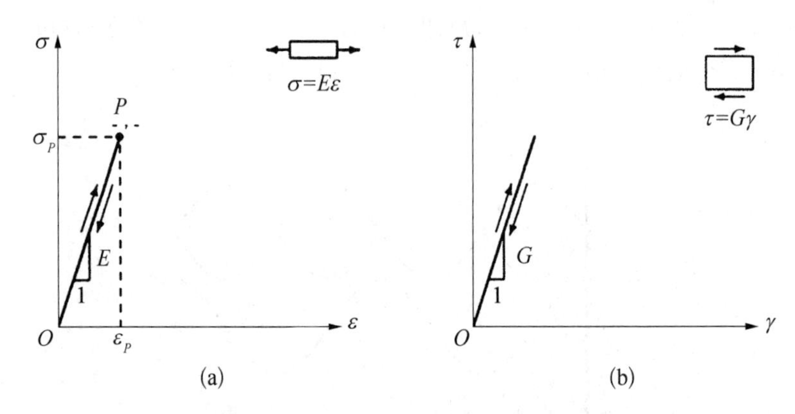

图 2－20　杨氏模量 E 表示拉应力 σ 和产生的拉应变 ε 之间的比例系数(a)与剪切模量 G 表示剪应力 τ 和产生的剪切变形角度 γ 之间的比例系数(b)

例 2.5　对于生物体，许多情况下都可以做线弹性的假设。例如对于宏观的骨组织，其变形往往较小，可以作为线弹性材料处理。如设计了一个实验来测定人体皮质骨组织的弹性模量，选取 3 个几何尺寸相同的骨标本，其横截面均为正方形（2 mm×2 mm）。在每个试样的两端面做标记，并对每个试样施加不同大小的拉伸载荷，测量标记截面之间的长度，测量结果如表 2-1 所示，求解：绘制骨骼的应力-应变图；求骨骼的杨氏模量。

表 2-1 测量结果

拉力/N	长度/mm
0	5.000
240	5.017
480	5.033
720	5.050

解： 每个试样的横截面积为 4 mm^2 或 4×10^{-6} m^2。当施加的载荷为零时，标距为 5 mm，即原始（未变形）标距 l_0。因此，可以使用式（2-9）和式（2-11）计算每个试样中产生的应力和应变，得到图 2-21 所示的 $\sigma-\varepsilon$ 图。

基于图 2-21，可以求得斜率，即杨氏模量 $E=18$ GPa。

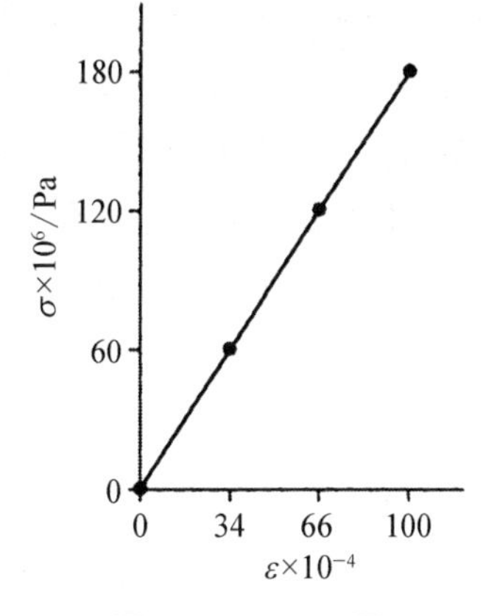

图 2-21 $\sigma-\varepsilon$ 图

2.2.4 泊松比与胡克定律

生活经验告诉我们，一般情况下，如果拉伸物体两端，其垂直拉伸方向的截面积会有收缩，如图 2-22 所示。作为一般性的规律，泊松比（Poisson's ratio）可以对此现象进行描述。在单轴拉伸的一般情况下，如拉力 P 沿着 x_1 方向，其不为 0 的应力只有 $\sigma_{11}=P/A$，如图 2-22(a)所示。但是，对应的应变在 3 个坐标轴方向均不为 0。其中，拉伸应变 $\varepsilon_{11}>0$，压缩应变 ε_{22}，$\varepsilon_{33}<0$。基于此，泊松比定义为

$$\nu=-\frac{\varepsilon_{22}}{\varepsilon_{11}}=-\frac{\varepsilon_{33}}{\varepsilon_{11}} \tag{2-21}$$

定义中的负号是为使 ν 为正。

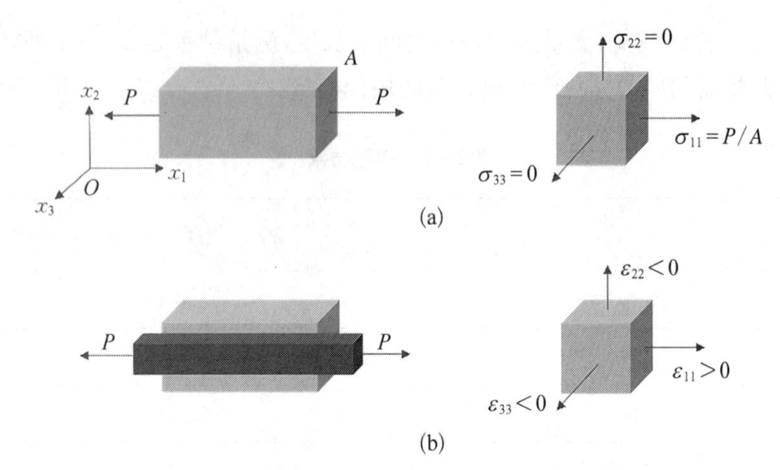

图 2-22 单轴拉伸条件下物体的应力状态(a)与相应的应变(b)

在此基础上考虑一个单位立方微元体的一般受力情况。如在 3 个沿着坐标轴的方向分别受到拉应力，如图 2-23(a)所示，每个方向的拉伸应变可以由式(2-19)求得，同时考虑泊松比的作用，其对正交方向的应变可以由式(2-21)求得。基于线性假设，可以将所有应变做线性叠加，从而得到在正应力作用条件下的应力-应变关系：

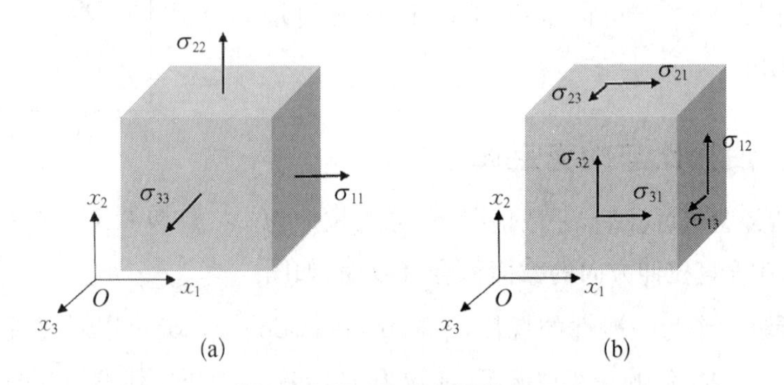

图 2-23 单位立方微元体的单轴拉伸(a)和剪切(b)

$$\varepsilon_{11}=\frac{\sigma_{11}}{E}-\frac{\nu\sigma_{22}}{E}-\frac{\nu\sigma_{33}}{E} \tag{2-22}$$

$$\varepsilon_{22}=\frac{\sigma_{22}}{E}-\frac{\nu\sigma_{11}}{E}-\frac{\nu\sigma_{33}}{E} \tag{2-23}$$

$$\varepsilon_{33}=\frac{\sigma_{33}}{E}-\frac{\nu\sigma_{11}}{E}-\frac{\nu\sigma_{22}}{E} \tag{2-24}$$

对于剪切变形的情况，如图 2-22(b)所示，由于剪切应变并不引起其余方向的应变，对应 3 个正交面上的剪切变形，由式(2-20)可以求得相应剪切应变：

$$\gamma_{12}=\frac{\sigma_{12}}{G} \tag{2-25}$$

$$\gamma_{13}=\frac{\sigma_{13}}{G} \tag{2-26}$$

$$\gamma_{23}=\frac{\sigma_{23}}{G} \tag{2-27}$$

对于线弹性材料，剪切模量和杨氏模量存在如下关系：

$$G=\frac{E}{2(1+\nu)} \tag{2-28}$$

将式(2-22)～式(2-27)的应力应变关系写成以下形式：

$$\sigma_{11}=\frac{E}{(1+\nu)(1-2\nu)}[(1-\nu)\varepsilon_{11}+\nu\varepsilon_{22}+\nu\varepsilon_{33}] \tag{2-29}$$

$$\sigma_{22}=\frac{E}{(1+\nu)(1-2\nu)}[\nu\varepsilon_{11}+(1-\nu)\varepsilon_{22}+\nu\varepsilon_{33}] \tag{2-30}$$

$$\sigma_{33}=\frac{E}{(1+\nu)(1-2\nu)}[\nu\varepsilon_{11}+\nu\varepsilon_{22}+(1-\nu)\varepsilon_{33}] \tag{2-31}$$

$$\sigma_{12}=\frac{E}{2(1+\nu)}\gamma_{12} \tag{2-32}$$

$$\sigma_{13}=\frac{E}{2(1+\nu)}\gamma_{13} \tag{2-33}$$

$$\sigma_{23}=\frac{E}{2(1+\nu)}\gamma_{23} \tag{2-34}$$

上述 6 个关系式表明了 $\sigma-\varepsilon$ 的一般关系，是线弹性材料的本构方程。

2.3 大变形分析

2.3.1 位移与速度

大多数生物组织，如肌肉、皮肤和脑等软组织，以及细胞和细胞器等微观生物结构在外力作用下均会发生相对其原本几何尺寸的较大变形。在大变形的条件下，原有的小变形假设失效，其相关的几何和材料均表现出非线性特征。因此，需要重新建立大变形理论对生物体的大变形进行描述和刻画。

大变形条件下，分析对象的位移是描述其形变的重要参量和途径。因此，从一维条件入手，建立位移与变形的分析基础，并逐渐扩展过渡到二维和三维的一般情形。首先分析如下肌肉伸缩的例子，建立拉格朗日(Lagrange)和欧拉(Euler)描述方式。

例 2.6 如图 2-24 所示，肌肉在伸缩过程中，其纤维细胞会发生相对其自身尺寸较大的变形和位移。怎样描述其中细胞的位移状态？

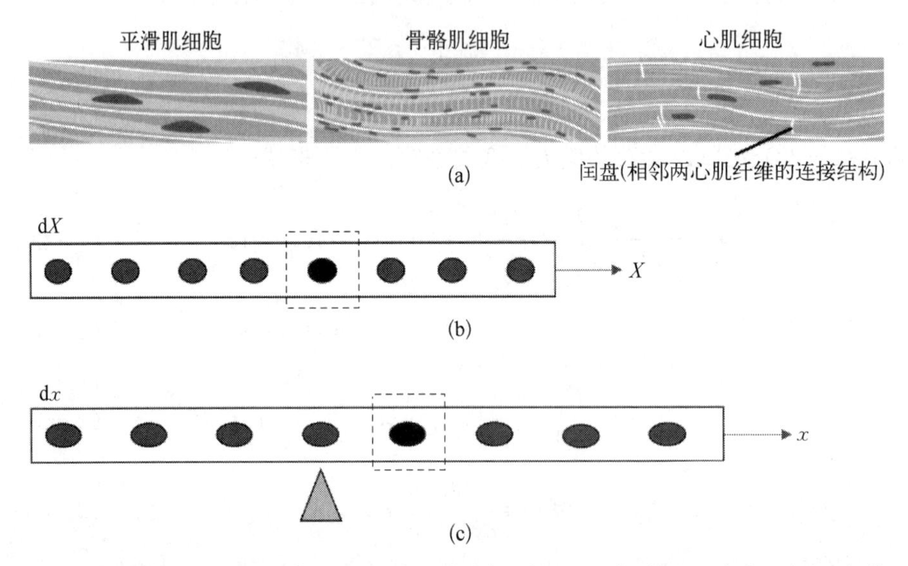

注：虚线框圈出的为观察点固定在细胞上(拉格朗日描述)；三角形标记观察点固定在空间某一位置(欧拉描述)。

图 2-24 肌肉纤维中细胞的排布(a)；在初始条件下的细胞位置(b)；形变后细胞的位置(c)

解：假定位移有如下关系：

$$x(X,\ t)=X(1+t^2) \tag{2-35}$$

式中，X 为每个质点的原始坐标位置，x 为形变后的坐标位置。

将原始坐标 X 写成变形后的坐标形式：

$$X(x,\ t)=\frac{x}{1+t^2} \tag{2-36}$$

式(2-36)表达的是空间中变化的位置对应变化前的坐标。

如果将观察点与某一个特定的细胞固连，则其所记录的位移是其固连的细胞随着时间变化的位置为 $x(X, t)=X(1+t^2)$，其位移 $u(X, t)=x-X=Xt^2$。这种基于原始坐标 X 的描述方式称为拉格朗日描述(Lagrangian description)。

如果将位移写成变化后坐标的形式 $u(x, t)=\dfrac{xt^2}{1+t^2}$，则表示了在三角形标记位置，路过的每个细胞经历的位移。这种基于形变后的坐标位置 x 的描述方式称为欧拉描述(Euler description)。可以发现 $\lim\limits_{t\to\infty} u(x, t)=x$。这表明，随着肌肉的无限拉伸，在三角形标记位置观察的位移，其最大量也就是在观察点处的坐标 x。因为，在 $t=0$ 时刻，三角形标记处的细胞位移为0。随着肌肉的拉伸，观察点处看到的细胞位移逐渐增大，但是最大位移即为在原点处的细胞在通过观察三角形标记处的位移，即为原点到观察三角形标记处的位移 x。

基于位移可以计算每个细胞在变形过程中的速度和加速度，公式为

$$v=\frac{\mathrm{d}u}{\mathrm{d}t},\ a=\frac{\mathrm{d}^2u}{\mathrm{d}t^2} \tag{2-37}$$

注意 $u=x-X$，而 X 对应空间中每个细胞的初始位置坐标，不随时间变化。因此，

$$v=\frac{\mathrm{d}x}{\mathrm{d}t}=2Xt,\ a=\frac{\mathrm{d}^2x}{\mathrm{d}t^2}=2X \tag{2-38}$$

将式(2-36)代入式(2-38)，得到速度和加速度在当前观察位置坐标 x 的表达式：

$$v=\frac{2xt}{1+t^2},\ a=\frac{2x}{1+t^2} \tag{2-39}$$

例 2.7 在上述基于例 2.4 的描述中，如果只知道当前观测位置的速度，$v=v(x, t)$，如何求加速度 a。

解： 由于 $a=\dfrac{\mathrm{d}v}{\mathrm{d}t}=\dfrac{\partial v}{\partial x}\dfrac{\partial x}{\partial t}+\dfrac{\partial v}{\partial t}=\dfrac{2t}{1+t^2}v+\dfrac{2x(1-t^2)}{(1+t^2)^2}=\dfrac{2x}{1+t^2}$，与式(2-39)一致。

2.3.2 变形梯度

在固体力学中，常常将初始构形和之后的任何构形分别称为未变形体和变形体。如果 $t=0$ 时的构形包含应力，那么将初始构形称为参考构形会更准确。对于生物体，初始构形往往存在应力，即使它未受到外力加载。对于初始态，常用“初始构形”和“未变形构形”表示，对于变形态，常用“当前构形”和“变形构形”等术语。

如前所述在小变形条件下，已定义了应变的计算方式，对于大变形，首先从一维情况入手，考虑一段初始长度为 L 的杆件变形至 l（见图 2-25）。其拉伸比 λ 定义为

$$\lambda=\frac{l}{L} \tag{2-40}$$

应变定义与式(2-11)一致：

$$\varepsilon=\frac{l-L}{L} \tag{2-41}$$

拉格朗日应变(Lagrangian strain)定义为

$$E=\frac{l^2-L^2}{2L^2}=\frac{1}{2}(\lambda^2-1) \tag{2-42}$$

对于未变形状态，$\lambda=1$, $\varepsilon=E=0$；如果杆件被压缩，则 $0<\lambda<1$，且 $\varepsilon<0$, $E<0$；如果杆件被拉伸，则 $\lambda>1$，且 $\varepsilon>0$, $E>0$。基于长度平方之差的拉格朗日应变在变形较大时，分析起来更方便。以上定义是依据整体长度的变化，并没有说明局部发生的变形情况。例如，杆上的某一些位点其拉伸量比其他位点要多。由于组织中的细胞可能对局部力学环境做出反应，因此需要了解变形如何随位置变化。与小变形中的讨论类似（见图 2-15），如果变形的分析是针对某一个小的微元段 $\mathrm{d}X$，及其变形后的微元段 $\mathrm{d}x$（见图 2-25），其拉伸比、应变和拉格朗日应变的定义类似：

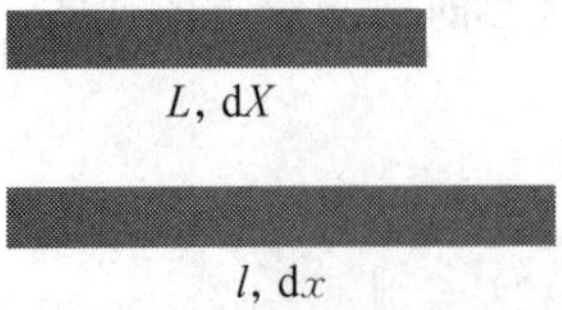

L, $\mathrm{d}X$

l, $\mathrm{d}x$

图 2-25 一维情况下的应变

$$\lambda=\frac{\mathrm{d}x}{\mathrm{d}X} \tag{2-43}$$

$$\varepsilon = \frac{\mathrm{d}x - \mathrm{d}X}{\mathrm{d}X} \tag{2-44}$$

$$E = \frac{\mathrm{d}x^2 - \mathrm{d}X^2}{2\mathrm{d}X^2} = \frac{1}{2}(\lambda^2 - 1) \tag{2-45}$$

例 2.8 对于小变形情况 ($\varepsilon \ll 1$)，推导 $E \approx \varepsilon$。

解: 将 $\lambda = 1 + \varepsilon$ 代入拉格朗日应变，得到

$$E = \frac{1}{2}(\lambda^2 - 1) = \frac{1}{2}[(1+\varepsilon)^2 - 1] = \varepsilon + \frac{\varepsilon^2}{2} \approx \varepsilon$$

在大变形中，假设变形前的微元向量为 $\mathrm{d}\boldsymbol{X}$ 和 $\mathrm{d}\boldsymbol{Y}$，变形后微元向量为 $\mathrm{d}\boldsymbol{x}$ 和 $\mathrm{d}\boldsymbol{y}$，基坐标向量为 $(\boldsymbol{i}, \boldsymbol{j}, \boldsymbol{k})$，可以写为

$$\mathrm{d}\boldsymbol{X} = \mathrm{d}X\boldsymbol{i},\ \mathrm{d}\boldsymbol{Y} = \mathrm{d}Y\boldsymbol{j} \tag{2-46}$$

$$\mathrm{d}\boldsymbol{x} = \mathrm{d}x\boldsymbol{i}',\ \mathrm{d}\boldsymbol{y} = \mathrm{d}y\boldsymbol{j}' \tag{2-47}$$

由于向量之间的变换可以由一个二维矩阵(张量)实现。因此有

$$\mathrm{d}\boldsymbol{x} = \boldsymbol{F} \cdot \mathrm{d}\boldsymbol{X},\ \mathrm{d}\boldsymbol{y} = \boldsymbol{F} \cdot \mathrm{d}\boldsymbol{Y} \tag{2-48}$$

$\boldsymbol{F}$ 称为变形梯度矩阵(张量)。

事实上，$\mathrm{d}\boldsymbol{X}$ 和 $\mathrm{d}\boldsymbol{Y}$ 可以代表任意方向的微元向量。在一般的三维空间(见图 2-26)中，$\boldsymbol{F}$ 可以将任意微元向量段 $\mathrm{d}\boldsymbol{R}$ 变换到 $\mathrm{d}\boldsymbol{r}$，则

$$\mathrm{d}\boldsymbol{r} = \boldsymbol{F} \cdot \mathrm{d}\boldsymbol{R} = \mathrm{d}\boldsymbol{R} \cdot \boldsymbol{F}^{\mathrm{T}} \tag{2-49}$$

如果将 $\boldsymbol{r}$ 表达为 $\boldsymbol{r} = \boldsymbol{r}(\boldsymbol{R})$，则

$$\mathrm{d}\boldsymbol{r} = \mathrm{d}\boldsymbol{R} \cdot \frac{\partial \boldsymbol{r}}{\partial \boldsymbol{R}} = \mathrm{d}\boldsymbol{R} \cdot \nabla \boldsymbol{r} \tag{2-50}$$

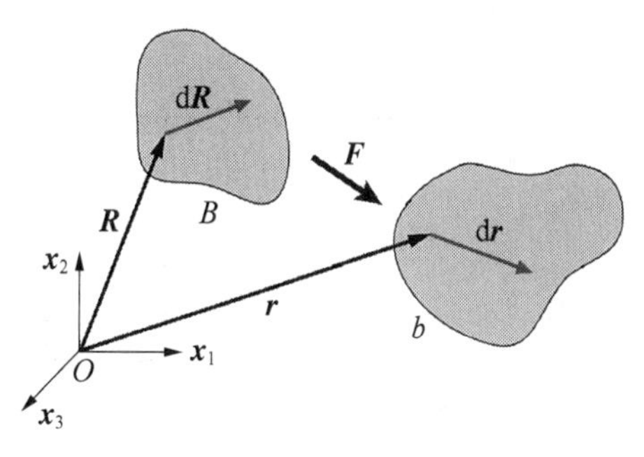

注：几何体中的任意质点由初始位置 $\boldsymbol{R}$ 变化到 $\boldsymbol{r}$。微元向量 $\mathrm{d}\boldsymbol{R}$ 变化到 $\mathrm{d}\boldsymbol{r}$。$\boldsymbol{F}$ 称为变形梯度矩阵[2]。

图 2-26 在三维情况下，空间中任意形状的几何体 *B* 移动和变形至新状态 *b*

其中，$\nabla = \frac{\partial}{\partial \boldsymbol{R}}$。所以，变形梯度 $\boldsymbol{F}$ 为

$$\boldsymbol{F}=(\nabla \boldsymbol{r})^{\mathrm{T}}=\begin{bmatrix}\dfrac{\partial r_1}{\partial X_1} & \dfrac{\partial r_1}{\partial X_2} & \dfrac{\partial r_1}{\partial X_3}\\ \dfrac{\partial r_2}{\partial X_1} & \dfrac{\partial r_2}{\partial X_2} & \dfrac{\partial r_2}{\partial X_3}\\ \dfrac{\partial r_3}{\partial X_1} & \dfrac{\partial r_3}{\partial X_2} & \dfrac{\partial r_3}{\partial X_3}\end{bmatrix}=\left[\frac{\partial r_i}{\partial X_j}\right]_{ij} \tag{2-51}$$

注意到 $\boldsymbol{r}=\boldsymbol{R}+\boldsymbol{u}$，因此有

$$\boldsymbol{F}=\frac{\partial(\boldsymbol{R}+\boldsymbol{u})}{\partial \boldsymbol{R}}=I+(\nabla \boldsymbol{u})^{\mathrm{T}} \tag{2-52}$$

$$F_{ij}=\delta_{ij}+\left[\frac{\partial u_i}{\partial X_j}\right]_{ij} \tag{2-53}$$

例 2.9 在对组织或细胞开展生物力学测试时，常采用拉伸，剪切的方式。试写出理想单轴拉伸 ($\lambda=1.5$)，单方向简单剪切 ($\gamma=0.5$)，纯剪切 ($\gamma=0.5$) 和三轴拉伸 ($\lambda=1.5$) 条件下，变形梯度的形式。图 2-27 所示为 $\boldsymbol{x}_1-\boldsymbol{x}_2$ 平面内单位立方体的形变。其中单轴和三轴拉伸比 $\lambda=1.5$，剪切角度 $\gamma\approx\tan\gamma=0.5$。

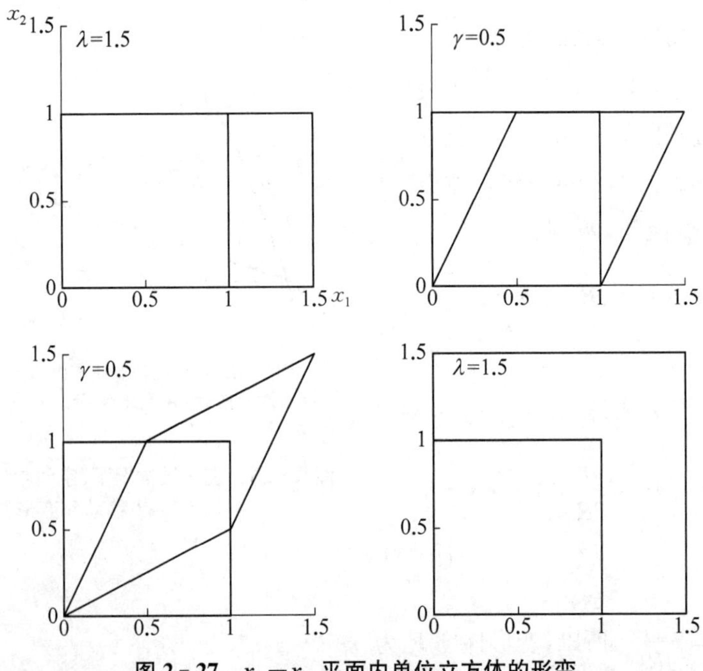

图 2-27 x_1-x_2 平面内单位立方体的形变

解: 首先依据变形情况,写出变形后的坐标。

对于单轴拉伸: $\boldsymbol{x}=\lambda X_1\boldsymbol{e}_1+X_2\boldsymbol{e}_2+X_3\boldsymbol{e}_3$

对于简单剪切: $\boldsymbol{x}=(X_1+\gamma X_2)\boldsymbol{e}_1+X_2\boldsymbol{e}_2+X_3\boldsymbol{e}_3$

对于纯剪切: $\boldsymbol{x}=(X_1+\gamma X_2)\boldsymbol{e}_1+(\gamma X_1+X_2)\boldsymbol{e}_2+X_3\boldsymbol{e}_3$

对于三轴拉伸: $\boldsymbol{x}=\lambda X_1\boldsymbol{e}_1+\lambda X_2\boldsymbol{e}_2+\lambda X_3\boldsymbol{e}_3$

基于式(2-51),可得对应的变形梯度:

对于单轴拉伸: $\boldsymbol{F}=\begin{bmatrix}\dfrac{\partial x_1}{\partial X_1} & \dfrac{\partial x_1}{\partial X_2} & \dfrac{\partial x_1}{\partial X_3}\\ \dfrac{\partial x_2}{\partial X_1} & \dfrac{\partial x_2}{\partial X_2} & \dfrac{\partial x_2}{\partial X_3}\\ \dfrac{\partial x_3}{\partial X_1} & \dfrac{\partial x_3}{\partial X_2} & \dfrac{\partial x_3}{\partial X_3}\end{bmatrix}=\begin{bmatrix}\lambda & 0 & 0\\ 0 & 1 & 0\\ 0 & 0 & 1\end{bmatrix}$

对于简单剪切: $\boldsymbol{F}=\begin{bmatrix}1 & \gamma & 0\\ 0 & 1 & 0\\ 0 & 0 & 1\end{bmatrix}$

对于纯剪切: $\boldsymbol{F}=\begin{bmatrix}1 & \gamma & 0\\ \gamma & 1 & 0\\ 0 & 0 & 1\end{bmatrix}$

对于三轴拉伸: $\boldsymbol{F}=\begin{bmatrix}\lambda & 0 & 0\\ 0 & \lambda & 0\\ 0 & 0 & \lambda\end{bmatrix}$

2.3.3 变形中应变的描述

在变形梯度 $\boldsymbol{F}$ 中,既包括变形,又包括刚体位移和旋转。因此,为了刻画纯应变,类似一维情形式(2-42),基于长度平方的变化,定义一般情况下的拉格朗日应变。由于变形前微元段的长度平方为 $\mathrm{d}S^2=\mathrm{d}\boldsymbol{R}\cdot\mathrm{d}\boldsymbol{R}$,变形后的微元段长度 $\mathrm{d}s^2=\mathrm{d}\boldsymbol{r}\cdot\mathrm{d}\boldsymbol{r}=(\mathrm{d}\boldsymbol{R}\cdot\boldsymbol{F}^{\mathrm{T}})\cdot(\boldsymbol{F}\cdot\mathrm{d}\boldsymbol{R})=\mathrm{d}\boldsymbol{R}\cdot\boldsymbol{C}\cdot\mathrm{d}\boldsymbol{R}$,其中

$$\boldsymbol{C}=\boldsymbol{F}^{\mathrm{T}}\cdot\boldsymbol{F} \tag{2-54}$$

是一个对称矩阵,称为右拉格朗日-格林变形张量(right Lagrangian-Green deformation tensor)。类似地还可以定义左拉格朗日-格林变形张量(left Lagrangian-Green deformation tensor):

$$\boldsymbol{b} = \boldsymbol{F} \cdot \boldsymbol{F}^{\mathrm{T}} \tag{2-55}$$

对应式(2-42),长度平方变化为

$$\frac{1}{2}[(\mathrm{d}s)^2 - (\mathrm{d}S)^2] = \frac{1}{2}[\mathrm{d}\boldsymbol{R} \cdot \boldsymbol{C} \cdot \mathrm{d}\boldsymbol{R} - \mathrm{d}\boldsymbol{R} \cdot \mathrm{d}\boldsymbol{R}] = \mathrm{d}\boldsymbol{R} \cdot \frac{1}{2}(\boldsymbol{C} - \boldsymbol{I}) \cdot \mathrm{d}\boldsymbol{R} \tag{2-56}$$

因此,拉格朗日-格林应变(Lagrangian-Green strain tensor)为

$$\boldsymbol{E} = \frac{1}{2}(\boldsymbol{F}^{\mathrm{T}} \cdot \boldsymbol{F} - \boldsymbol{I}) = \frac{1}{2}(\boldsymbol{C} - \boldsymbol{I}) \tag{2-57}$$

写成分量形式(角标的形式见附录 2)为

$$E_{ij} = \frac{1}{2}(F_{ki}F_{kj} - \delta_{ij}) \tag{2-58}$$

类似地,欧拉-阿尔曼西应变(Euler-Almansi strain tensor)为

$$\boldsymbol{e} = \frac{1}{2}(\boldsymbol{I} - \boldsymbol{F}^{-\mathrm{T}}\boldsymbol{F}^{-1}) = \frac{1}{2}(\boldsymbol{I} - \boldsymbol{b}^{-1}) \tag{2-59}$$

写成分量形式为

$$e_{ij} = \frac{1}{2}(\delta_{ij} - F_{ki}^{-1}F_{kj}^{-1}) \tag{2-60}$$

2.3.4 大变形中应力的描述

与在小变形的条件下分析类似,下面考虑在大变形条件下简单的拉伸情形(见图 2-28)。对于宏观的样本而言,在轴向力 f 作用下,其截面上的应力为

$$\sigma = \frac{f}{a} \tag{2-61}$$

注意:这里应力所除的面积是变形后的截面积 a,与变形前的截面积 A 相区别。因此,该应力称为真实应力(true stress)或柯西应力(Cauchy stress)。在实际情况中,变形后的截面积往往难以测量,常使用的面积是变形前的截面积。如果将应力定义在变形前的截面积上,则

$$P = \frac{f}{A} \tag{2-62}$$

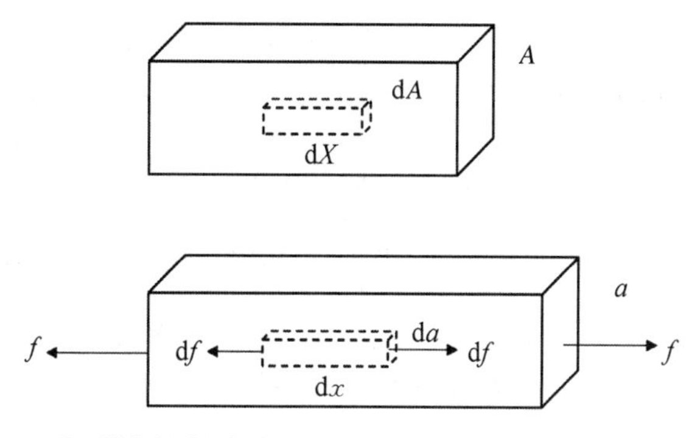

注：样本所受的拉力为 f。截面积从 A 变化到 a。微元体受到拉力 $\mathrm{d}f$，其截面积从 $\mathrm{d}A$ 变化到 $\mathrm{d}a$，长度从 $\mathrm{d}X$ 变化到 $\mathrm{d}x$。

图 2-28　一个样本及其内部的微元体在单轴拉伸条件下，未变形和变形后的状态

这个假想的应力 P 称为第一类皮奥拉-基尔霍夫应力(first Piola-Kirchhoff stress，PK 应力)，也称为工程应力(engineering stress)。对于小变形而言，变形前后的截面积非常接近，柯西应力与第一类 PK 应力相等。因此第一类 PK 应力可以作为真实应力的近似。但是对于软组织的大变形，两者的差异变得非常显著。柯西应力是唯一能够在连续的层面中具有真实物理意义的应力。

相应地，对于样本内的微元体，在轴向力 $\mathrm{d}f$ 作用下，基于变形前截面积 $\mathrm{d}A$ 和变形后的截面积 $\mathrm{d}a$，其截面上的柯西应力和第一类 PK 应力为

$$\sigma = \frac{\mathrm{d}f}{\mathrm{d}a} \tag{2-63}$$

$$P = \frac{\mathrm{d}f}{\mathrm{d}A} \tag{2-64}$$

假定变形前后的体积比为 J，则

$$J = \frac{\mathrm{d}v}{\mathrm{d}V} = \frac{\mathrm{d}x\,\mathrm{d}a}{\mathrm{d}X\,\mathrm{d}A} = \lambda\,\frac{\mathrm{d}a}{\mathrm{d}A} \tag{2-65}$$

式中，$\mathrm{d}V$ 为变形前的体积；$\mathrm{d}v$ 为变形后的体积；λ 为拉伸比。基于式(2-63)～式(2-65)可以得到柯西应力和第一类 PK 应力之间的关系为

$$\sigma = J^{-1}\lambda P = J^{-1}\lambda^2 S \tag{2-66}$$

式中，S 称为第二类 PK 应力。

对于在三维条件下的一般情况，这里直接给出法向量为 $\boldsymbol{n}=n_i\boldsymbol{e}_i$ 的任意截面上所受到的牵拉力向量 $\boldsymbol{T}=T_i\boldsymbol{e}_i$，其中 $\boldsymbol{e}_i$ 为基向量，T_i 的计算式为

$$T_i=\sigma_{ij}n_j=\sigma_{ji}n_j \tag{2-67}$$

则三维情形下的柯西应力、第一类 PK 应力和第二类 PK 应力之间的关系与一维的情形类似：

$$\boldsymbol{\sigma}=\boldsymbol{J}^{-1}\boldsymbol{F}\cdot\boldsymbol{P}=\boldsymbol{J}^{-1}\boldsymbol{F}\cdot\boldsymbol{S}\cdot\boldsymbol{F}^{\mathrm{T}} \tag{2-68}$$

详细证明请参见更为详尽的固体力学和高级生物力学书籍[29]。

例 2.10 对应设计的一个人工植入物，其在笛卡尔坐标系 (x_1, x_2, x_3) 中一点的应力分量：$\sigma_{11}=500$；$\sigma_{12}=\sigma_{21}=500$；$\sigma_{22}=1\,000$；$\sigma_{23}=\sigma_{32}=-750$；$\sigma_{31}=\sigma_{13}=800$；$\sigma_{33}=-300$。平面的法向量为 $\boldsymbol{n}=\frac{1}{2}e_1+\frac{1}{2}e_2+\frac{1}{\sqrt{2}}e_3$。

求： 所选择平面上的牵引力向量。

解： 基于任意截面上所受到的牵拉力向量 $\boldsymbol{T}=T_i\boldsymbol{e}_i$ 与应力的关系

$$\begin{aligned}\boldsymbol{T}^n&=\boldsymbol{T}_1+\boldsymbol{T}_2+\boldsymbol{T}_3\\&=(\sigma_{11}\boldsymbol{e}_1+\sigma_{12}\boldsymbol{e}_2+\sigma_{13}\boldsymbol{e}_3)+(\sigma_{21}\boldsymbol{e}_1+\sigma_{22}\boldsymbol{e}_2+\sigma_{23}\boldsymbol{e}_3)+(\sigma_{31}\boldsymbol{e}_1+\sigma_{32}\boldsymbol{e}_2+\sigma_{33}\boldsymbol{e}_3)\\&=(\sigma_{11}+\sigma_{21}+\sigma_{31})\boldsymbol{e}_1+(\sigma_{12}+\sigma_{22}+\sigma_{32})\boldsymbol{e}_2+(\sigma_{13}+\sigma_{23}+\sigma_{33})\boldsymbol{e}_3\end{aligned}$$

对于截面法向量 $\boldsymbol{n}=n_1\boldsymbol{e}_1+n_2\boldsymbol{e}_2+n_3\boldsymbol{e}_3$，截面上的牵拉力为

$$T_1=(\sigma_{11}n_1+\sigma_{12}n_2+\sigma_{13}n_3)=\sum_j\sigma_{1j}n_j$$

$$T_2=(\sigma_{21}n_1+\sigma_{22}n_2+\sigma_{23}n_3)=\sum_j\sigma_{2j}n_j$$

$$T_3=(\sigma_{31}n_1+\sigma_{32}n_2+\sigma_{33}n_3)=\sum_j\sigma_{3j}n_j$$

因此，$T_i=\sigma_{ij}n_j=\sigma_{ji}n_j$

2.3.5 应变与应力的关系

在大变形条件下，由于非线性的存在，应力和应变之间的关系不再是简单的线性关系。在实际应用中常常定义变形的函数。通过实验测量定义具体的变形能函数(strain energy function)，再通过变形能推导应力和应变，并对应力和应变的变化做出预测和分析。通常情况下，各向同性的材料变形能 W 可

以写成应变不变量的函数形式：

$$W = W(I_1, I_2, I_3) \tag{2-69}$$

其中，

$$I_1 = \mathrm{tr}(\boldsymbol{C}) \tag{2-70}$$

$$I_2 = \frac{1}{2}[(\mathrm{tr}(\boldsymbol{C}))^2 - \mathrm{tr}(\boldsymbol{C}^2)] \tag{2-71}$$

$$I_3 = \det(\boldsymbol{C}) \tag{2-72}$$

这里，我们直接给出基于变形能求解应力的关系式：

$$\boldsymbol{\sigma}(\boldsymbol{C}) = 2J^{-1}\boldsymbol{F}\frac{\partial\psi(\boldsymbol{C})}{\partial\boldsymbol{C}}\boldsymbol{F}^{\mathrm{T}} \tag{2-73}$$

从式(2－70)可以看出，应力和应变之间可以通过变形能函数建立关系。在大变形情况下，应力与应变之间的关系(本构方程)，可以详细推导，在附录中提供了相应的控制方程，以供参考。

对于小变形情况，有

$$\boldsymbol{\varepsilon} \approx \boldsymbol{E} \approx \boldsymbol{e} \tag{2-74}$$

可以得到

$$\boldsymbol{C} = \boldsymbol{b} = \boldsymbol{I} + 2\boldsymbol{\varepsilon} \tag{2-75}$$

因此，应变不变量可以写成小变形表达式：

$$I_1 = 3 + 2\mathrm{tr}(\boldsymbol{\varepsilon}) \tag{2-76}$$

$$I_2 = \frac{1}{2}[6 + 8\mathrm{tr}(\boldsymbol{\varepsilon}) + 4(\mathrm{tr}(\boldsymbol{\varepsilon}))^2 - 4\mathrm{tr}(\boldsymbol{\varepsilon}^2)] \tag{2-77}$$

$$I_3 = \det(\boldsymbol{I} + 2\boldsymbol{\varepsilon}), \tag{2-78}$$

2.4 流体力学简介

流体力学在维持正常细胞生理学和介导病理过程中起着至关重要的作用。许多生理过程都依赖于细胞外液流的存在，以便将营养物质和废物运输到各个位置或从各个位置运出。此外，流体以压力和流体剪切应力的形式施加在生物体上，可作为调控信号作用于细胞。由于细胞主要由流体组成，因此在细胞内，流体力学可以影响多种过程，例如与细胞运动或细胞内转运相关的过程等。本节简要介绍流体力学原理，包括流体静力学和动力学。

2.4.1 流体静力学

为了介绍静水压力的概念，我们可以考虑一个装满水的圆柱形玻璃容器。由于水具有质量，它会在重力作用下对玻璃底部施加力。假设容器的横截面积为 A，容器内水的高度为 h，水的密度为常数且等于 ρ（见图 2-29）。那么，作用在容器底部的总重力为

$$F = \rho g A h \tag{2-79}$$

式中，g 是重力加速度。在这种情况下，力 F 的方向垂直于容器底部并向下，因此作用在底面的静水压力 $p = F/A$ 可以写为

$$p = \rho g h \tag{2-80}$$

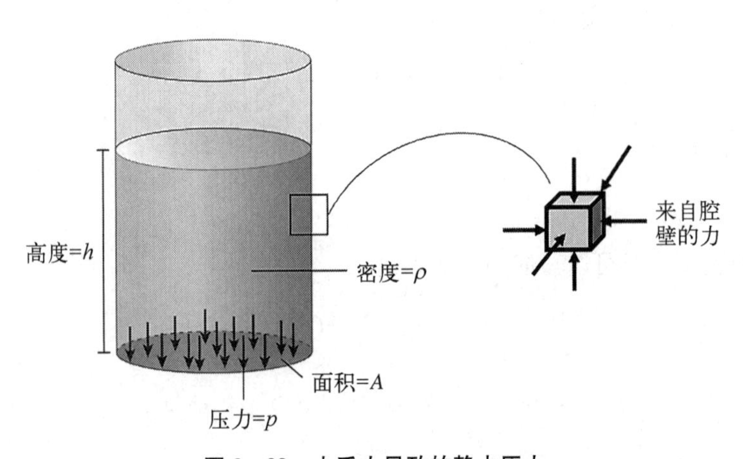

图 2-29 由重力导致的静水压力

由于流体处于静止状态，根据平衡原理，立方体各侧的压力必须相等。因此，静止流体内部的压力是各向同性的。如果我们为容器分配一个坐标系，其中 z 轴垂直于容器底部，$x-y$ 平面平行于它，并且要遍历给定 $x-y$ 平面内的任何一点，无论所采取的路径或所行进的距离如何，压力都将是相同的，具有各向同性的特征。静水压力的各向同性还表明，在装满液体的容器内，水除了

对容器底部施加力外，还会对容器的侧面施加力。考虑一个与容器侧面接触的小流体元(见图 2-29)，在腔壁所受到的力与在周围受到的液体压力相同。

例 2.11 静水压力的计算。如构建一个顶部开放、形状为矩形的培养容器或生物反应器，该容器将被培养液完全填满至顶部。容器的壁是垂直的，高度为 h，宽度为 w。计算培养液对生物反应器壁施加的力。

解： 对此问题采用微元法开展分析。在 z 方向距离液面 d 深度的位置截取微元段 $\mathrm{d}z$。作用在流体微元段的压力是 $p=\rho gz$，其中 z 是液体表面与微元段之间的垂直距离。假设液体表面的压力为零，对于容器壁上位于深度 z 处、高度为 $\mathrm{d}z$、宽度为 w 的无限薄条带(见图 2-30)，合力是

$$\mathrm{d}F=\rho gz\mathrm{d}A=\rho gzw\mathrm{d}z$$

对上式积分，得

$$F=\int\mathrm{d}F=\int_0^d\rho gzw\mathrm{d}z=\frac{\rho gwd^2}{2}$$

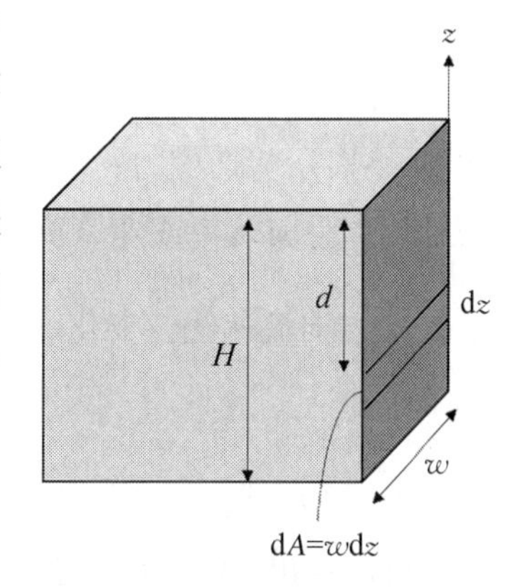

图 2-30 采用微元法分析作用在生物反应器壁上的静水压力

2.4.2 流体动力学

对于流动的液体而言，流体是一种对剪切应力做出持续变形反应的物质。不同类型的流体在剪切作用下发生变形的具体方式有所不同。一种典型的情况是，流体的剪切应力与剪切应变率成正比，这类流体称为牛顿流体。考虑两个平行板之间在恒定剪切应力下的薄层流体(见图 2-31)。流体在平行板之间，上板以恒定速度 V_0 移动，带动流体流动，同时保持下板静止，从而产生稳定的液体流动，即速度场不随时间变化。在两板之间，在 $y=0$ 时流速为 0，$y=h$ 时流速为 V_0，中间流体速度在 y 方向上呈线性变化。流体速度随着高度变化的特征称为流速剖面(velocity profile)。

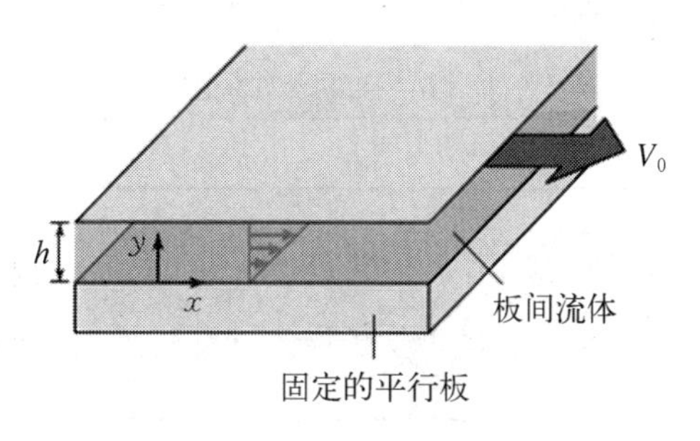

图 2-31 平行板间牛顿流体示意

在两块平行板之间夹有一层流体。底部板是静止的，顶部板以速度 V_0 向 x 正方向移动。牛顿流体形成线性流动轮廓，且剪切应力与剪切应变率成正比。在这种情况下，剪切应变率为 V_0/h。

为了保持线性流速剖面，对上板施加了一个恒定的剪切应力。对于牛顿流体，这种剪切应力为

$$\tau=\mu\frac{\partial v}{\partial y} \tag{2-81}$$

式中，τ 表示剪切应力；v 表示流体速度；y 是与 v 方向垂直的方向。v 关于 y 的导数称为剪切率或速度梯度。常数 μ 表示动力黏度，其单位为 kg/ms。对于在 y 方向流速线性变化的牛顿流体 $\frac{\partial v}{\partial y}=\frac{V_0}{h}$，因此剪切应力可以写为

$$\tau=\mu\frac{V_0}{h} \tag{2-82}$$

可以看出，流体在给定的剪切应力作用下变形的速度是由流体的黏度决定的。与低黏度流体（如水）相比，高黏度流体（如蜂蜜）在相同的间隙 h 下，对给定的剪切应力的响应速度会慢得多。对于像蜂蜜这样的流体，要用更大的剪切应力才能使上板以期望的速度 V_0 移动。

层流和湍流是流体力学中常见的两种流动状态。一般来说，湍流可以大致描述为混乱、不规则，并包含一定程度的随机性。层流则是不出现湍流的流动。例如，将稠密的流体（如蜂蜜或某些油）倒入盘子中，通常会形成层流。轻轻打开水龙头，当流速较低时通常也会形成层流。但如果把水龙头开大，水流就会变得混乱，水会翻滚和混合——这是湍流的特征。

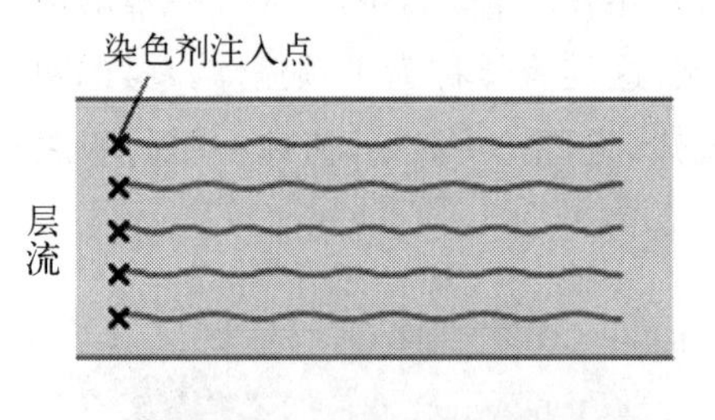

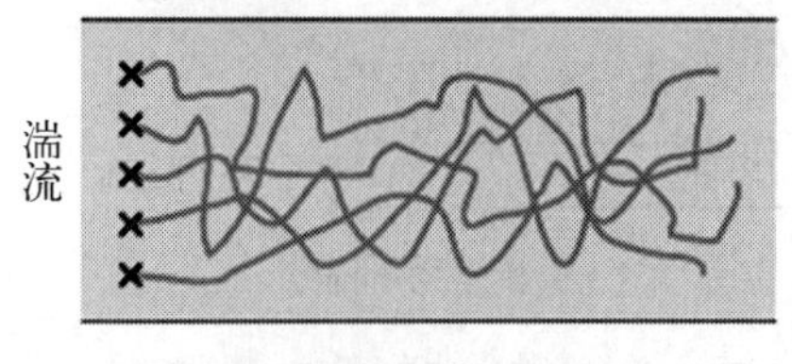

图 2-32 层流与湍流

层流是没有内部对流混合的流动，流体元素沿着明确定义的“线”移动。这些线可以通过在流动中注入少量染料来可视化，可以在流动液体的若干空间位点中注入染料，从而对流场进行可视化（见图 2-32）。对于层流，染料的线条将保持连贯。由于没有混合，可以观察到许多

平行的条带,可以将流动的条带想象成层,层间不会混合交叉。这种层状模式是“层流”这个名字的来源。

层流通常是稳定和平滑的,流线连续不断(流线可能是弯曲的或直线的,并可能随时间变化)。而湍流则会出现混合和流线中断的现象,并且流线混乱随时间变化。

通过测量流动的某些方面和流动发生的几何形状,我们可以用一个无量纲数——雷诺数(Re)来区分层流和湍流。

$$Re = \frac{\rho VL}{\mu} \tag{2-83}$$

其中,ρ 和 μ 分别是流体的密度和动力黏度;V 称为特征速度;L 是某个长度尺度。对于管道中的流动,L 通常是管道的直径,V 通常是平均速度(尽管也可以使用半径和峰值速度)。雷诺数衡量了给定流动中惯性力和黏性力的相对大小,被广泛认为是流体力学中最重要的量之一。一般来说,$Re>1$ 表示惯性力,即流体具有的动量,在流动中占主导地位。这种惯性力倾向于促进混合,高雷诺数与湍流相关。$Re<1$ 表示黏性力占主导地位。请注意,在 $Re=1$ 时,黏性项和惯性项之间达到平衡,这有时称为过渡区,其中流动可能开始产生不稳定性,但尚未完全成为湍流。

纳维-斯托克斯(Navier-Stokes)方程是描述流体运动的一般方程。这里基于牛顿第二运动定律,推导不可压缩、时间依赖流动的 Navier-Stokes 方程。考虑如下流体速度场:

$$\mathbf{V}(x, y, z, t) = \begin{bmatrix} V_x(x, y, z, t) \\ V_y(x, y, z, t) \\ V_z(x, y, z, t) \end{bmatrix} \tag{2-84}$$

对于一个无限小的流体微元,确定作用在其上的外力,并应用牛顿第二运动定律分析其平衡(见图 2-33)。

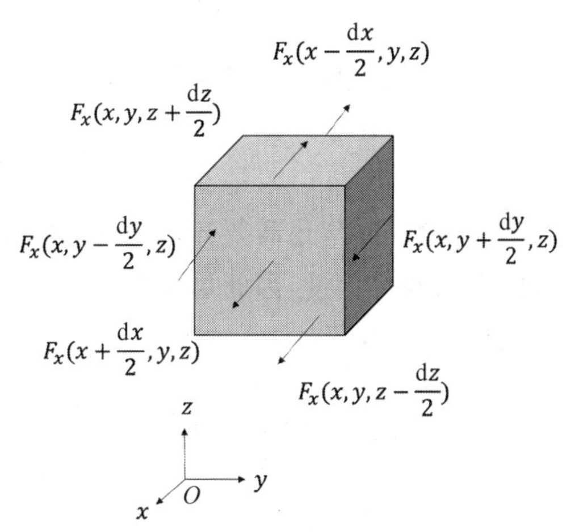

图 2-33 流体微元及作用在其上的力

以 x 方向上的力为例,首先分析微元体上的力,并在微元体中心点进行泰勒展开：

$$
\begin{aligned}
F_x\left(x-\frac{\mathrm{d}x}{2}, y, z\right)&=\sigma_{xx}\left(x-\frac{\mathrm{d}x}{2}, y, z\right)\mathrm{d}y\mathrm{d}z\approx\left(\sigma_{xx}(x, y, z)-\frac{\partial\sigma_{xx}}{\partial x}\frac{\mathrm{d}x}{2}\right)\mathrm{d}y\mathrm{d}z\\
F_x\left(x+\frac{\mathrm{d}x}{2}, y, z\right)&=\sigma_{xx}\left(x+\frac{\mathrm{d}x}{2}, y, z\right)\mathrm{d}y\mathrm{d}z\approx\left(\sigma_{xx}(x, y, z)+\frac{\partial\sigma_{xx}}{\partial x}\frac{\mathrm{d}x}{2}\right)\mathrm{d}y\mathrm{d}z\\
F_x\left(x, y-\frac{\mathrm{d}y}{2}, z\right)&=\sigma_{yx}\left(x, y-\frac{\mathrm{d}y}{2}, z\right)\mathrm{d}x\mathrm{d}z\approx\left(\sigma_{yx}(x, y, z)-\frac{\partial\sigma_{yx}}{\partial y}\frac{\mathrm{d}y}{2}\right)\mathrm{d}x\mathrm{d}z\\
F_x\left(x, y+\frac{\mathrm{d}y}{2}, z\right)&=\sigma_{yx}\left(x, y+\frac{\mathrm{d}y}{2}, z\right)\mathrm{d}x\mathrm{d}z\approx\left(\sigma_{yx}(x, y, z)+\frac{\partial\sigma_{yx}}{\partial y}\frac{\mathrm{d}y}{2}\right)\mathrm{d}x\mathrm{d}z\\
F_x\left(x, y, z-\frac{\mathrm{d}z}{2}\right)&=\sigma_{zx}\left(x, y, z-\frac{\mathrm{d}z}{2}\right)\mathrm{d}x\mathrm{d}y\approx\left(\sigma_{zx}(x, y, z)-\frac{\partial\sigma_{zx}}{\partial z}\frac{\mathrm{d}z}{2}\right)\mathrm{d}x\mathrm{d}y\\
F_x\left(x, y, z+\frac{\mathrm{d}z}{2}\right)&=\sigma_{zx}\left(x, y, z+\frac{\mathrm{d}z}{2}\right)\mathrm{d}x\mathrm{d}y\approx\left(\sigma_{zx}(x, y, z)+\frac{\partial\sigma_{zx}}{\partial z}\frac{\mathrm{d}z}{2}\right)\mathrm{d}x\mathrm{d}y
\end{aligned}
\tag{2-85}
$$

在 x 方向上的合力为

$$
\begin{aligned}
F_x=&F_x\left(x+\frac{\mathrm{d}x}{2}, y, z\right)-F_x\left(x-\frac{\mathrm{d}x}{2}, y, z\right)+F_x\left(x, y+\frac{\mathrm{d}y}{2}, z\right)-\\
&F_x\left(x, y-\frac{\mathrm{d}y}{2}, z\right)+F_x\left(x, y, z+\frac{\mathrm{d}z}{2}\right)-F_x\left(x, y, z-\frac{\mathrm{d}z}{2}\right)\\
=&\left(\frac{\partial\sigma_{xx}}{\partial x}+\frac{\partial\sigma_{yx}}{\partial y}+\frac{\partial\sigma_{zx}}{\partial z}\right)\mathrm{d}x\mathrm{d}y\mathrm{d}z
\end{aligned}
\tag{2-86}
$$

对于作用在微元体上 x 方向的体力为

$$
F_x^b=f_x\rho\,\mathrm{d}x\mathrm{d}y\mathrm{d}z \tag{2-87}
$$

为建立平衡方程，还需要知道微元体的加速度。由于 $\boldsymbol{V}(x, y, z, t)$ 是随时间空间的变化量，因此加速度 $\boldsymbol{a}=[a_x, a_y, a_z]^{\mathrm{T}}$ 需要对时间和空间分别求导：

$$
\begin{aligned}
a_x=&\frac{\mathrm{d}V_x(x, y, z, t)}{\mathrm{d}t}=\frac{\partial V_x}{\partial t}+\frac{\partial V_x}{\partial x}\frac{\partial x}{\partial t}+\frac{\partial V_x}{\partial y}\frac{\partial y}{\partial t}+\frac{\partial V_x}{\partial z}\frac{\partial z}{\partial t}\\
=&\frac{\partial V_x}{\partial t}+\frac{\partial V_x}{\partial x}V_x+\frac{\partial V_x}{\partial y}V_y+\frac{\partial V_x}{\partial z}V_z
\end{aligned}
\tag{2-88}
$$

考虑微元质量：

$$m=\rho\,dx\,dy\,dz \tag{2-89}$$

微元体在 x 方向的力平衡方程可以写为

$$\begin{aligned}&\left(\frac{\partial\sigma_{xx}}{\partial x}+\frac{\partial\sigma_{yx}}{\partial y}+\frac{\partial\sigma_{zx}}{\partial z}\right)dx\,dy\,dz+f_x\rho\,dx\,dy\,dz\\&=\rho\,dx\,dy\,dz\left(\frac{\partial V_x}{\partial t}+\frac{\partial V_x}{\partial x}V_x+\frac{\partial V_x}{\partial y}V_y+\frac{\partial V_x}{\partial z}V_z\right)\end{aligned} \tag{2-90}$$

将 y 和 z 方向的力平衡方程类似建立并简化后，得到

$$\begin{aligned}&\frac{\partial\sigma_{xx}}{\partial x}+\frac{\partial\sigma_{yx}}{\partial y}+\frac{\partial\sigma_{zx}}{\partial z}+f_x\rho=\rho\left(\frac{\partial V_x}{\partial t}+\frac{\partial V_x}{\partial x}V_x+\frac{\partial V_x}{\partial y}V_y+\frac{\partial V_x}{\partial z}V_z\right)\\&\frac{\partial\sigma_{xy}}{\partial x}+\frac{\partial\sigma_{yy}}{\partial y}+\frac{\partial\sigma_{zy}}{\partial z}+f_y\rho=\rho\left(\frac{\partial V_y}{\partial t}+\frac{\partial V_y}{\partial x}V_x+\frac{\partial V_y}{\partial y}V_y+\frac{\partial V_y}{\partial z}V_z\right)\\&\frac{\partial\sigma_{xz}}{\partial x}+\frac{\partial\sigma_{yz}}{\partial y}+\frac{\partial\sigma_{zz}}{\partial z}+f_z\rho=\rho\left(\frac{\partial V_z}{\partial t}+\frac{\partial V_z}{\partial x}V_x+\frac{\partial V_z}{\partial y}V_y+\frac{\partial V_z}{\partial z}V_z\right)\end{aligned} \tag{2-91}$$

式(2-91)即为纳维(Navier)公式。

3 个纳维公式结合应力应变的本构方程 6 个公式，以及不可压缩流体的连续方程：

$$\frac{\partial V_x}{\partial x}+\frac{\partial V_y}{\partial y}+\frac{\partial V_z}{\partial z}=0 \tag{2-92}$$

共 10 个方程可以用于求解 3 个速度量，1 个压力量和 6 个应力分量：

$$\begin{aligned}&-\frac{\partial P}{\partial x}+\mu\left(\frac{\partial^2 V_x}{\partial x^2}+\frac{\partial^2 V_x}{\partial y^2}+\frac{\partial^2 V_x}{\partial z^2}\right)+Pf_x=P\left(\frac{\partial V_x}{\partial t}+\frac{\partial V_x}{\partial x}V_x+\frac{\partial V_x}{\partial y}V_y+\frac{\partial V_x}{\partial z}V_z\right)\\&-\frac{\partial P}{\partial y}+\mu\left(\frac{\partial^2 V_y}{\partial x^2}+\frac{\partial^2 V_y}{\partial y^2}+\frac{\partial^2 V_y}{\partial z^2}\right)+Pf_y=P\left(\frac{\partial V_y}{\partial t}+\frac{\partial V_y}{\partial x}V_x+\frac{\partial V_y}{\partial y}V_y+\frac{\partial V_y}{\partial z}V_z\right)\\&-\frac{\partial P}{\partial z}+\mu\left(\frac{\partial^2 V_z}{\partial x^2}+\frac{\partial^2 V_z}{\partial y^2}+\frac{\partial^2 V_z}{\partial z^2}\right)+Pf_z=P\left(\frac{\partial V_z}{\partial t}+\frac{\partial V_z}{\partial x}V_x+\frac{\partial V_z}{\partial y}V_y+\frac{\partial V_z}{\partial z}V_z\right)\end{aligned} \tag{2-93}$$

以上即是 Navier-Stokes 方程。

2.5 黏弹性

2.5.1 黏弹现象

黏弹性是许多生物体的本征力学特性。首先,我们需要明确什么是黏弹性?其与弹性的主要区别是什么?回忆前述的主要讨论均基于弹性特征开展,主要的变量是力(应力)与位移(变形或应变),并没有引入时间变量。对于生物体而言,力学特性如依赖时间变量,随着时间变化,就包含了黏弹特性的内容。

生物体的黏弹现象广泛存在。例如,尝试按压我们的肌肉与皮肤,按下的凹痕并不会像弹簧一样立刻恢复原位,而是像海绵一样缓慢地恢复。这种随着时间变化的应力-应变现象就是黏弹现象。生物体的黏弹性参量范围从软到硬的大致分布如图 2-34 所示。

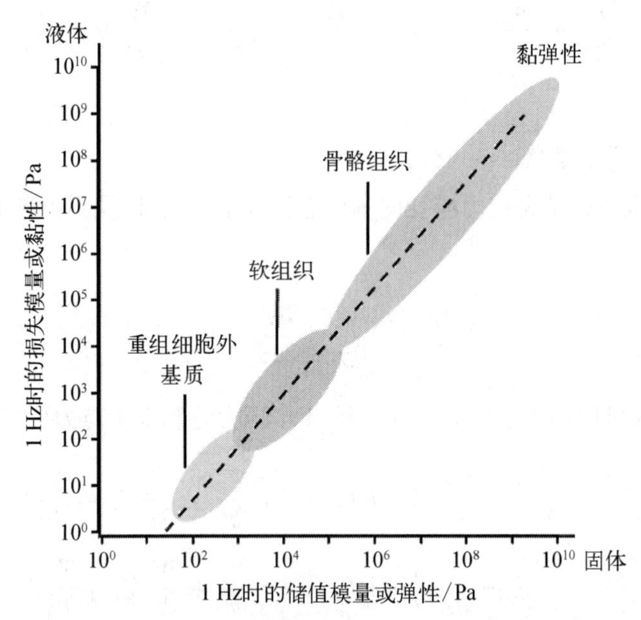

图 2-34 生物体的黏弹现象及其力学特性的大致分布①

① 图片来源:Chaudhuri, O, Cooper-White, J, Janmey, P A, et al. Effects of extracellular matrix viscoelasticity on cellular behaviour[J]. Nature, 2020, 584(7822): 535-546. https://doi.org/10.1038/s41586-020-2612-2

常见的黏弹现象主要包括应力松弛(stress relaxation)和蠕变(creep)两大类。应力松弛,指的是在固定应变的条件下,所研究对象的应力随着时间逐渐减小的过程,如图 2-35(a)所示。蠕变,指的是在固定应力的条件下,所研究对象的应变随着时间逐渐增大的过程,如图 2-35(b)所示。对于弹性体,在固定应变的条件下,应力也会保持不变。而黏弹性的生物体,在固定应变后(如拉伸测试、挤压测试等),其应力会随着时间衰减到某一固定值。相应地,对于弹性体,在固定应力的条件下,应变也会保持不变。而黏弹性的生物体,在固定应力条件下,应变会逐渐增大,直至某一固定值。

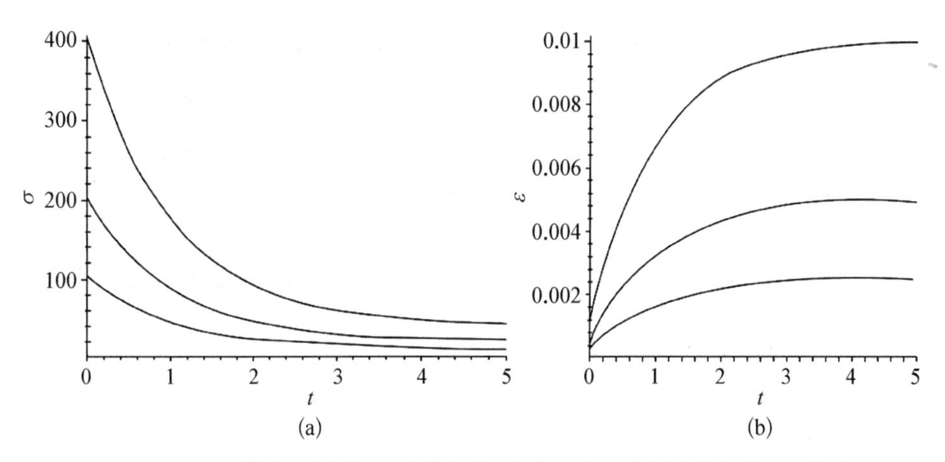

图 2-35 应力松弛:在固定应变的条件下,应力随着时间逐渐衰减(a);蠕变:在固定应力的条件下,应变随着时间逐渐升高到某一固定值(b)

2.5.2 弹簧与黏壶模型

顾名思义,黏弹性包括弹性部分和黏性部分。其中弹性部分的力学特性和本构关系在前述章节中已介绍。针对弹性部分,采用弹簧元件描述应力与应变之间的关系。针对黏性部分,采用黏壶元件描述应力与应变之间的关系,如图 2-36 所示。

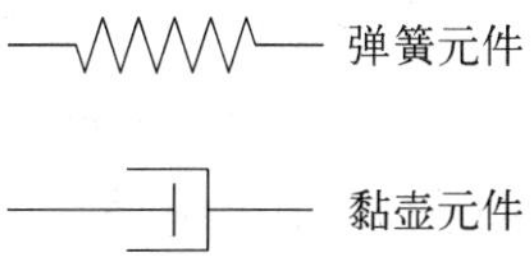

弹簧元件

黏壶元件

图 2-36 弹簧和黏壶元件

对于弹簧元件,其应力应变关系与时间变量无关,即是线弹性关系式(2-19)。对于黏壶元件,其应力-应变关系可以表示为

$$\sigma = F\frac{\mathrm{d}\varepsilon}{\mathrm{d}t} \tag{2-94}$$

式中，应力与应变的时间变化率 $d\varepsilon/dt$ 成比例关系，比例系数 F 称为黏性系数。基于弹簧和黏壶元件，可以进行类似电路设计的组合，从而对不同黏弹现象进行描述。图 2-37 展示了几种弹簧-黏壶元件构建的典型黏弹性模型。其中，“流体”或“固体”模型的区别主要在于其所串联的元件中是否包含黏壶元件。例如，在麦克斯韦（Maxwell）流体模型和三参数流体模型中，串联的元件包含黏壶。这表明其具有黏壶的随时间变化特征，在瞬时加载应力的条件下，黏壶初始相应为零。对于开尔文（Kelvin）固体和三参数固体，其串联的元件没有黏壶，相应偏向固体特性。

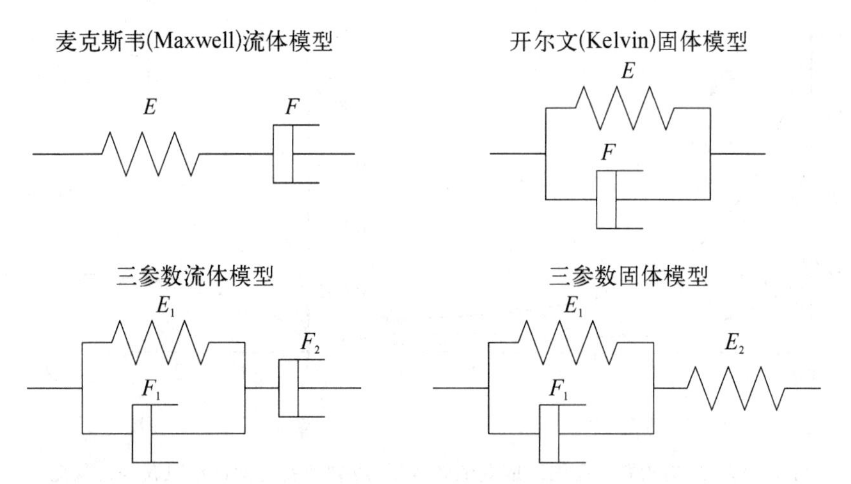

注：开尔文（Kelvin）固体模型也称为沃伊特-开尔文（Voigt-Kelvin）模型。三参数流体和固体模型都可以称为三参数模型。

图 2-37　弹簧-黏壶元件构建的典型黏弹性模型

例 2.12　对于麦克斯韦流体模型（见图 2-38），分析其在固定应力 ($0 < t < t_1$, $\sigma = \sigma_0$) 和固定应变 ($t_1 < t < \infty$, $\varepsilon = \varepsilon_1$) 的条件下，蠕变和应力松弛的响应。在实际情况中，两种情况的分别加载测试也称为 2 步标准测试。

解： 在两端施加应力 σ 的条件下，假设总的应变为 ε，是弹簧和黏壶两个元件的应变之和：

$$\varepsilon = \varepsilon_E + \varepsilon_F \tag{2-95}$$

将式(2-95)两边对时间求微分，基于弹簧和黏壶的应力-应变关系式(2-19)和式(2-94)，可以得到

$$\frac{\mathrm{d}\varepsilon_{\text{total}}}{\mathrm{d}t}=\frac{\mathrm{d}\varepsilon_E}{\mathrm{d}t}+\frac{\mathrm{d}\varepsilon_F}{\mathrm{d}t}=\frac{\sigma}{F}+\frac{1}{E}\frac{\mathrm{d}\sigma}{\mathrm{d}t}$$

写成微分方程的一般形式：

$$\sigma+p_1\dot{\sigma}=q_1\dot{\varepsilon}$$
$$\left(p_1=\frac{F}{E},\ q_1=F\right) \tag{2-96}$$

第 1 步(蠕变)：固定应力 ($0<t<t_1$, $\sigma=\sigma_0$)。

由于应力保持常量，$\dot{\sigma}=0$，式(2-96)简化为

$$\sigma_0=q_1\frac{\mathrm{d}\varepsilon}{\mathrm{d}t}$$

可求得

$$\varepsilon=\frac{\sigma_0}{q_1}t+C_1(t>0)$$

基于初始条件 $\varepsilon(0)=\varepsilon_0=\frac{\sigma_0}{E}=\frac{p_1}{q_1}\sigma_0(t=0)$，解得

$$\varepsilon=\frac{\sigma_0}{q_1}(p_1+t)$$

第 2 步(应力松弛)：固定应变 ($t_1<t<\infty$, $\varepsilon=\varepsilon_1$)。

由于应变保持常量 $\dot{\varepsilon}=0$，式(2-96)简化为

$$\sigma+p_1\dot{\sigma}=0$$

可求得

$$\sigma=C_2\mathrm{e}^{-\frac{t}{p_1}}(t>t_1)$$

基于初始条件 $\sigma(t_1)=\sigma_0(t=t_1)$，解得

$$\sigma=\sigma_0\mathrm{e}^{-\frac{t-t_1}{p_1}}$$

将应力和应变随着时间变化的情况绘制出来，得到图 2-38。

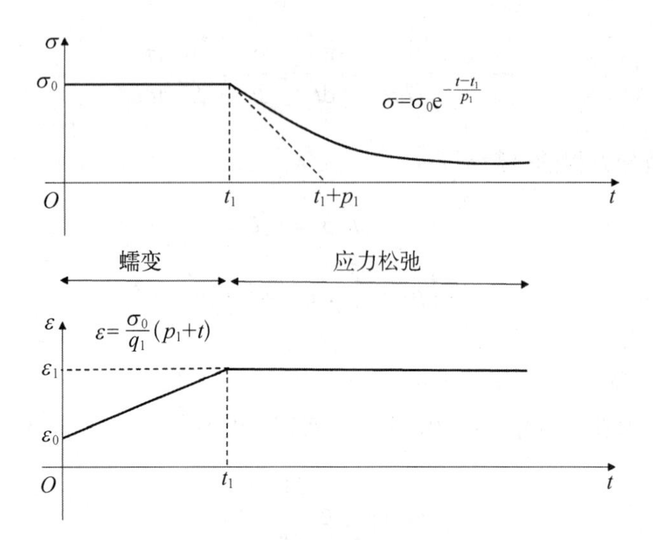

图 2-38 麦克斯韦流体模型 2 步标准测试的应力和应变随时间变化曲线

例 2.13 对于开尔文固体模型(见图 2-39),分析其在固定应力 ($0<t<t_1$, $\sigma=\sigma_0$) 和固定应变 ($t_1<t<\infty$, $\varepsilon=\varepsilon_1$) 的条件下,蠕变和应力松弛的响应。

解: 在两端施加应力 σ 的条件下,假设总的应变为 ε。总应力 σ 是弹簧和黏壶两个元件的应力之和:

$$\sigma=\sigma_E+\sigma_F$$

基于弹簧和黏壶的应力-应变关系式(2-19)和式(2-94),可以得到

$$\sigma=E\varepsilon+F\dot{\varepsilon}$$

写成微分方程的一般形式:

$$\sigma=q_0+q_1\dot{\varepsilon}$$
$$(q_0=E,\ q_1=F) \tag{2-97}$$

第 1 步(蠕变): 固定应力 ($0<t<t_1$, $\sigma=\sigma_0$)。

由于应力保持常量, $\sigma=\sigma_0$, 式(2-97)简化为

$$\sigma_0=q_0\varepsilon+q_1\dot{\varepsilon}$$

可求得

$$\varepsilon=\frac{\sigma_0}{q_0}+C_1\mathrm{e}^{-\frac{q_0}{q_1}t}\ (t>0)$$

基于初始条件 $\varepsilon(0)=0$，$C_1=-\frac{\sigma_0}{q_0}$，解得

$$\varepsilon=\frac{\sigma_0}{q_0}(1-\mathrm{e}^{-\frac{q_0}{q_1}t})$$

第 2 步(应力松弛)：固定应变 ($t_1<t<\infty$，$\varepsilon=\varepsilon_1$)。

由于应变保持常量 $\dot{\varepsilon}=0$，式(2-97)简化为

$$\sigma=q_0\varepsilon_1=\sigma_0(1-\mathrm{e}^{-\frac{q_0}{q_1}t_1})=常数$$

将应力和应变随着时间变化的情况绘制出来(见图 2-39)。观察应力松弛部分可以看到，开尔文固体在固定应变的情况下，应力也为固定值，具有显著的固体特征。

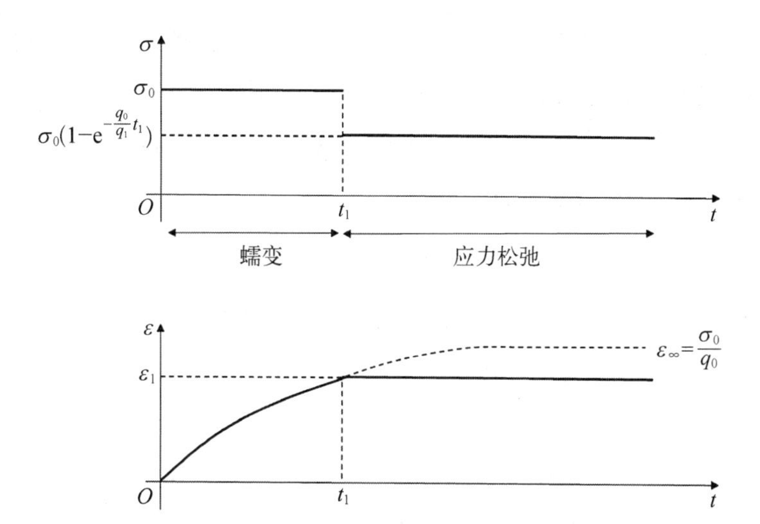

图 2-39 开尔文固体模型 2 步标准测试的应力和应变随时间变化曲线

2.5.3 高阶模型构建

在对弹簧和黏壶简单串并联的模型构建中，从式(2-96)和式(2-97)看到，黏弹模型总可以写成一个微分方程的形式。一般地，黏弹模型可以写成如

下标准形式：

$$\sigma + p_1\dot{\sigma} + p_2\ddot{\sigma} + \cdots = q_0\varepsilon + q_1\dot{\varepsilon} + q_2\ddot{\varepsilon} + \cdots \tag{2-98}$$

通常情况下，对于描述生物体的复杂情况，总是先基于式(2-98)做适当的估计和简化，将微分方程的阶数确定，再确定方程的系数，最后开展黏弹特性的分析。

然而，对于二阶及以上的高阶黏弹性模型，较难直接通过微分方程求解的方式进行分析。拉普拉斯变换通过时域和拉式域的变换，将微分计算转化为代数计算，可以极大简化高阶黏弹微分方程的分析。

例 2.14 对于图 2-37 中的三参数流体模型，分析其微分方程的本构关系式。将 (p_1, q_1, q_2) 的表达式用 E_1、F_1、F_2 表示，如图 2-40 所示。

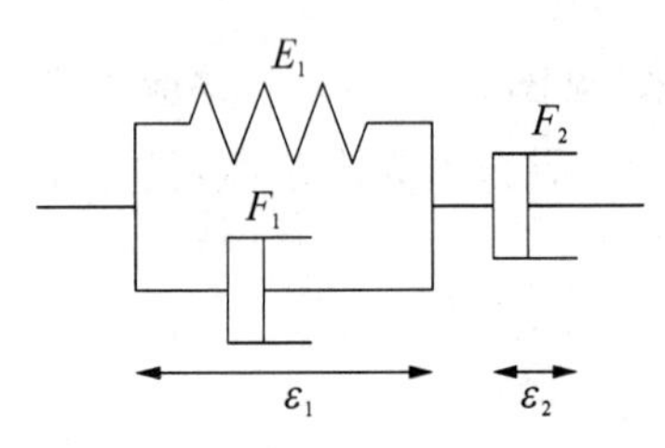

图 2-40 用 E_1、F_1、F_2 表示 (p_1, q_1, q_2)

解：

首先，建立力平衡方程。由于并联的弹簧和黏壶元件，其合应力为两个元件应力之和，并且等于与其串联的黏壶元件应力，因此有

$$E_1\varepsilon_1 + F_1\dot{\varepsilon}_1 = \sigma \tag{2-99}$$

$$F_2\dot{\varepsilon}_2 = \sigma \tag{2-100}$$

其次，建立几何关系。两个串联元件的应变分别为 ε_1 和 ε_2，总应变 ε 为

$$\varepsilon = \varepsilon_1 + \varepsilon_2 \tag{2-101}$$

对式(2-99)～式(2-101)分别进行拉普拉斯变换，得到

$$E_1\bar{\varepsilon}_1 + F_1 s\bar{\varepsilon}_1 = \bar{\sigma},$$

$$F_2 s\bar{\varepsilon}_2 = \bar{\sigma},$$

$$\bar{\varepsilon} = \bar{\varepsilon}_1 + \bar{\varepsilon}_2$$

整理为 σ-ε 表达式并做拉式逆变换，得

$$E_1F_2\dot{\varepsilon} + F_1F_2\ddot{\varepsilon} = E_1\sigma + (F_1 + F_2)\dot{\sigma}$$

对应 $\sigma + p_1\dot{\sigma} = q_1\dot{\varepsilon} + q_2\ddot{\varepsilon}$ 求解各个参数：

$$p_1 = \frac{F_1 + F_2}{E_1}$$

$$q_1 = F_2$$

$$q_2 = \frac{F_1 F_2}{E_1}$$

2.5.4 动态响应

黏弹性的重要特征是时间域的变化，因此动态响应对黏弹性的生物组织而言是常见场景。考虑对黏弹性材料施加一个动态的应力载荷：

$$\sigma = \sigma_0 \cos(\omega t) \tag{2-102}$$

式中，应力幅度为 σ_0；振动频率为 ω。如果加载的对象材料是线弹性的，那么所产生的应变为同频率变化，幅值为 A 的函数：

$$\varepsilon = A\cos(\omega t) \tag{2-103}$$

对于黏弹性的材料而言，决定应力的变量不是应变，而是应变率。这与牛顿流体的特性类似，应力与应变率成比例关系为

$$\varepsilon = \varepsilon_0 \cos(\omega t - \delta) \tag{2-104}$$

式中，应变幅度为 ε_0；δ 是由于黏弹特性导致应变滞后应力的相角。如果相位滞后接近零，则材料主要表现出弹性材料的特性。如果相位滞后接近 $\pi/2$，则材料主要表现出黏性材料的特性。进一步地，利用三角函数关系，可以将应变的响应分解为同相和异相分量：

$$\varepsilon = \varepsilon_0' \cos(\omega t) + \varepsilon_0'' \sin(\omega t) \tag{2-105}$$

式中，$\varepsilon_0' = \varepsilon_0 \cos\delta$；$\varepsilon_0'' = -\varepsilon_0 \sin\delta$。

式(2-105)表明，对于黏弹材料施加交变应力后的应变，可以将其分解为同相和异相分量，并帮助判断材料趋向于弹性材料还是黏性材料的程度。然而，此分解并不一定能对周期载荷条件下材料如何变形做出预测。回忆线弹性材料中定义的弹性模量概念，将应力与应变联系起来并刻画了材料力学的本征属性。类似地，可以对黏弹性材料定义一个类似的“模量”。然而，与线性弹性材料不同，黏弹性材料的应力和应变随着时间变化，不存在简单的比例关系。但是，如果想采用应力和应变的比率来定义弹性模量，可以引入复数来解决这个问题。

通过使用欧拉公式 $e^{i\omega t}=\cos\omega t+i\sin\omega t$，可以较好地处理由正弦和余弦函数所定义的时变量。首先使用复数并定义复应力、复应变和复模量的量。其中，如复应力的实部是动态应力载荷式(2-102)，复应力为

$$\sigma^{*}=\sigma_0\cos(\omega t)+i\sigma_0\sin(\omega t)=\sigma_0 e^{i\omega t} \tag{2-106}$$

类似地，如复应变的实部是动态应变(2-87)，则复应变为

$$\varepsilon^{*}=\varepsilon_0\cos(\omega t-\delta)+i\varepsilon_0\sin(\omega t-\delta)=\varepsilon_0 e^{i(\omega t-\delta)} \tag{2-107}$$

基于此，复模量可以定义为

$$E^{*}=\frac{\sigma^{*}}{\varepsilon^{*}}=\frac{\sigma_0 e^{i\omega t}}{\varepsilon_0 e^{i(\omega t-\delta)}}=\frac{\sigma_0}{\varepsilon_0}e^{i\delta} \tag{2-108}$$

将 E^{*} 写为实部和虚部形式：

$$E^{*}=E'+iE'' \tag{2-109}$$

其中：

$$E'=\frac{\sigma_0}{\varepsilon_0}\cos\delta,\ E''=\frac{\sigma_0}{\varepsilon_0}\sin\delta \tag{2-110}$$

E' 称为弹性模量或储能模量，与对应力阻力的同相分量相关。当 $\delta=0$ 时，$E^{*}=E'$，即只具有同相变形的实部，与弹性材料相同。因此，储能模量可以被认为是材料弹性行为的一种度量。E'' 称为阻尼模量或损耗模量，与对应力异相分量相关。当 $\delta=\pi/2$ 时，$E^{*}=iE''$。在这种情况下，复模量的大小等于损耗模量。因为这种相位滞后与黏性材料相关，所以损耗模量可以认为是材料黏性行为的一种度量。类似地，当应力和应变为剪切应力和剪切应变时，可以相应定义复数剪切模量：

$$G^{*}=G'+iG'' \tag{2-111}$$

习　题

1. 在笛卡尔坐标系中，计算矢量函数 $\boldsymbol{a}(x_1,\ x_2,\ x_3)$ 的梯度和旋度。

2. 一个人在进行康复训练，小腿的受力情况如图 1 所示。O 点表示膝盖，A

点为小腿的重心，W 为小腿的重力，垂直向下，F 为康复训练器械对小腿所施加的力的大小，方向与 OA 垂直向上。小腿与水平位置倾角为 θ，OA 长度为 a，从 O 点到 F 的作用点距离为 b。

(1) 请给出力 W 和 F 关于 O 点所产生的总力矩表达式。

(2) 如果 $a=20$ cm，$b=40$ cm，$\theta=30°$，$W=60$ N，$F=200$ N，请计算关于 O 点的总力矩。

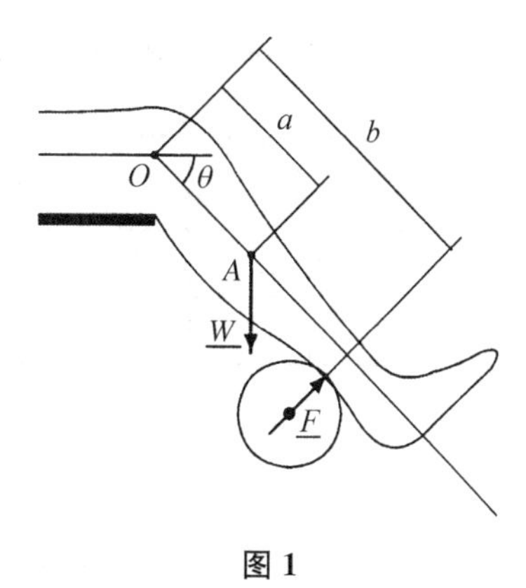

图 1

3. 考虑由两种不同材料制成的两个杆 1 和 2。假设这些杆在单轴拉伸试验中进行了试验。设 F_1 和 F_2 分别为施加在 1 和 2 上的拉力大小。E_1 和 E_2 是弹性模量，A_1 和 A_2 分别是垂直于 1 和 2 的作用力的横截面积。对于下述条件，确定与拉伸应力 σ_1 和 σ_2 以及拉伸应变 ϵ_1 和 ϵ_2 相关的正确符号。(1) 如 $A_1>A_2$ 和，$F_1=F_2$，那么 σ_1 和 σ_2，ϵ_1 和 ϵ_2 大小关系如何？(2) 如 $E_1>E_2$；$A_1=A_2$；$F_1=F_2$；那么 σ_1 和 σ_2，ϵ_1 和 ϵ_2 大小关系如何？

4. 给出应变矩阵 $(\times 10^{-6})[\epsilon_{ij}]=\begin{bmatrix}3 & 1 & 1\\ 1 & 0 & 2\\ 1 & 2 & 0\end{bmatrix}$，求出 $(\times 10^{-6})$ 主应变和主方向。

5. 对于线弹性材料的本构方程，写成矩阵形式，并对比如下矩阵形式，用 E 和 ν 写出 lame 常数 λ 和 μ。注意 $\gamma=2\varepsilon$。

$$\begin{bmatrix}\sigma_{11}\\ \sigma_{22}\\ \sigma_{33}\\ \sigma_{12}\\ \sigma_{13}\\ \sigma_{23}\end{bmatrix}=\begin{bmatrix}\lambda+2\mu & \lambda & \lambda & & & \\ \lambda & \lambda+2\mu & \lambda & & & \\ \lambda & \lambda & \lambda+2\mu & & & \\ & & & 2\mu & & \\ & & & & 2\mu & \\ & & & & & 2\mu\end{bmatrix}\begin{bmatrix}\varepsilon_{11}\\ \varepsilon_{22}\\ \varepsilon_{33}\\ \varepsilon_{12}\\ \varepsilon_{13}\\ \varepsilon_{23}\end{bmatrix}$$

6. 如图 2 所示，对于一个圆形横截面的骨标本，在标本上标记间距为 $l_0=6$ mm 的两个截面 A 和 B。A 和 B 之间区域内的试样半径为 $r_0=1$ mm。该试样经受了一系列单轴拉伸试验，通过逐渐增加施加力的大小并测量相应的变形，直到断裂为止。实验过程记录了以下数据：

记录	力/N	位移/mm
1	94	0.009
2	190	0.018
3	284	0.027
4	376	0.050
5	440	0.094

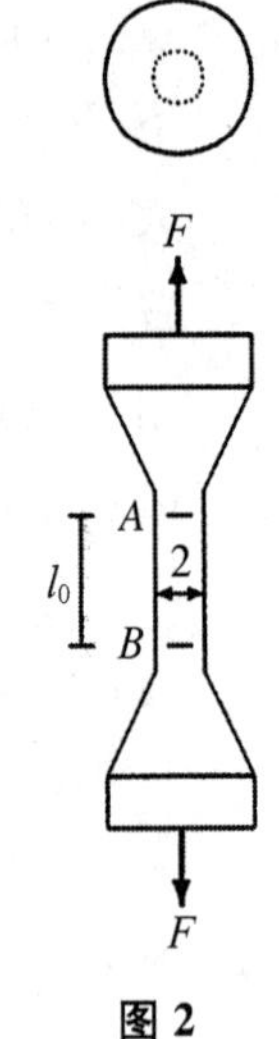

图 2

如果记录 3 对应于线弹性区域的末端，记录 5 对应于断裂点，试计算：

(1) 计算每个记录的平均拉伸应力和应变。

(2) 绘制骨骼样本的拉伸应力-应变图。

(3) 计算骨骼样本的弹性模量 E。

(4) 骨骼样本的极限强度是多少？

7. 考虑图 3 所示的变形，原始(未变形)尺寸 $a = b = 2$ cm，$c = 20$ cm。材料弹性模量为 $E = 100$ GPa，泊松比为 $\nu = 0.30$。钢筋在 x 和 y 方向受到双轴力，$F_x = 4 \times 106$ N(拉伸)，$F_y = 4 \times 106$ N(压缩)。假设杆材料为线性弹性，确定：

(1) 平均法向应力 σ_x，σ_y，σ_z。

(2) 平均应变 ε_x，ε_y，ε_z。

(3) 变形后在 x 方向上的尺寸 c'。

8. 考虑图 4 所示的平面应力单元，表示材料点处的应力状态。如果应力大小为 $\sigma_x = 200$ Pa，$\sigma_y = 100$ Pa，$\tau_{xy} = 50$ Pa，计算：主应力 σ_1 和 σ_2 以及在该材料点产生的最大剪应力 τ_{xy}，并对照莫尔圆验证计算结果。

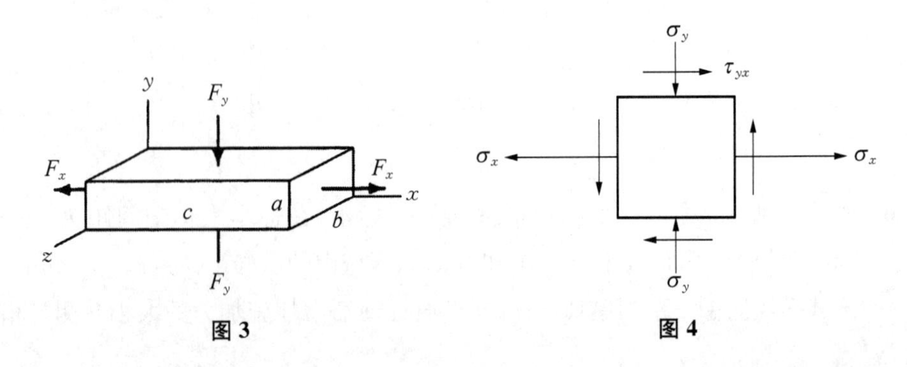

图 3　　图 4

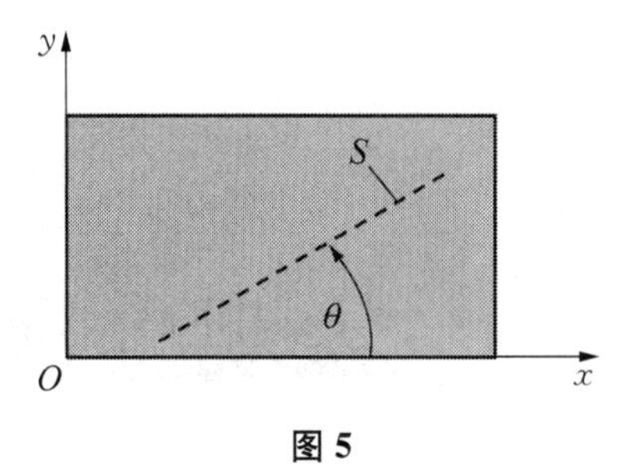

图 5

9. 如图 5 所示，均匀双轴载荷下矩形板的应力状态为

$$\sigma_{ij}=\begin{bmatrix}X&0&0\\0&Y&0\\0&0&0\end{bmatrix}$$

确定斜平面 S 上的牵引矢量、法向应力和剪应力。

10. 推导：$\boldsymbol{F}=\boldsymbol{I}+(\nabla\boldsymbol{u})^{\mathrm{T}}$，$F_{ij}=\delta_{ij}+\partial u_i/\partial X_j$。

11. 基于黏弹模型的一般形式(2—81)，求三参数固体模型(见图 2－36)的应力-应变关系的微分方程表达式。

12. 如图 6 所示为基于黏弹模型的一般形式(2－81)，建立如下黏弹模型的本构方程，并写出 p 和 q 的表达式。

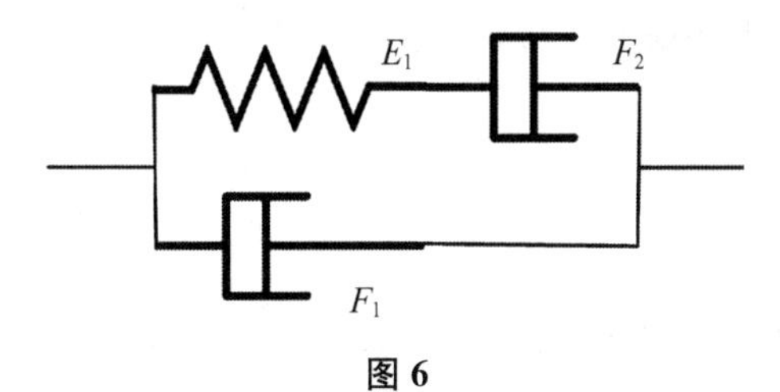

图 6

13. 与复数模量类似，可以推导复数黏度。复数黏度可以定义为复数剪切力与复数剪切应变率的比值 $\mu^*=\tau^*/\gamma^*$。如加载简谐变化的剪切力 $\tau^*=\tau_0 e^{i\omega t}$，有对应的剪切应变 $\varepsilon^*=\varepsilon_0 e^{i(\omega t-\delta)}$。求：复数黏度与复数剪切模量的关系。

3

宏观生物体的力学分析

刚体力学的研究对象是不可变形的物体。也就是说，分析对象可以抽象为不可变形的几何形状或质点。刚体力学可以分为刚体的静力学、动力学和质点力学。在生物力学的范畴内，静力学和动力学在分析人体和组织的受力与运动方面有广泛的应用。本章首先回顾静力学和动力学的基本理论，并结合实例说明应用刚体力学开展分析和建模的过程，并介绍综合应用静力学和动力学分析人体和生物体的过程和方法。

3.1 静力学

2.1 节介绍了力和力矩作为向量的基本表示和计算方法，本章针对生物体中可视为刚体力学的情形开展应用和分析。在针对生物体刚体力学的分析过程中，关键的步骤是分析对象受力状况并构建力学模型。例如在对关节在分析过程中，加载在关节上的肌肉力，可以通过两侧肌肉的合力(resultant force)求解(见图 3－1)。

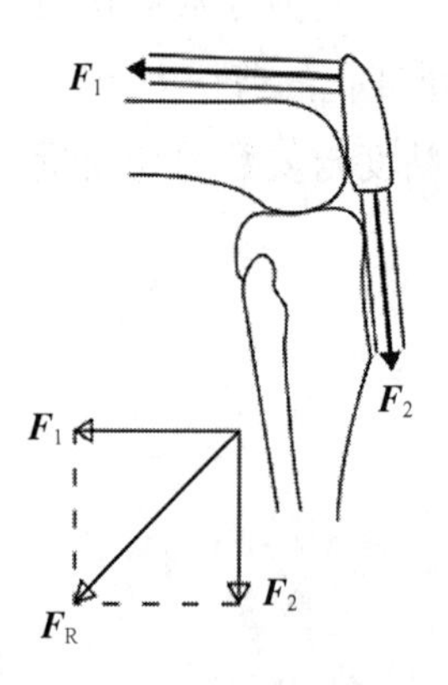

图 3－1 作用在关节上的肌肉力 F_1，F_2 及其合力为 F_R

力的种类可以按照存在的场景和加载方式进行分类。针对所分析的生物体与力之间的相互关系，可以分为内力和外力。其中，刚体力学部分主要针对加载在生物体的外力作用进行分析。对于生物体中的内力，其分布与应力状态密切相关，主要采用线弹性力学或大变形超弹性力学进行分析。力系是两个或多个力同时施加在一个分析对象上所构成的力的集合。在生物力学中，很多静力学分析问题往往可以简化为汇交力系(concurrent forces)或平行力系(parallel forces)(见图

3-2)。在对内力的分析过程中,则往往是对空间任意力系的分析。

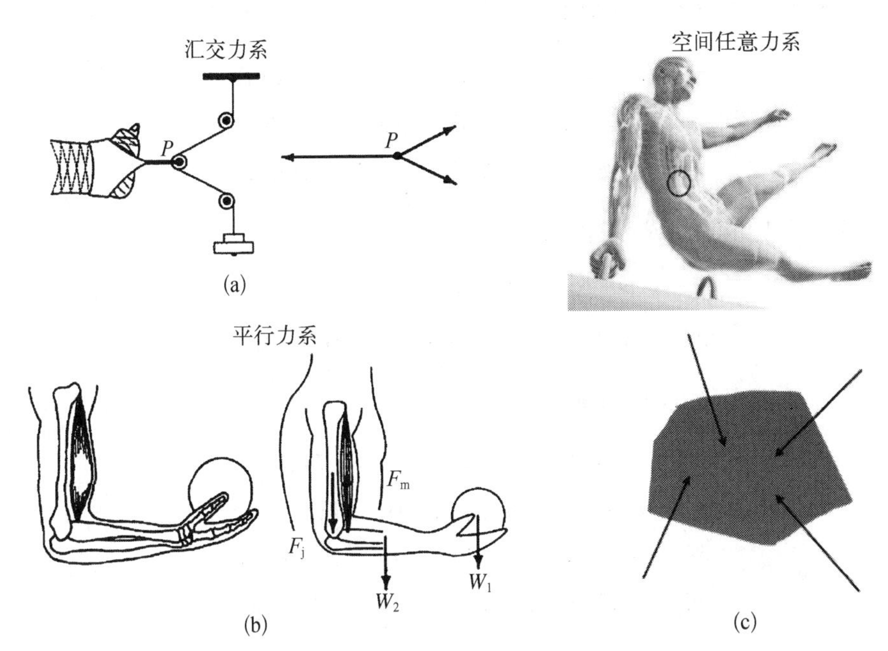

图 3-2　在生物体中典型的刚体力学受力分析场景:汇交力系(a);平行力系(b);空间任意力系(c)

例 3.1　人工假肢在现代医学中应用广泛。其中髋关节置换需要用到人工髋关节假体。在设计人工髋关节的过程中,往往需要对假体进行力学的分析,以确保设计的强度和使用安全性。假设一个髋关节假体的结构可以简化为简单几何的刚体(见图 3-3)。其中 $l_1=50$ mm, $l_2=50$ mm, $\theta_1=45°$, $\theta_2=90°$,假设有一个力 $\boldsymbol{F}$ ($|\boldsymbol{F}|=400$ N) 以 3 种不同的方式加载在 A 点:垂直,水平,与水平面夹角为 θ_2。请分别计算在 3 种加载方式下,力 $\boldsymbol{F}$ 关于 B 点和 C 点的力矩。

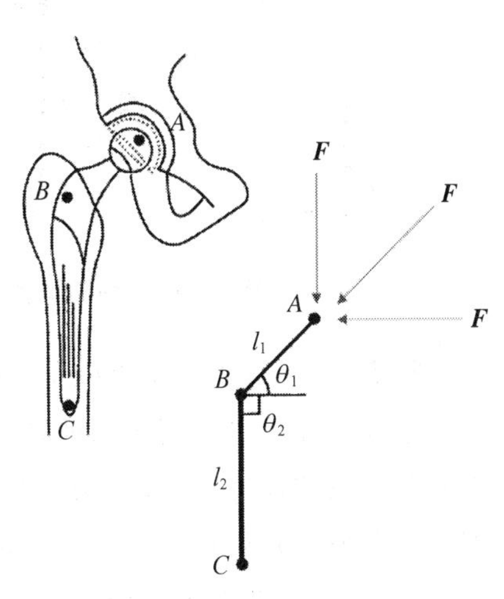

图 3-3　人工髋关节的假体几何形状及其抽象出的刚性几何结构

假体的几何结构由 A、B、C 点组成的两段刚性杆件。力 $\boldsymbol{F}$ 分别从 3 个角度在 A 点上加载。

解: 分别绘制出力 $\boldsymbol{F}$ 在 3 种情况下所

产生的力臂(见图 3-4)。

当力 **F** 在垂直方向加载时:

$$d_1 = l_1 \cos\theta_1 = (50)(\cos 45°) = 35(\text{mm})$$
$$M_B = M_C = d_1 F = (0.035)(400) = 14(\text{N}\cdot\text{m})$$
$$d_2 = l_2 \cos\theta_1 = (100)(\cos 45°) = 71(\text{mm})$$

当力 **F** 与水平面成 θ_1 角时:

$$M_B = 0$$
$$M_C = d_2 F = (0.071)(400) = 28(\text{N}\cdot\text{m})$$

当力 **F** 在水平方向加载时:

$$d_3 = l_1 \sin\theta_1 = (50)(\sin 45°) = 35(\text{mm})$$
$$d_4 = d_3 + 12 = (35) + (100) = 135(\text{mm})$$
$$M_B = d_3 F = (0.035)(400) = 14(\text{N}\cdot\text{m})$$
$$M_C = d_4 F = (0.135)(400) = 54(\text{N}\cdot\text{m})$$

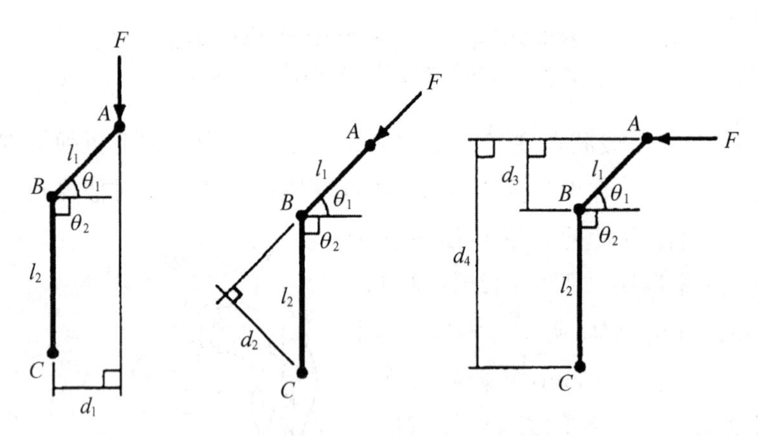

图 3-4 3 种不同的加载情况下,力 *F* 所对应的力臂

例 3.2 人体的运动可以用生物力学开展分析。在日常的健身过程中,图 3-5 展示了使用健身器械的情景。根据图中的姿态,人的左臂可以抽象简化为 L 形的刚性杆件。点 A 和点 B 分别对应肩关节和肘关节,重物在手上所施加的力大小为 $F = 200$ N。上臂和前臂的长度分别为 $AB = 25$ cm 和 $BC = 30$ cm。计算肩关节点 A 所受到的力矩。

解: 针对生物力学问题,首先建立坐标系,然后展开受力分析。将直角坐

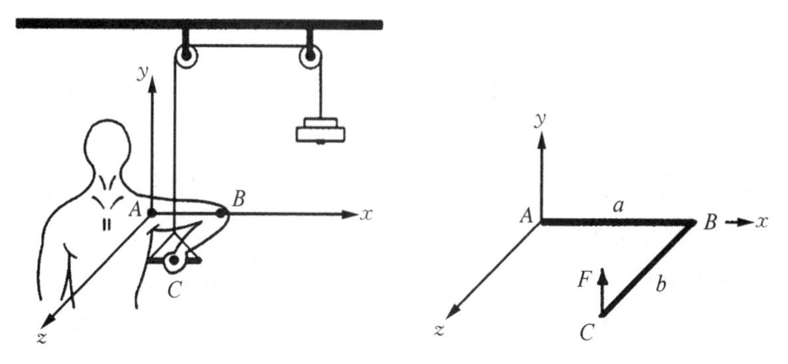

图 3－5　在应用健身器械开展上肢力量练习过程中的生物力学分析

标系原点建立在肩关节点 A。x 方向沿着上臂(AB)，z 方向沿着前臂(BC)延伸(见图 3－5)。重物在施力点 C，沿着 y 方向，有

$$\boldsymbol{r}=a\boldsymbol{e}_1+b\boldsymbol{e}_3$$

$$\boldsymbol{F}=F\boldsymbol{e}_2$$

基于式(2－3)有

$$\boldsymbol{M}=\boldsymbol{r}\times\boldsymbol{F}=(a\boldsymbol{e}_1+b\boldsymbol{e}_3)\times F\boldsymbol{e}_2=aF\boldsymbol{e}_3-bF\boldsymbol{e}_1$$

$$=(0.25)(200)\boldsymbol{e}_3-(0.30)(200)\boldsymbol{e}_1=50\boldsymbol{e}_3-60\boldsymbol{e}_1$$

在对人体进行生物力学建模分析的过程中，常常需要对典型的结构开展力学模型的简化和抽象(见图 3－6)。例如，人的头骨结构中，各片骨组织之间紧密结合可以视为固定端。对于肌肉组织而言，它是人体的施力器官，可以视为一个二力单元。对于髋关节，股骨柄在骨槽中可以视为球铰。而一般的关

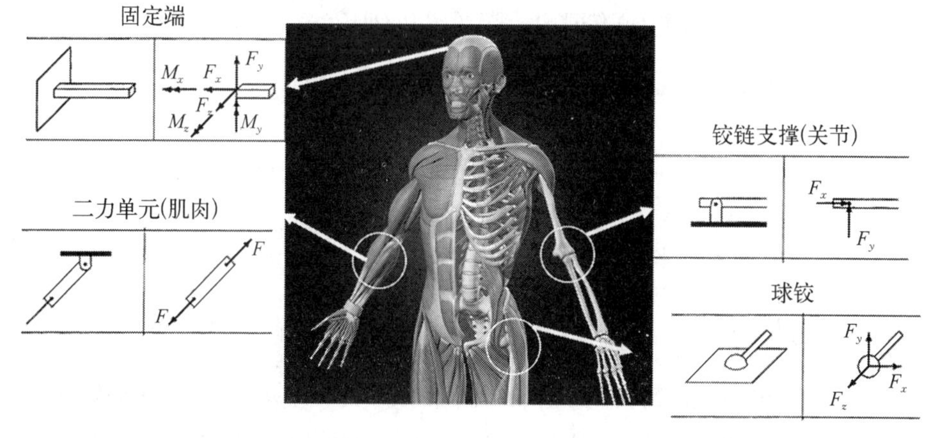

图 3－6　人体结构中对应着典型力学结构单元的情况[30]

节如肘关节,可以视为铰链。

例 3.3 人的手臂托举重物时,肌肉作用于骨关节,产生的力将重物托起。如何分析关节受力和肌肉施加的力?

解: 在对人体或其他生物体展开生物力学的建模分析时,关键的步骤在于模型的抽象和几何的简化。对于托举重物的分析,可以首先从一个较为典型和简单的场景入手。这里我们选择上肢的前臂水平姿势托举重物的情况,如图 3-7(a)所示。首先对前臂的受力进行分析,如图 3-7(b)所示。手臂除自身重力 W 之外还承载了重物的重力 W_0。保持此托举姿势的主要原因在于有肌肉力量 F_M,围绕着肘关节起到杠杆作用。肘关节中心是杠杆的支点。基于此,可以将前臂抽象为刚性的杆件,并相应的绘制其受力分析图,如图 3-7(c)所示。在力学模型的几何和受力分析完成之后,可以建立关节力 F_J 和肌肉力 F_M 的表达式。

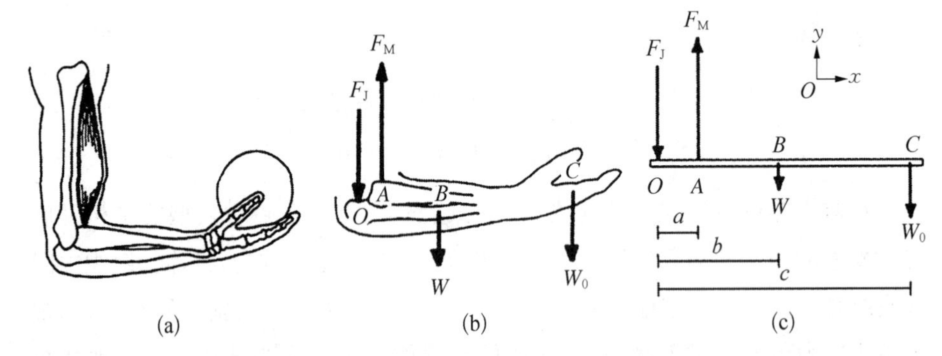

图 3-7 人手臂托举重物时的生物力学建模与分析

(a) 人手臂托举重物示意图;(b) 作用在上肢前臂的受力分析;(c) 将手臂抽象简化为刚性杆件

关于 O 点力矩平衡可得

$$\sum M_O=0:\ cW_0+bW-aF_M=0;\ F_M=\frac{1}{a}(bW+cW_0)$$

考虑 y 方向受力平衡:

$$\sum F_y=0:\ -F_J+F_M-W-W_0=0;\ F_J=F_M-W-W_0$$

进一步分析在实际情况下,典型的模型参数并获得计算结果。这里假定 $a=4\ \text{cm}$, $b=15\ \text{cm}$, $c=35\ \text{cm}$, $W=20\ \text{N}$, $W_0=80\ \text{N}$。计算 F_J 和 F_M 的数值,得

$$F_{\mathrm{M}}=775(\mathrm{N}),\ F_{\mathrm{J}}=-675(\mathrm{N})$$

由计算数值可以看出，在托举重物时，肌肉所需要施加的力差不多是重物的 10 倍。

从例 3.3 分析可以看到，生物力学建模的基本流程包括分析问题、受力分析、抽象模型、求解未知。在受力分析和模型建立过程中，需要对分析对象的几何进行简化，同时分析对象的边界条件也需要相应地做假设。

3.2 动力学

首先简单回顾运动方程和动力方程。对于空间中的任意质点的位置 $\boldsymbol{r}=r_x\boldsymbol{e}_x+r_y\boldsymbol{e}_y+r_z\boldsymbol{e}_z$，其速度 $\boldsymbol{v}$ 和加速度 $\boldsymbol{a}$（见图 3-8）为

$$\begin{aligned}\boldsymbol{v}&=\frac{\mathrm{d}\boldsymbol{r}}{\mathrm{d}t}=\frac{\mathrm{d}}{\mathrm{d}t}(r_x\boldsymbol{e}_x+r_y\boldsymbol{e}_y+r_z\boldsymbol{e}_z)=\frac{\mathrm{d}r_x}{\mathrm{d}t}\boldsymbol{e}_x+\frac{\mathrm{d}r_y}{\mathrm{d}t}\boldsymbol{e}_y+\frac{\mathrm{d}r_z}{\mathrm{d}t}\boldsymbol{e}_z\\&=v_x\boldsymbol{e}_x+v_y\boldsymbol{e}_y+v_z\boldsymbol{e}_z\end{aligned}\tag{3-1}$$

$$\begin{aligned}\boldsymbol{a}&=\frac{\mathrm{d}\boldsymbol{v}}{\mathrm{d}t}=\frac{\mathrm{d}}{\mathrm{d}t}(v_x\boldsymbol{e}_x+v_y\boldsymbol{e}_y+v_z\boldsymbol{e}_z)=\frac{\mathrm{d}v_x}{\mathrm{d}t}\boldsymbol{e}_x+\frac{\mathrm{d}v_y}{\mathrm{d}t}\boldsymbol{e}_y+\frac{\mathrm{d}v_z}{\mathrm{d}t}\boldsymbol{e}_z\\&=a_x\boldsymbol{e}_x+a_y\boldsymbol{e}_y+a_z\boldsymbol{e}_z\end{aligned}\tag{3-2}$$

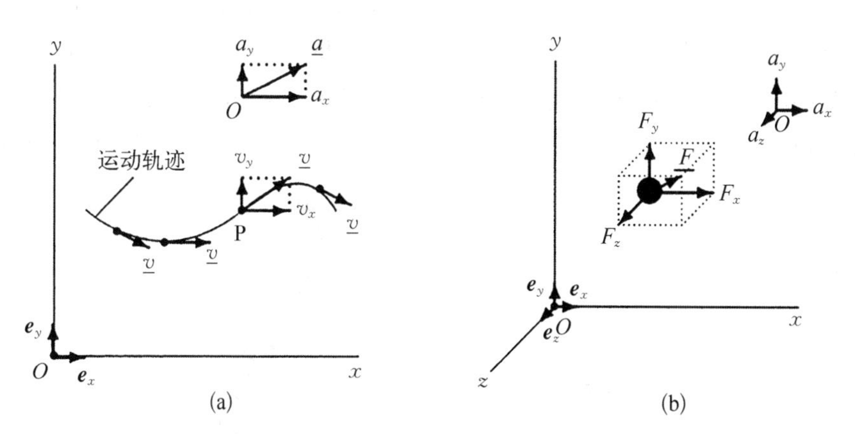

图 3-8 在二维平面中质点的运动轨迹及其对应的速度和加速度(a)；空间中质点的力与加速度(b)

基于牛顿定律，对于加载在质量为 m 的质点上的所有力 $\boldsymbol{F}_i$ 有

$$\sum\boldsymbol{F}_i=m\boldsymbol{a}\tag{3-3}$$

对于转动情况，将力分解为沿着转动的切向方向力 $\boldsymbol{F}_{\mathrm{t}}=F_{\mathrm{t}}\boldsymbol{e}_{\mathrm{t}}$ 和轴向方向力 $\boldsymbol{F}_{\mathrm{n}}=F_{\mathrm{n}}\boldsymbol{e}_{\mathrm{n}}$：

$$\boldsymbol{F}=\boldsymbol{F}_{\mathrm{t}}+\boldsymbol{F}_{\mathrm{n}}=ma_{\mathrm{t}}\boldsymbol{e}_{\mathrm{t}}+ma_{\mathrm{n}}\boldsymbol{e}_{\mathrm{n}} \tag{3-4}$$

其中，$a_{\mathrm{t}}=\dfrac{\mathrm{d}v}{\mathrm{d}t}=\alpha r$；$a_{\mathrm{n}}=\dfrac{v^2}{r}=\omega^2 r$；$\alpha$ 为角加速度；r 为旋转半径；v 为切向速度；w 为角速度。

应用动力学求解生物力学问题的基本步骤如下。

(1) 画出受力分析图。

(2) 针对每个刚体开展隔离体分析，如不知道力的方向，可以假设正方向求解。

(3) 建立坐标系，将刚体的位移、速度和加速度标示。

(4) 建立运动平衡方程。对二维平动问题，有两个独立方程。注意力和加速度的方向。

(5) 注意利用运动关系式求解。

例 3.4　在开展上肢运动时，上臂和前臂分别绕着肩关节和肘关节旋转，如图 3-9(a)所示为 C 旋转过程中肩关节和肘关节的速度和加速度。为了方便建模与运动分析，将上臂和前臂分别抽象为两段刚性的杆件，可视为一个双摆运动，如图 3-9(b)所示。假设 $AB=l_1=0.3\ \mathrm{m}$，$BC=l_2=0.3\ \mathrm{m}$，θ_1 和 θ_2 分别为 AB 和 BC 与垂直方向的夹角。假设 AB 绕 A 点转动角速度为 $\omega_1=2\ \mathrm{rad/s}$，角加速度 $\alpha_1=0$。假设 BC 绕 B 点转动角速度为 $\omega_2=4\ \mathrm{rad/s}$，角加速度 $\alpha_2=$

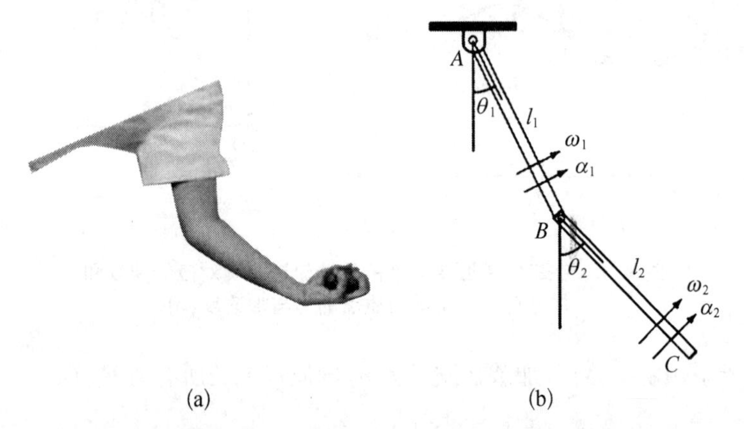

图 3-9　开展上肢运动的示意(a)；将上臂和前臂分别抽象为两段刚性的杆件(b)

0。在图中位置，$\theta_1 = 30°$，$\theta_2 = 45°$。求解：B 点和 C 点的速度和加速度。

解： 首先，分析 AB 段的定轴旋转运动。由于 AB 段角速度和角加速度分别为 ω_1 和 α_1，因此，B 点速度和加速度为

$$\boldsymbol{v}_B = \omega_1 l_1,\ a_B = \omega_1^2 l_1$$

为了方便分析，在 B 点沿着旋转速度方向 $\boldsymbol{t}_1$ 和杆件方向 $\boldsymbol{n}_1$ 建立本地坐标系，如图 3-10(a)所示。将速度和加速度写成向量形式：

$$\boldsymbol{v}_B = \omega_1 l_1 \boldsymbol{t}_1,\ \boldsymbol{a}_B = -\omega_1^2 l_1 \boldsymbol{n}_1$$

其中，本地坐标系的基坐标与固定坐标系之间的关系为

$$\boldsymbol{n}_1 = \sin\theta_1 \boldsymbol{i} - \cos\theta_1 \boldsymbol{j}$$
$$\boldsymbol{t}_1 = \cos\theta_1 \boldsymbol{i} + \sin\theta_1 \boldsymbol{j}$$

将 $\boldsymbol{t}_1$ 和 $\boldsymbol{n}_1$ 代入 $\boldsymbol{v}_B$ 和 $\boldsymbol{a}_B$，则有

$$\boldsymbol{v}_B = \omega_1 l_1(\cos\theta_1 \boldsymbol{i} + \sin\theta_1 \boldsymbol{j}) = 0.52\boldsymbol{i} + 0.3\boldsymbol{j}$$
$$\boldsymbol{a}_B = -\omega_1^2 l_1(\sin\theta_1 \boldsymbol{i} - \cos\theta_1 \boldsymbol{j}) = -0.6\boldsymbol{i} + 1.04\boldsymbol{j}$$

类似地，对于 C 点建立沿着速度方向和 BC 的本地坐标系，如图 3-10(a)所示。将速度和加速度写成向量形式：

$$\boldsymbol{v}_{C/B} = \omega_2 l_2 \boldsymbol{t}_2,\ \boldsymbol{a}_{C/B} = \omega_2^2 l_2 \boldsymbol{n}_2$$

其中，本地坐标系的基坐标与固定坐标系之间的关系为

$$\boldsymbol{n}_2 = \sin\theta_2 \boldsymbol{i} - \cos\theta_2 \boldsymbol{j}$$
$$\boldsymbol{t}_2 = \cos\theta_2 \boldsymbol{i} + \sin\theta_2 \boldsymbol{j}$$

将 $\boldsymbol{t}_2$ 和 $\boldsymbol{n}_2$ 代入 $\boldsymbol{v}_{C/B}$ 和 $\boldsymbol{a}_{C/B}$，则有

$$\boldsymbol{v}_{C/B} = \omega_2 l_2(\cos\theta_2 \boldsymbol{i} + \sin\theta_2 \boldsymbol{j}) = 0.85\boldsymbol{i} + 0.85\boldsymbol{j}$$
$$\boldsymbol{a}_{C/B} = -\omega_2^2 l_2(\sin\theta_2 \boldsymbol{i} - \cos\theta_2 \boldsymbol{j}) = -3.39\boldsymbol{i} + 3.39\boldsymbol{j}$$

基于速度和加速度合成：

$$\boldsymbol{v}_C = \boldsymbol{v}_B + \boldsymbol{v}_{C/B} = 1.37\boldsymbol{i} + 1.15\boldsymbol{j}$$
$$\boldsymbol{a}_C = \boldsymbol{a}_B + \boldsymbol{a}_{C/B} = -3.99\boldsymbol{i} + 4.43\boldsymbol{j}$$

注意：由于 C 点在 BC 上没有运动，因此不存在科氏加速度。

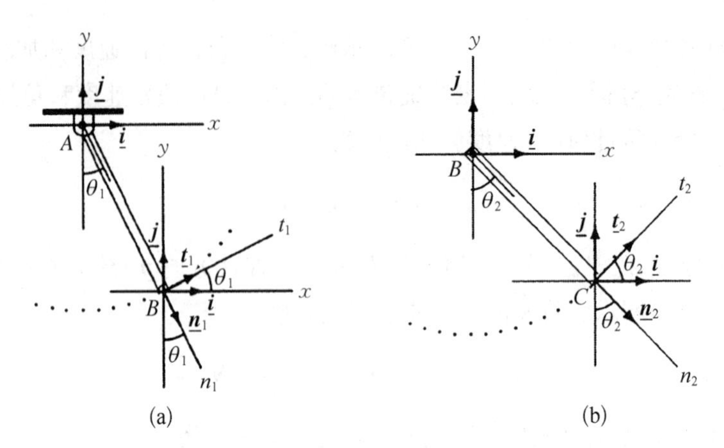

图 3-10 对于 *AB* 段的定轴转动(a);对于 *BC* 段的定轴转动(b)

3.3 综合应用

人体的受力与运动分析对科学运动、康复保健和人体工程学相关的器械设计起到关键作用。通过分析人体和在运动中生物力学建模与计算的实例,可以进一步理解用生物力学开展建模分析的基本方法。本节通过对实例的分析,说明生物力学建模的一般方法。

例 3.5 平板支撑是健身训练中的静力练习动作,在锻炼时主要呈俯卧姿势,身体呈一线保持平衡,可以有效地锻炼腹横肌,是训练核心肌群的有效方法,如图 3-11(a)所示。在平板支撑的过程中,会感觉颈部受到很大的力。怎样量化分析平板支撑中脊柱所受的力?

解: 对于实际生物体的应用,首先应明确已知量和未知量,并针对所需求解的目标,开展几何形状的抽象和受力情况的简化,建立力学模型。由于在平板支撑的过程中,人体各部位并没有发生运动,因此可以首先确定这是一个静力问题。

假设一位练习者做平板支撑时,其头部重力为 $W=50\text{ N}$,其重心在 C 点,F_M 为颈部肌肉给头部的作用力,作用点为 A 点。寰枕关节中心为 B 点,第一颈椎通过 B 点给头部的压力为 F_J。在此条件下,求解的目标是作用在脊柱上的力 F_J。在此姿势下,几何关系是求解的要素。假设在图中位置时,F_M 和 F_J 两个力与水平方向的夹角分别为 $\theta=30°$ 和 $\beta=60°$,求作用在脊柱上的力 F_J 的大小。

图 3-11 平板支撑状态下,头颈部的受力分析(a);将受力分解并形成汇交力系(b);力向量的分解与平衡(c)

基于如上分析,该问题转化成为一个具有两个未知力的三力系统。未知力为 F_M 和 F_J。已知对于一个处于平衡状态的物体,其力系必然是共点力系或平行力系。显然,头部所受到的力非平行,那么力必然共点,因此可以将其简化为图 3-11(b),将作用在头骨上里的力 W、F_M 和 F_J 平移到 O 点(共点),以 O 点位原点建立坐标系,可以得到

$$F_{Mx}=F_M\cos\theta,\ F_{My}=F_M\sin\theta$$
$$F_{Jx}=F_J\cos\beta,\ F_{Jy}=F_J\sin\beta$$

在 x 和 y 方向上应用受力平衡方程可以得到

$$\sum F_x=0:-F_{Jx}+F_{Mx}=0,\text{因此 } F_{Jx}=F_{Mx}$$

$$\sum F_y=0:-W-F_{My}+F_{Jy}=0,\text{因此 } F_{Jy}=W+F_{My}$$

将 $F_{Mx}=F_M\cos\theta$ 和 $F_{Jx}=F_J\cos\beta$ 代入 $F_{Jx}=F_{Mx}$ 中,可得

$$F_J\cos\beta=F_M\cos\theta$$

将 $F_{Jy}=F_J\sin\beta$ 和 $F_{My}=F_M\sin\theta$ 代入 $F_{Jy}=W+F_{My}$ 中,可得

$$F_J \sin\beta = W + F_M \sin\theta \tag{3-5}$$

将 $F_J \cos\beta = F_M \cos\theta$ 代入式(3－5)，可得

$$\tan\beta = \frac{W + F_M \sin\theta}{F_M \cos\theta}$$

$$F_M = \frac{W}{\cos\theta \tan\beta - \sin\theta}$$

$$F_J = \frac{W\cos\theta}{(\cos\theta\tan\beta - \sin\theta)\cos\beta} \tag{3-6}$$

将 $W = 50\ \text{N}$，$\theta = 30°$ 和 $\beta = 60°$，代入式(3－6)，可得

$$F_M = 50\ \text{N},\ F_J = 86\ \text{N}$$

因此，在平板支撑中，人的头部处于上述姿势时，颈部伸肌需要施加 50 N 来支撑头部，在寰枕枕骨联合关节处产生的作用力大小为 86 N。

例 3.6 辅助行走器械，如外骨骼和助行器等，是帮助患者运动康复和辅助行走障碍患者(如渐冻症、截肢等)的重要医疗器械。在设计助行器械时，需要了解人在行走过程中肌肉所施加的力。在设计人体关节植入物时，还需要了解关节在行走中所受的力。怎样分析并确定人行走中肌肉施加力和关节承受力?

解: 首先将已知和未知量分析，并抽象为刚体模型，其几何关系如下。

(1) O 点为髋关节瞬时旋转中心(F_J 作用点)。

(2) A 点为髋外展肌和股骨连接点(F_M 作用点)。

(3) B 点为腿的重心。

(4) C 点为地面反作用力的作用点。

(5) OA、AB、AC 长度分别为 a、b、c。

(6) α 为股骨颈骨(OA)与水平方向夹角。

(7) β 为股骨(AC)与水平方向夹角。

(8) $\alpha+\beta$ 为股骨颈与股骨的夹角。

人在行走过程中，全身的重力会交替加载在其中一条腿上。在行走过程中的每一步，可以简化为准静态的过程，即可以采用静力分析处理(见图 3－12)。如果 F_M 为髋外展肌的作用力，F_J 为骨盆施加在股骨上的作用力，W_1 为腿的重力，W 表示地面给腿的反作用力(等于全身重力)。F_M 与水平方向的夹角

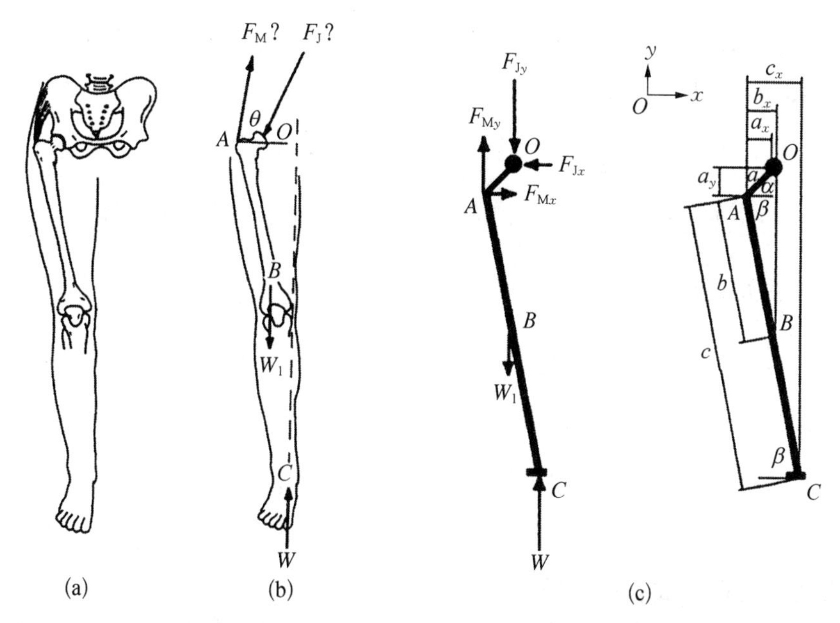

图 3-12 人体行走中单腿的隔离与结构分析(a);单腿受力分析(b);将腿抽象为刚体杆件后的力分析与分解,以及建立坐标系后的几何分析(c)

为 θ。问题具体化为求解 F_M 和 F_J 的大小。

首先,将肌肉力在 x 和 y 方向分解:

$$F_{Mx}=F_M\cos\theta,\ F_{My}=F_M\sin\theta$$

由几何关系可知:

$$a_x=a\cos\alpha,\ a_y=a\sin\alpha,\ b_x=b\cos\beta,\ c_x=c\cos\beta$$

以顺时针方向为正,计算关于 O 点的力矩:

$$\sum M_o=0:\ a_xF_{My}-a_yF_{Mx}-(c_x-a_x)W+(b_x-a_x)W_1=0 \tag{3-7}$$

将几何关系代入式(3-7),得到

$$(a\cos\alpha)(F_M\sin\theta)-(a\sin\alpha)(F_M\cos\theta)-(c\cos\beta-a\cos\alpha)W+ (b\cos\beta-a\cos\alpha)W_1=0$$

解得肌肉力为

$$F_M=\frac{(cW-bW_1)\cos\beta-a(W-W_1)\cos\alpha}{a(\cos\alpha\sin\theta-\sin\alpha\cos\theta)} \tag{3-8}$$

注意：式(3-8)分母可以简化为 $a\sin(\theta-\alpha)$，得到 F_M 后，通过计算 x、y 方向上的受力平衡即可得到 F_J：

$$\sum F_x=0:\ F_{Jx}=F_{Mx}=F_M\cos\theta$$

$$\sum F_y=0:\ F_{Jy}=F_{My}+W-W_1 F_{Jy}=F_M\sin\theta+W-W_1$$

作用在髋关节上的合力 F_J 为

$$F_J=\sqrt{(F_{Jx})^2+(F_{Jy})^2}$$

假设几何参数可以写成人体高度 h 的函数

$$a=0.05h,\ b=0.2h,\ c=0.52h$$
$$\alpha=45^\circ,\ \beta=80^\circ,\ \theta=70^\circ$$

腿的重力可以写成总重量 W 的函数：

$$W_1=0.17W$$

可以解得

$$F_M=2.6W,\ F_J=3.4W,\ \phi=74.8^\circ$$

例 3.7 用不同的方法取测量小腿关于膝关节的旋转运动及小腿屈伸过程中肌肉所产生的力和力矩是运动医学研究的一项内容。下面是其中一种测量方法。受试者坐在桌子上，躯干绑在靠背上，大腿固定在桌子上，并与桌子平行。电子测角仪与受试者的大腿和小腿贴合，其旋转中心与膝关节旋转中心保持一致(电子测角仪测量的角度等于膝关节旋转角度)。受试者被要求尽可能快地屈伸小腿，计算机记录电子测角仪的测量数据，通过微分计算膝关节旋转的角速度 ω 和角加速度 α。

如图 3-13 所示，在某个时刻，通过角度测量得到小腿屈伸角度 $\theta=60^\circ$，角速度 $\omega=5\ \text{rad/s}$，角加速度为 $\alpha=200\ \text{rad/s}^2$。假设小腿重力为 $W=50\ \text{N}$，OB 长度为 $b=22\ \text{cm}$，髌腱拉力为 F_M，F_M 关于 O 点的力臂为 $a=4\ \text{cm}$，$\beta=24^\circ$ 小腿关于 O 点的转动惯量为 $I_o=0.25\ \text{kg}\cdot\text{m}^2$。

求解：(1) 关于膝关节(O 点)的总力矩。

(2) 髌腱的拉力(F_M)。

(3) 膝关节的作用力。

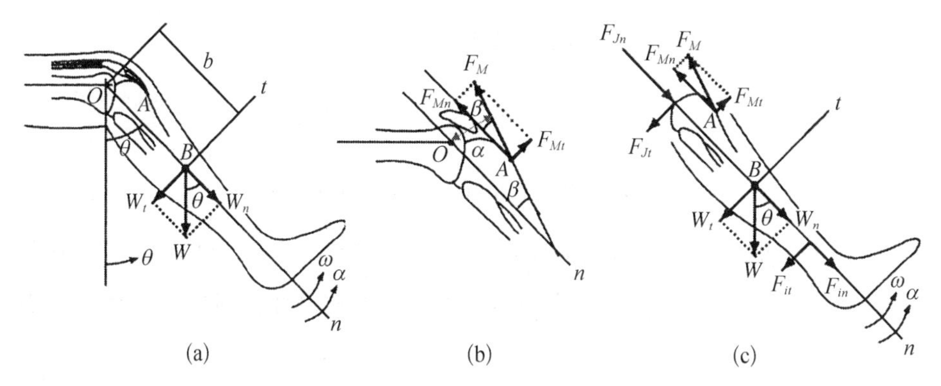

图 3-13 小腿在旋转过程中的运动和几何分析(a);髌腱在 A 点作用于胫骨的拉力 F_M,及其在旋转的切向和法向的分解 F_{Mt} 与 F_{Mn}(b);小腿在旋转过程中的综合受力分析(c)

解:(1) 由刚体转动定律可得膝关节的扭矩 M_0 为

$$M_0 = I_0 \alpha = 50\ \text{N} \cdot \text{m}$$

(2) 注意:M_0 是膝盖关节的净扭矩的大小,它包括所有对小腿作用的外部力的旋转效果。相对于膝关节,有两种外力具有旋转作用:髌腱力 F_M 和小腿的重力 W。对于使角度 60°与垂直的下腿的位置,相对于旋转中心 O,髌腱力 F_M 的力臂约为 $a = 0.04$ m。

关于 O 点的总力矩 M_0 由重力 W 和髌腱力 F_M 产生,由于 F_M 关于 O 点力臂已知为 a,可以列出等式,计算得到 F_M:

$$M_0 = M_m - M_w = aF_M - bW\sin\theta$$

因此

$$F_M = \frac{M_0 + bW\sin\theta}{a} = 1\,488\ \text{N}$$

(3) 小腿的受力分析,如图 3-13(c)所示,W 为小腿的重力,F_M 为髌腱在 A 点作用于胫骨的拉力,F_{Jt} 和 F_{Jn} 分别为膝关节作用力的在两个垂直方向上的分解。由于小腿处于加速旋转运动,存在惯性力 F_{in} 和 F_{it}(达朗伯原理)。根据角速度和角加速度可以进行计算,并列入平衡方程。

$$F_{in} = ma_n = mr\omega^2$$

$$F_{it} = ma_t = mr\alpha$$

计算质量、回转半径、角速度和角加速度：

$$m=\frac{W}{g}=5.1\ \mathrm{kg},\ r=b=0.22\ \mathrm{cm}$$

$$\omega=12\ \mathrm{rad/s},\ \alpha=200\ \mathrm{rad/s^2}$$

应用达朗伯原理(或运动平衡方程)通过计算法向力 F_n 和切向力 F_t 方向上的受力平衡，即可得到 F_{Jn}、F_{Jt} 的表达式，代入数值计算即可得到膝关节作用力 F_J：

$$\sum F_n=0:\ F_{Jn}-F_{Mn}+F_{in}+W_n=0$$

$$\sum F_t=0:\ F_{Jt}-F_{Mt}+F_{it}+W_t=0$$

解得

$$\begin{aligned}F_{Jn}&=F_{Mn}-F_{in}-W_n=F_M\cos\beta-mb\omega^2-W\cos\theta\\&=(1\,488)(\cos 24)-(5.1)(0.22)(5)2-(50)(\cos 60)=1\,306(\mathrm{N})\\F_{Jt}&=F_{Mt}-F_{it}-W_t=F_M\sin\beta-mb\alpha-W\sin\theta\\&=(1\,488)(\sin 24)-(5.1)(0.22)(200)-(50)(\sin 60)=338(\mathrm{N})\end{aligned}$$

因此，合力 $F_J=1\,349$ N。

习　题

1. 如图 1 所示，1 根 L 形杆被固定于 A 点，杆 AB 平行于 z 轴，杆 BC 平行于 x 轴，1 个力 P 沿 y 轴负方向作用于自由端 C 点，杆 AB 和杆 BC 长度分别为 $a=20$ cm 和 $b=30$ cm，力 P 的大小为 120 N。假设 L 形杆的质量可以忽略。求：杆固定端 A 点的受力和力矩。
2. 康复与治疗器械的设计需要利用生物力学分析方法开展建模和计算。常见的康复器械包括牵引装置，主要用于骨折后的固定和恢复。图 2 所示为一个典型的腿骨折牵引康复示意图经简化之后的受力图。其中，$W=300$ N，C 为重心，$AC=2BC$，AB 的长度为 l，$\beta=45°$。

   求：当腿 AB 保持水平平衡状态时，拉力 T_1、T_2 以及 T_1 与水平方向所成倾角 α 的大小。

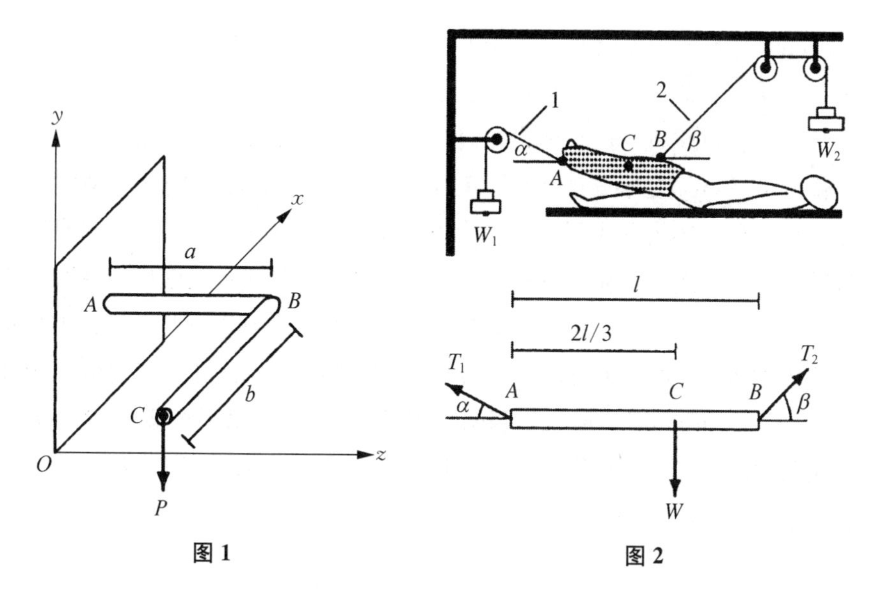

图 1　　　　图 2

3. 分析手托举重物时的生物力学，其示意图以及简化受力分析图如图 3 所示。将前臂抽象假设为刚性的杆件。作用在前臂上的肌肉力，可以分成 F_{M1}、F_{M2}、F_{M3} 三个，其作用点 A_1、A_2、A_3 分别对应为肌腱的位置。假设力的大小与肌肉面积大小成正比，力的作用点与前臂的几何关系如图 3 所示。在建模过程中，做出如下假设：

(1) F_{M1}、F_{M2}、F_{M3} 所对应的肌肉面积为 S_1、S_2、S_3，$k_{21}=\dfrac{S_2}{S_1}$，$k_{31}=\dfrac{S_3}{S_1}$。

(2) a_1、a_2、a_3 分别为 F_{M1}、F_{M2}、F_{M3} 关于 O 点的力臂。

(3) W、W_0 分别表示小臂的重力和重物的重力。

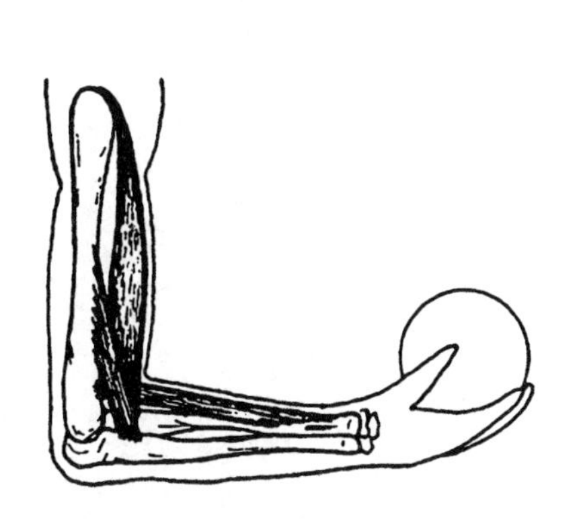

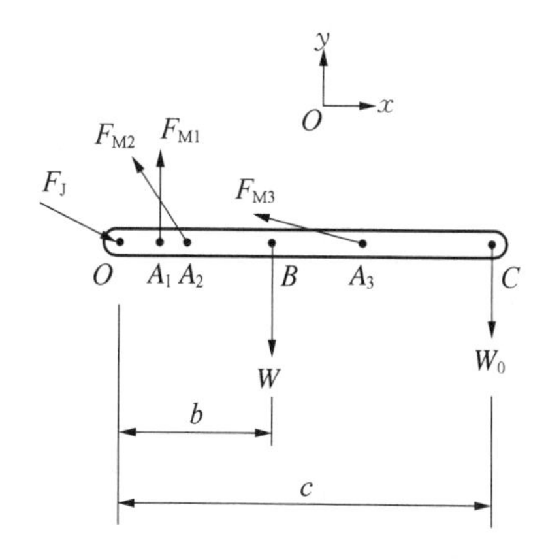

图 3

(4) b、c 分别表示 OB 和 OC 的长度。

求：用 W、W_0、k_{21}、k_{31}、a_1、a_2、a_3、b、c 表示 F_{M1}。

4. 一个人穿着负重靴开展小腿弯曲/伸展运动，锻炼股四头肌。假定 W_0 是负重靴的重量，W_1 是小腿的重量。其膝关节受力和肌肉施力怎样分析？

作用在小腿上的力和小腿的简单力学模型如图 4 所示。F_M 是股四头肌通过髌腱对胫骨施加的张力的大小，F_J 是股骨在胫骨平台上施加的胫股关节反作用力的大小。胫股关节中心位于 O 点，髌腱附着于胫骨 A 点，小腿重心位于 B 点，负重靴重心位于 C 点。O 点与 A 点、B 点和 C 点之间的距离分别为 a、b 和 c。对于所示小腿的位置，胫骨长轴与水平线成角度 β，股四头肌肌力的作用线与胫骨长线成角度 θ。假设点 O、A、B 和 C 都位于一条直线上。求：F_M 和 F_J。

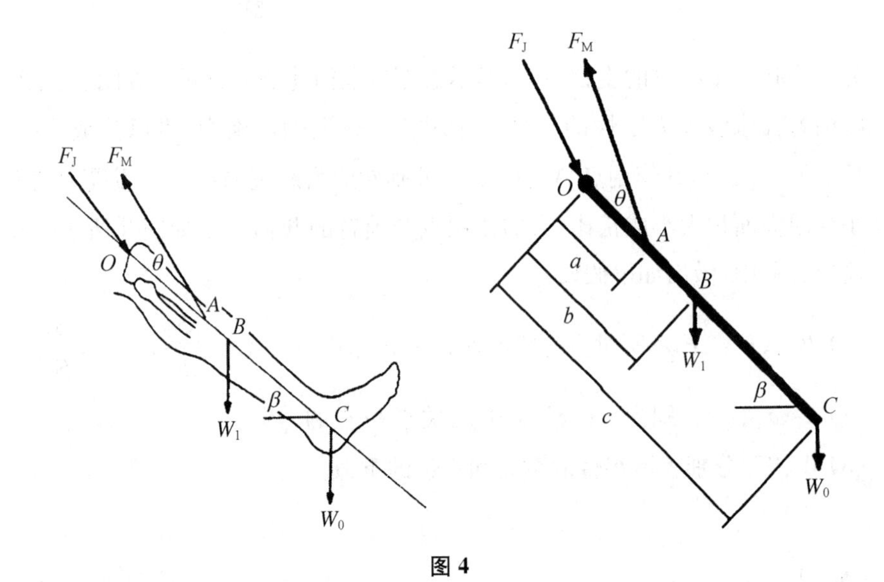

图 4

组织的生物力学

4.1 拉伸

拉伸作为一种常见的变形情况，在小变形状态下其应力和应变关系较为简单。在这里我们通过在大变形条件下的拉伸分析，介绍生物力学大变形分析的一般方法。第二章定义了材料在变形前和变形后所对应的直角坐标系。方便起见，用 (X, Y, Z) 代表变形前的坐标系，(x, y, z) 代表变形后的坐标系。

如果将拉伸的方向定义为 X 方向，那么第一类 PK 应力 P_x，就建立了沿着拉伸方向的力与变形前的截面之间的关系：$F = P_x A_0$。其中 A_0 表示变形前的截面积。由于拉伸仅沿着 X 方向，因此在 Y 和 Z 方向的力为零，这两个方向的应力也为零。仅有的非零应力出现在 X 方向上。基于附录中的控制方程，可以得到：

$$\frac{\partial P_x}{\partial X} = \frac{\partial P_y}{\partial Y} = \frac{\partial P_z}{\partial Z} \tag{4-1}$$

在垂直拉伸方向的 Y, Z 两个方向，由于对称性，可以得到 $\lambda_y = \lambda_z$。如果材料是不可压缩的 $J = \lambda_x \lambda_y \lambda_z = 1$，可以得到：

$$\lambda_y = \lambda_z = \sqrt{\lambda_x} \tag{4-2}$$

从式(4-2)可以看出，即使在材料的本构关系不明确的条件下，承认的变形关系可以确定下来。基于附录中所提供的变形能与第一类 PK 应力之间的关系，有

$$P_x = \frac{\partial W}{\partial \lambda_x} - \frac{p}{\lambda_x}$$

$$P_y = \frac{\partial W}{\partial \lambda_y} - \frac{p}{\lambda_y}$$

$$P_z = \frac{\partial W}{\partial \lambda_z} - \frac{p}{\lambda_z} \tag{4-3}$$

由于 $P_z = 0$，可以得到

$$p = \lambda_z \frac{\partial W}{\partial \lambda_z} \tag{4-4}$$

由于 $\lambda_y = \lambda_z$，基于 $P_y = 0$，可以得到相同的结果。将式(4-4)代入(4-3)中，得到

$$P_x = \frac{\partial W}{\partial \lambda_x} - \frac{\lambda_z}{\lambda_x} \frac{\partial W}{\partial \lambda_z} \tag{4-5}$$

由此可以看出，如果知道变形能函数，即可求出应力的大小。在主方向上，应变不变量与拉伸比率的关系为

$$I_1 = \lambda_x^2 + \lambda_y^2 + \lambda_z^2$$

$$I_2 = \lambda_x^2 \lambda_y^2 + \lambda_y^2 \lambda_z^2 + \lambda_z^2 \lambda_x^2$$

$$I_3 = \lambda_x^2 \lambda_y^2 \lambda_z^2 \tag{4-6}$$

因此，可以获得变形能函数关于应变不变量的导数。对于各向同性的材料而言：

$$\frac{\partial W}{\partial \lambda_x} = \frac{\partial W}{\partial I_1} \frac{\partial I_1}{\partial \lambda_x} + \frac{\partial W}{\partial I_2} \frac{\partial I_2}{\partial \lambda_x} = 2\lambda_x \frac{\partial W}{\partial I_1} + 2\lambda_x (\lambda_y^2 + \lambda_z^2) \frac{\partial W}{\partial I_2}$$

$$\frac{\partial W}{\partial \lambda_y} = \frac{\partial W}{\partial I_1} \frac{\partial I_1}{\partial \lambda_y} + \frac{\partial W}{\partial I_2} \frac{\partial I_2}{\partial \lambda_y} = 2\lambda_y \frac{\partial W}{\partial I_1} + 2\lambda_y (\lambda_x^2 + \lambda_z^2) \frac{\partial W}{\partial I_2}$$

$$\frac{\partial W}{\partial \lambda_z} = \frac{\partial W}{\partial I_1} \frac{\partial I_1}{\partial \lambda_z} + \frac{\partial W}{\partial I_2} \frac{\partial I_2}{\partial \lambda_z} = 2\lambda_z \frac{\partial W}{\partial I_1} + 2\lambda_z (\lambda_x^2 + \lambda_y^2) \frac{\partial W}{\partial I_2} \tag{4-7}$$

综上，又由 $\lambda_y = \lambda_z = \sqrt{\lambda_x}$，可以得到

$$P_x = 2\lambda_x \left[\left(\frac{\partial W}{\partial I_1} + \frac{1}{\lambda_x} \frac{\partial W}{\partial I_2} \right) \left(1 - \frac{1}{\lambda_x^3} \right) \right] \tag{4-8}$$

例 4.1 如某软组织的变性能函数为

$$W=c_1(I_1-3)+c_2(I_2-3)$$

在不可压缩的假定条件下，求在单轴拉伸情形下的第一类PK应力和柯西应力。

解：

$$P_x=2\lambda_x\left[\left(c_1+\frac{c_2}{\lambda_x}\right)\left(1-\frac{1}{\lambda_x^3}\right)\right]$$

在不可压缩的条件下，$J=1$，基于附录，$\sigma_i=J^{-1}\lambda_i P_i$，可知

$$\sigma_x=2\lambda_x^2\left[\left(c_1+\frac{c_2}{\lambda_x}\right)\left(1-\frac{1}{\lambda_x^3}\right)\right]$$

4.2 扭转

生物体的扭转现象普遍存在，日常生活中人们做的许多动作都包含扭转的作用，如图4-1(a)所示。对于微观生物结构，如构成细胞骨架的中间丝的结构是扭转形成的，如图4-1(b)所示。扭转过程中的应力和应变是怎样的？如何分析扭转？本节通过对线弹性材料的扭转开展分析，说明扭转分析的一般方法。

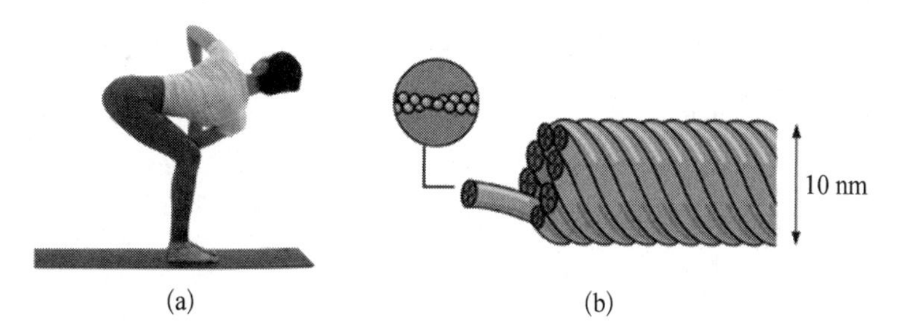

注：图中所示的瑜伽练习中，人体的腰部肌肉和骨骼均承受扭转作用。

图4-1 人体结构常常经受扭转

若将一段理想的圆柱体单独拿出来做扭转分析，分析扭转前后的变化(见图4-2)。通过在圆柱体表面的网格形状变化，可以发现扭转起到剪切作用，使得相互平行的圆截面沿着扭转的方向发生角度偏转，导致表面的矩形网格单元形变为平行四边形。扭转过程所产生的剪切应力 τ 作用于矩形网格单元，造成 AC 和 BD 沿着剪切方向发生角度偏转 γ。

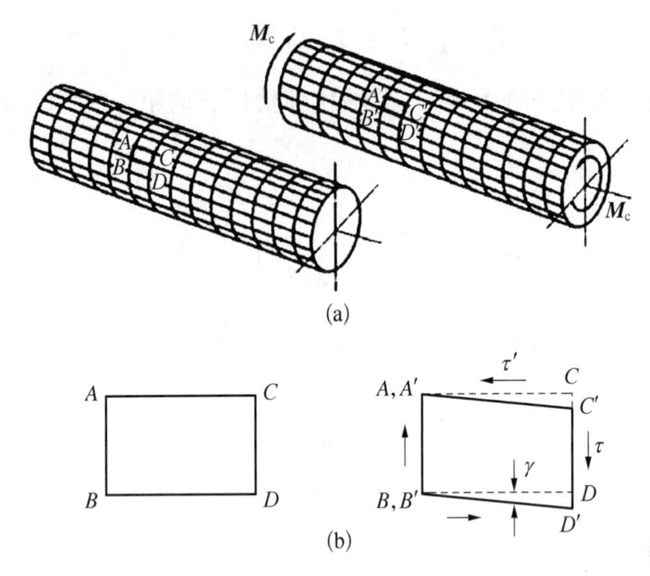

图 4-2 扭转前后的变化

(a) 理想圆柱体在扭矩 $\boldsymbol{M}$ 作用下发生扭转；(b) 矩形 $ABCD$ 在扭转后变形为平行四边形 $A'B'C'D'$，上下两边 AC 和 BC 偏转了角度 γ

为了量化分析扭转过程中的变化，将其中一小段圆柱体微元作为隔离体分析。如图 4-3 所示，微元体的侧边线 AB 原长度为 $\mathrm{d}l$，扭转角度 γ 后 AB' 长度为 $\mathrm{d}l'$。微元体的截面圆半径 OB 旋转 $\mathrm{d}\theta$ 角度到 OB'。在扭矩 $\boldsymbol{M}$ 的作用下，产生的剪切应力为 τ。基于第 2 章中所介绍的应力应变公式(2-16)，考虑扭转过程中所产生的应变

$$\gamma = \frac{BB'}{\mathrm{d}l} = r\,\frac{\mathrm{d}\theta}{\mathrm{d}l} \tag{4-9}$$

则有

$$\tau = \gamma G = Gr\,\frac{\mathrm{d}\theta}{\mathrm{d}l} \tag{4-10}$$

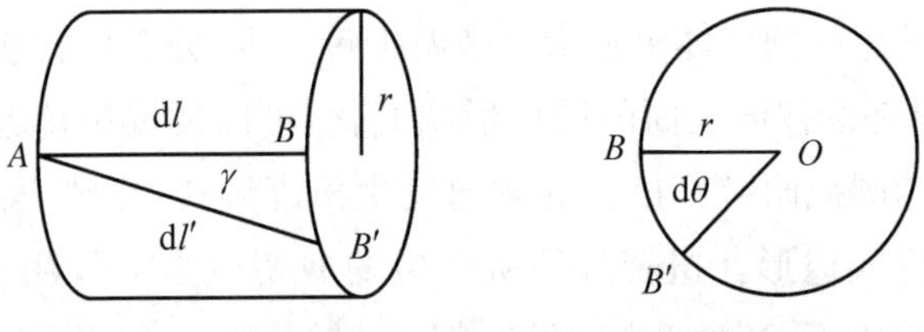

图 4-3 圆柱体微元在扭矩 $\boldsymbol{M}$ 作用下发生扭转

在截面上分布的剪应力围绕着圆心产生扭转力矩。如图 4-4 所示,圆柱截面上选取微元面积 dA,作用在微元面积上的剪切应力 τ。微元面积所在的位置处于半径 r 上。由于作用在截面上的扭矩为 $\boldsymbol{M}$,因此剪切应力在截面上分布所产生的合力矩为 $\boldsymbol{M}$。采用微元法进行分析,截面上的微元面积 dA 所产生的微元力矩为 $\tau \mathrm{d}Ar$。将微元力矩在整个截面上进行积分,结合式(4-1)得

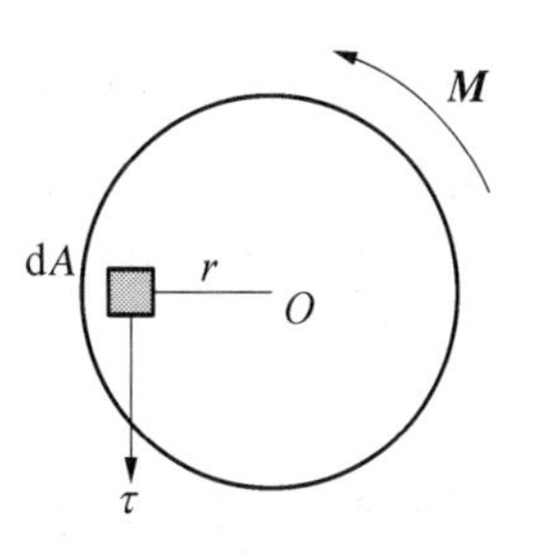

图 4-4　围绕圆心产生扭转力矩

$$\boldsymbol{M}=\int r\tau\,\mathrm{d}A=\int rGr\frac{\mathrm{d}\theta}{\mathrm{d}l}\mathrm{d}A=G\frac{\mathrm{d}\theta}{\mathrm{d}l}\int r^2\,\mathrm{d}A \tag{4-11}$$

定义围绕着旋转中心的二次矩 $\boldsymbol{J}$(也称为极惯性矩):

$$\boldsymbol{J}=\int r^2\,\mathrm{d}A \tag{4-12}$$

作用在截面上的力矩简化为

$$\boldsymbol{M}=G\frac{\mathrm{d}\theta}{\mathrm{d}l}\boldsymbol{J} \tag{4-13}$$

结合式(4-9)和式(4-13),可以得到横截面上的剪切应力与外界所施加的力矩之间的关系:

$$\tau=\frac{\boldsymbol{M}r}{\boldsymbol{J}} \tag{4-14}$$

式(4-14)也可以改写为式(4-15):

$$\tau=\frac{\boldsymbol{M}}{\frac{\boldsymbol{J}}{r}}=\frac{\boldsymbol{M}}{W_t} \tag{4-15}$$

式中,W_t 为抗扭截面系数。

例 4.2　从人类到动物,大部分具有骨骼结构的生物体的骨头均成空心结构。为什么骨头是空心的?试从旋转变形入手分析,基于生物力学的理论方法进行说明。

解: 将骨头的几何结构简化为空心圆筒,圆筒的内径为 r_i,外径为 r_o(见图 4-5)。分析实心圆柱和空心圆筒在扭转过程中所产生的剪切应力。由式

(4-14)可知,计算剪切应力的分布需要首先计算截面的极惯性矩。对圆筒结构的极惯性矩,采用微元法分析厚度为 dr 的微圆环所产生的极惯性矩并沿着半径方向开展积分。首先计算微圆环的微圆面积 dA 为

$$dA = 2\pi r dr$$

再由式(4-12)进行极惯性矩的积分,得

$$\boldsymbol{J} = \int_{r_i}^{r_o} r^2 dA = \int_{r_i}^{r_o} r^2 2\pi r dr = \frac{\pi}{2}(r_o^4 - r_i^4) \tag{4-16}$$

对于实心圆截面的情况 ($r_i = 0$),则有

$$\boldsymbol{J} = \frac{\pi}{2} r_o^4 \tag{4-17}$$

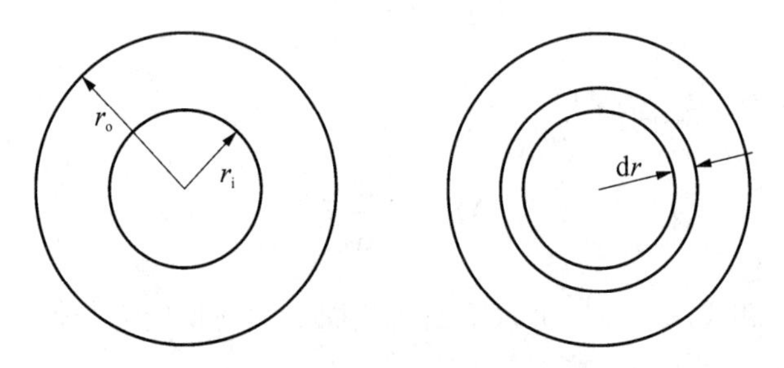

图 4-5 空心圆筒结构的横截面

因此,扭转条件下产生的最大剪切应力为

$$\tau_{max} = \frac{\boldsymbol{M} r_0}{\boldsymbol{J}} = \frac{\boldsymbol{M}}{\frac{\boldsymbol{J}}{r_0}} = \frac{\boldsymbol{M}}{W_t}$$

在承受相同 τ_{max} 的条件下,对于实心圆截面,有

$$W_t = \frac{\pi}{2} r_o^3$$

对于空心圆截面,若内径和外径的比值 $\alpha = r_i / r_o$,则有

$$W_t = \frac{\pi}{2r_0}(r_o^4 - r_i^4) = \frac{\pi}{2} r_o^3 \left[1 - \left(\frac{r_i}{r_o}\right)^4\right] = \frac{\pi}{2} r_o^3 (1 - \alpha^4)$$

对于两种截面,若承受的最大剪切应力相同,即抗扭截面系数 W_t 相同。

如果实心圆截面的半径 1，空心圆截面的内外径比 $\alpha=0.9$，则空心圆截面的外径为 1.4。基于此可以求得实心圆截面和空心圆截面的截面积比值：

$$面积比=\frac{1}{1.4^2-(1.4\times 0.9)^2}=2.7$$

也就是说，在相同的最大剪切应力条件下，实心管是空心管截面积的 2.7 倍。如果骨密度相同，在相同的长度下，实心骨是空心骨质量的 2.7 倍。由此可知，采用空心的结构，在承受相同扭转剪切应力的条件下，空心骨更加轻巧。

由式(4-14)可知，在固定的扭矩和极惯性矩的条件下，截面上所产生的剪切应力沿着半径方向线性分布，如图 4-6(a)所示。对于各向同性线弹性的材料，直径越大，越难扭转。在圆柱体的侧面，由剪应力互等原理，可以得到一个微元面积上的剪应力分布，如图 4-6(b)所示。

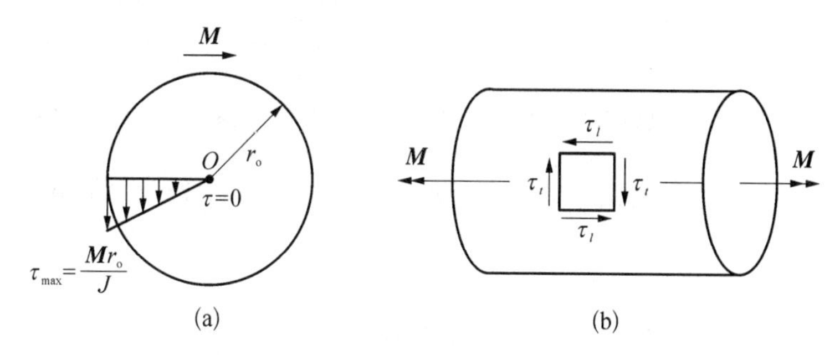

图 4-6 圆柱体扭转过程中截面上的剪应力分布以及圆柱的侧面微元面积上剪切应力的分布

例 4.3 骨骼的力学特性测试可以使用扭转实验开展(见图 4-7)。将人的股骨固定在扭转试验机的夹具中，股骨的两端 D 和 E 夹具的夹点之间部分的骨骼长度 $L=37$ cm。对股骨施加扭转载荷直至断裂，并在此过程中记录所施加的扭矩($\boldsymbol{M}$)与测量的角度(θ)的变化，得到 $\boldsymbol{M}-\theta$ 的关系。观察到股骨在距离 E 端距离 $l=25$ cm 处($a-a$ 段)断裂。测量得到断裂部分骨组织内径 $r_i=7$ mm，外径 $r_o=13$ mm。计算股骨断裂时，在 $a-a$ 段骨组织表面所受到的剪切应力。

解：对于典型的扭转变形，首先计算截面 $a-a$ 处股骨截面的扭转角度。基于式(4-1)，有

$$\gamma=\frac{r_o}{l}\theta_{a\text{-}a}=\frac{0.013}{0.25}\times 0.236=0.012(\text{rad})$$

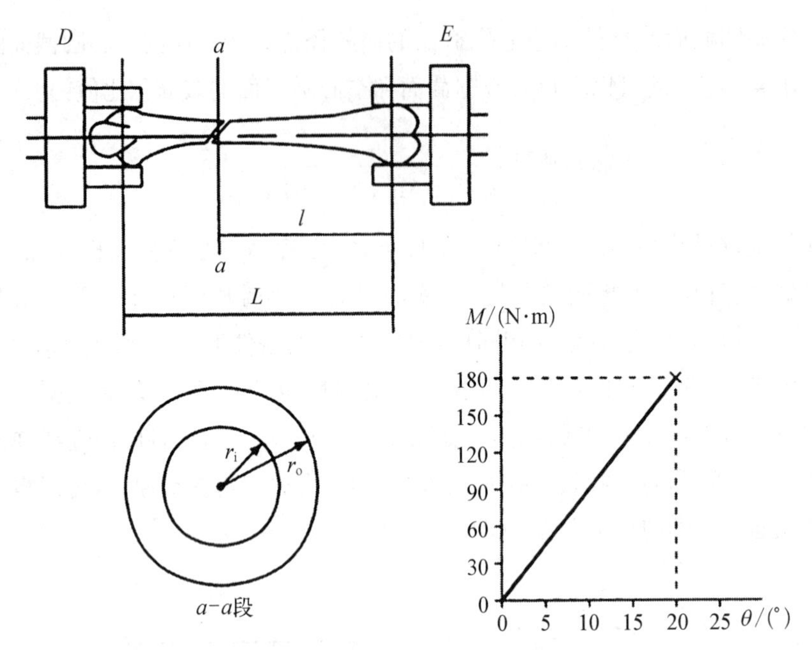

图 4-7 采用扭转测试仪对股骨开展测试,记录的扭矩和转角 $\boldsymbol{M}-\theta$ 的关系

因为 $a-a$ 段股骨骨横截面是一个环形,所以截面 $a-a$ 处股骨横截面的极惯性矩为

$$\boldsymbol{J}=\frac{\pi}{2}(r_o^4-r_i^4)=\frac{\pi}{2}(0.013^4-0.007^4)=4.11\times10^8(\mathrm{m}^4)$$

在 $a-a$ 截面位置发生断裂时,对应的最大扭矩 $\boldsymbol{M}=180\ \mathrm{N\cdot m}$。因此,可使用扭转公式(4-6)确定截面 $a-a$ 处骨骼表面上的最大剪切应力为

$$\tau=\frac{\boldsymbol{M}r_o}{\boldsymbol{J}}=\frac{180\times0.013}{4.11\times10^8}=56.9(\mathrm{MPa})$$

相应的骨组织剪切模量为

$$G=\frac{\tau}{\gamma}=\frac{56.9\times10^6}{0.012}=4.6(\mathrm{GPa})$$

对于承受扭转的试样,断裂前的最大剪切应力是该试样的扭转强度。在这种情况下,股骨的抗扭强度为 56.9 MPa。断裂前施加在试样上的最大扭矩量定义为试样的扭转载荷能力。在这种情况下,股骨的扭转载荷能力为 180 N·m。$M-\theta$ 图中的总面积表示试样的扭转能量储存能力或试样吸收的

扭转能量。在这种情况下,股骨的扭转储能能力为 31.4 N·m·rad。

4.3 弯曲

弯曲变形在生物组织中广泛存在,也是最为常见的变形之一。从宏观的骨组织到微观的微管,均可能经受弯曲而变形。首先从纯弯曲入手,分析弯曲变形的变形和应力,得到分析弯曲变形的一般方法。纯弯曲,顾名思义即分析对象只存在弯曲,不存在其他变形情况(见图 4-8)。相应地,纯弯曲中只存在弯矩,没有其他受力元素。

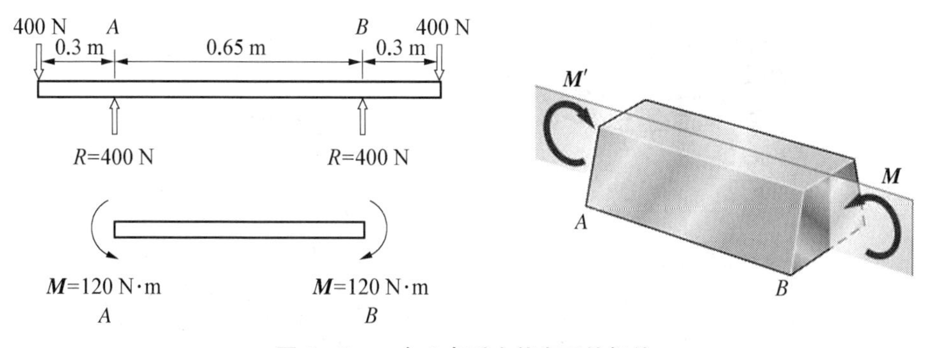

图 4-8 一个 4 点受力状态下的杆件

例 4.4 图 4-8 中的杆件是一个 4 点受力的弯曲,计算 AB 段所受到的弯矩与剪力。

解: 基于图示的受力情况,杆件在 A、B 两点的支反力分别为 400 N。采用截面法对 AB 段进行受力分析。可知在 AB 段的剪切力为 0,弯矩为 120 N·m。AB 段只存在弯矩,不存在剪力,是一个纯弯曲状态。

怎样在纯弯曲情况下分析对象内部的应力情况?首先,对弯曲做出如下平面假设:① 横截面变形后依然保持为平面;② 横截面变形后依然垂直梁轴线。基于上述平面假设,可以得到如下推论。

(1) 横截面的形状不变。由于横截面的形状不变,因此在截面中无剪切力。

(2) 从梁的上表面到下表面,是一个从压缩到拉伸的过渡,因此必然存在一个层面其长度保持不变。这一个层面称为中性层。

因此,可以在中性层与截面交线建立坐标轴,称为中性轴。另外将包含中性轴的中性层弯曲的曲率半径定义为 ρ(见图 4-9)。将 x 方向定义为中性轴的方向，$z-y$ 平面为梁的横截面。通过观察截面的变形情况，可以发现 $y>0$，$\varepsilon_x<0$；$y<0$，$\varepsilon_x>0$。在 x 方向的具体应变量可以依据弯曲弧长变化进行计算。首先，求得在中性轴上的 DE 段的长度 L_{DE}：

$$L_{DE}=\rho\theta \tag{4-18}$$

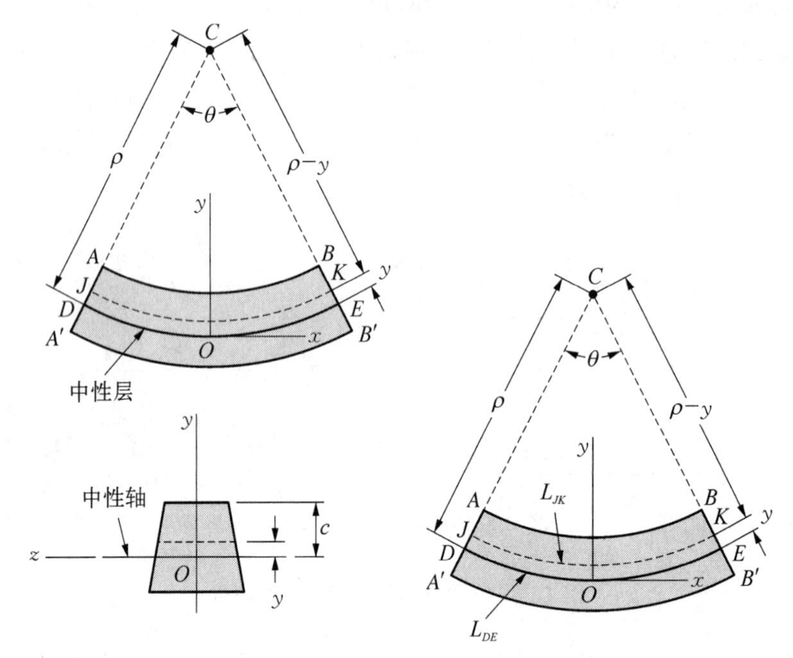

注：DE 在中性轴上沿着 x 方向；$y-z$ 平面通过梁的截面。

图 4-9　纯弯曲条件下应变的分析

其次，计算在中性轴上方受弯曲段 JK 的长度 L_{JK}：

$$L_{JK}=(\rho-y)\theta \tag{4-19}$$

因此，受弯曲段 JK 在 x 方向的应变 ε_x 可以由变形前长度 L_{DE} 和变形后的长度 L_{JK} 计算得到

$$\varepsilon_x=\frac{\delta}{L}=\frac{L_{JK}-L_{DE}}{L_{DE}}=\frac{(\rho-y)\theta-\rho\theta}{\rho\theta}=-\frac{y}{\rho} \tag{4-20}$$

观察 ε_x 可以发现，沿着 y 轴方向，在梁的最上层有最大压应变，最下层有最大拉应变。基于胡克定律，如杨氏模量为 E，可以进一步求解对应在 x 方向的弯曲应力 σ_x：

$$\sigma_x = E\varepsilon_x = -\frac{Ey}{\rho} \tag{4-21}$$

对纯弯曲而言，由于截面只有弯矩，没有其他的合力。因此，利用截面上合力为0的条件，将应力在截面积分：

$$\int_A \sigma_x \mathrm{d}A = \int_A -\frac{Ey}{\rho}\mathrm{d}A = 0 \tag{4-22}$$

从而得到

$$\int_A y\mathrm{d}A = 0 \tag{4-23}$$

可见，只要在弹性变形的范围内，中性轴总是通过截面的形心。

通过在截面上的应力所产生的力矩进行积分，得到截面的弯矩：

$$\int -y\sigma_x \mathrm{d}A = \int -yE\varepsilon_x \mathrm{d}A = \frac{E}{\rho}\int y^2 \mathrm{d}A = \boldsymbol{M} \tag{4-24}$$

考虑到 $\int y^2 \mathrm{d}A = I_z$，式(4-24)简化为

$$\frac{1}{\rho} = \frac{\boldsymbol{M}}{EI_z} \tag{4-25}$$

综合胡克定律式(4-21)，可以得到

$$\sigma_x = -\frac{\boldsymbol{M}y}{I_z} \tag{4-26}$$

式中，I_z 为对中性轴的惯性矩；EI_z 称为抗弯刚度。注意，不同的坐标系设置，如 y 方向是向上或者向下，会导致式(4-26)符号的变化。当 y 轴向下时，$\sigma_x = \boldsymbol{M}y/I_z$。由式(4-26)可知，在截面上的应力沿着 y 方向线性分布(见图4-10)。由中性轴的位置和截面的几何形状，可以很容易求出截面上最大应力的位置。在弯矩一定的条件下，截面的惯性矩决定了截面上应力的大小。因此在开展相应设计时，截面的设计是一个关键。

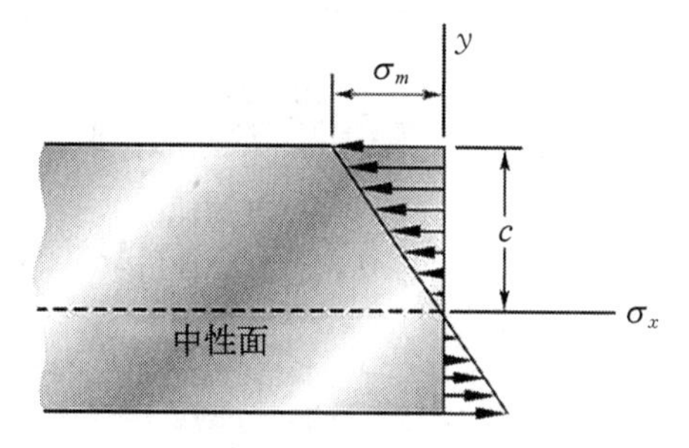

图4-10 纯弯曲条件下，截面的应力分布

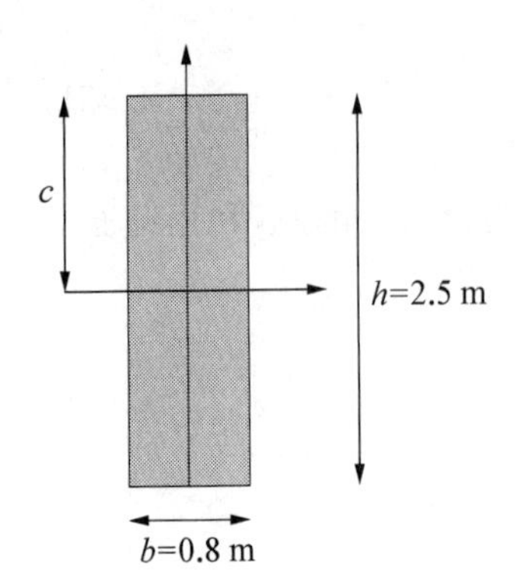

图 4-11　梁截面的几何尺寸

例 4.5　在设计人体助行器械时，其中一个元件的梁截面如图 4-11 所示。假设失效应力 $\sigma_Y=36\ \text{MPa}$，在纯弯曲条件下时，计算让梁失效时的弯矩。

解： 首先，基于矩形截面计算惯性矩，得

$$I=\frac{1}{12}bh^3=1.042(\text{m}^4)$$

其中性面通过形心，因此：

$$\boldsymbol{M}=\frac{I}{c}\sigma_Y=\frac{1.042\ \text{m}^4}{1.25\ \text{m}}(36\ \text{MPa})=30\times10^6(\text{N}\cdot\text{m})$$

4.4　剪力图和弯矩图

剪力图和弯矩图是分析杆件结构的经典方法，通过对剪力和弯矩在杆件上的分布变化分析，对其应力状态求解。虽然当前有限元等数值计算方法已可以有效解决此类问题，但是掌握剪力和弯矩的基本分析方法，对于总体估算和校验依然具有实际意义。在绘制剪力和弯矩图之前，首先需要规定剪力和弯曲的正方向。同样地，本节采用截面法展开分析。对剪力而言，所截取的微元段左侧剪力向上、右侧剪力向下为正（见图 4-12）。对弯矩而言，向上弯曲为正向下弯曲为负。

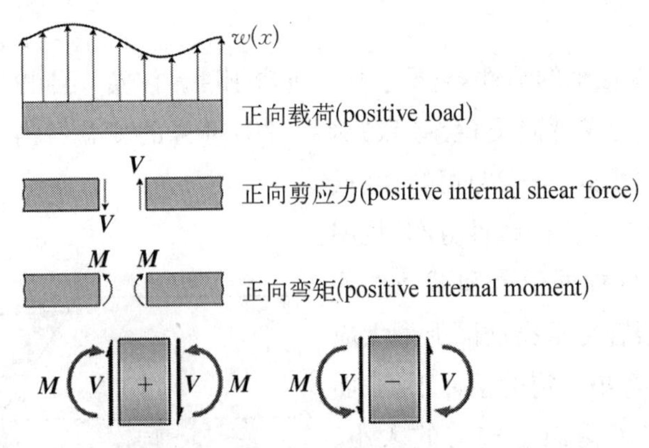

注：采用截面法进行分析，对于所选取的微元段，剪力左上右下为正，弯矩导致两端上翘为正。

图 4-12　剪力和弯矩的符号规定

例 4.6 人在进行锻炼时，其中一段骨骼受力可以简化为如图 4-13 所示。骨长度 AB 段中心受到向下的外力 P，绘制骨骼的剪力图和弯矩图。

图 4-13 一段骨骼在外力作用下的受力情况简化为一段杆件受到外力 P 的作用

解： 首先，将 AB 段以中心受力点为分隔，分别分析两段的受力情况。首先，建立坐标系，将 x 方向定义为沿着轴线 AB 的方向，如图 4-14(a)所示。由受力平衡可知，AB 两端点的支反力为 $P/2$。采用截面法，将两段截面 D 和 E 分别分析，如图 4-14(b)。对于 D 截面，可以假设正向的剪切力 $\boldsymbol{V}$ 和弯矩 $\boldsymbol{M}$，并建立力平衡方程求解，如图 4-14(c)所示。其中力平衡向上为正，弯矩平衡逆时针为正，得到

$$\sum F = \frac{P}{2} - \boldsymbol{V} = 0,\ \boldsymbol{V} = \frac{P}{2}$$

$$\sum \boldsymbol{M}_D = \boldsymbol{M} - \frac{P}{2}x = 0,\ \boldsymbol{M} = \frac{P}{2}x$$

相应地，可以将$[0,\ L/2]$段的剪力图和弯矩图绘制出来，如图 4-14(e)(f)所示。由于剪力是常数，所以为一条平行 x 轴的直线。弯矩随着 x 线性变化的，在 $L/2$ 处有最大值 $PL/4$。

对于 E 截面，类似可以建立平衡方程。这里可以选择剪力和弯矩的实际方向，如图 4-14(d)所示，同样可以求得剪切力 $\boldsymbol{V} = -\dfrac{P}{2}$。对于弯矩而言，由于$[L/2,\ L]$段力矩连续变化，在 $\boldsymbol{B}$ 点力矩为 0，在力矩图中可以直接用线段将两点连接起来，如图 4-14(f)所示。

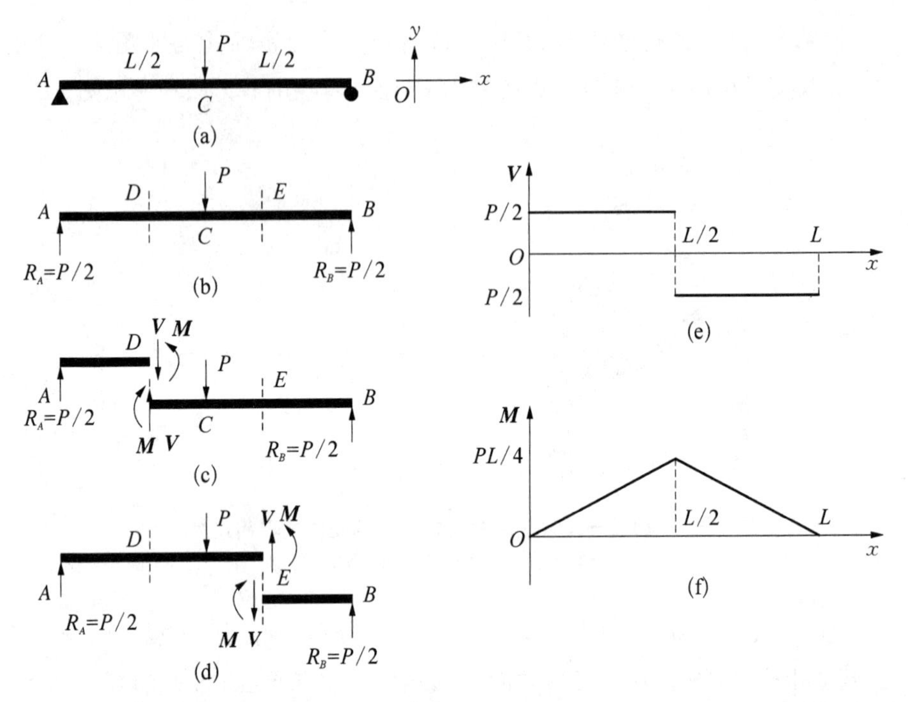

图 4-14　将骨骼受力进行分析并建立坐标系(a);分析边界受力条件,采用截面法对受集中力分隔的两段进行分析(b);在 *D* 截面用截面法进行剪力和弯矩的计算分析(c);在 *E* 截面用截面法进行剪力和弯矩的计算分析(d);剪力图(e);弯矩图(f)

4.5　综合应用

当了解了应力-应变的基本概念并熟悉了简单变形分析之后,可以开展组合变形的分析。顾名思义,组合变形是多种简单变形的组合,例如拉伸和弯曲,拉伸和弯曲的组合等。首先从简单组合变形入手,分析平面二维组合变形,并介绍二维变形中常用的莫尔圆法。

在组合变形条件下,应力状态不再是单一的拉伸或剪切,而是正应力和剪应力均有的状态(见图 4-15)。在此应力状态下,如何求解任意平面上的应力?这里假定任意截面与 y 方向的夹角为 α,任意截面的微元面积为 dA,基于平面力系的平衡条件,有

$$\begin{aligned}\sum F_n = \sigma_\alpha \mathrm{d}A + (\tau_{xy}\mathrm{d}A\cos\alpha)\sin\alpha - (\sigma_x \mathrm{d}A\cos\alpha)\cos\alpha + \\ (\tau_{yx}\mathrm{d}A\sin\alpha)\cos\alpha - (\sigma_y \mathrm{d}A\sin\alpha)\sin\alpha = 0\end{aligned} \tag{4-27}$$

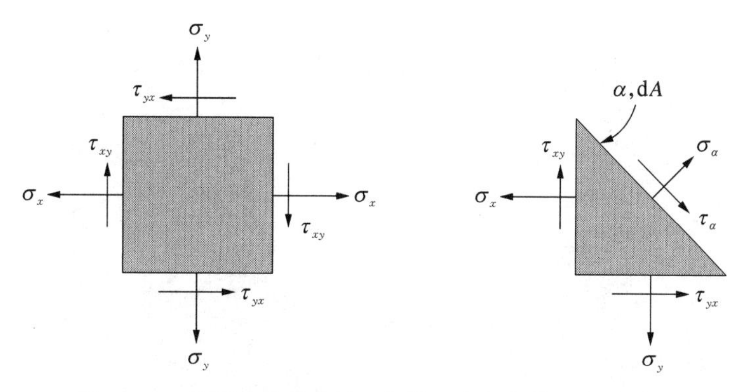

图 4-15 平面应力状态的一般情况和任意截面上的应力

$$\sum F_\tau = \tau_\alpha \mathrm{d}A - (\tau_{xy}\mathrm{d}A\cos\alpha)\cos\alpha - (\sigma_x \mathrm{d}A\cos\alpha)\sin\alpha + (\tau_{yx}\mathrm{d}A\sin\alpha)\sin\alpha + (\sigma_y \mathrm{d}A\sin\alpha)\cos\alpha = 0 \tag{4-28}$$

联立求解,得到任意截面上的正应力和剪应力:

$$\sigma_\alpha = \frac{\sigma_x + \sigma_y}{2} + \frac{\sigma_x - \sigma_y}{2}\cos 2\alpha - \tau_{xy}\sin 2\alpha \tag{4-29}$$

$$\tau_\alpha = \frac{\sigma_x - \sigma_y}{2}\sin 2\alpha + \tau_{xy}\cos 2\alpha \tag{4-30}$$

在所有的截面中,必然存在一个面,使得其法向应力最大或最小。基于式(4-29)对 α 求微分获得极值点,可以得到此截面与 y 方向的夹角为 α_0,且满足以下关系:

$$\tan 2\alpha_0 = -\frac{2\tau_{xy}}{\sigma_x - \sigma_y} \tag{4-31}$$

此方向最大或最小的法向应力称为主应力,其方向称为主方向。主方向上切应力为 0,最大应力 σ_1 和最小应力 σ_2 分别为

$$\sigma_1 = \frac{\sigma_x + \sigma_y}{2} + \sqrt{\left(\frac{\sigma_x - \sigma_y}{2}\right)^2 + \tau_{xy}^2} \tag{4-32}$$

$$\sigma_2 = \frac{\sigma_x + \sigma_y}{2} - \sqrt{\left(\frac{\sigma_x - \sigma_y}{2}\right)^2 + \tau_{xy}^2} \tag{4-33}$$

对应最大剪应力发生的平面 α_1(见图 4-16),可以发现其截面与最大正应力截面间的关系:$\alpha_1 = \alpha_0 + \frac{\pi}{4}$,最大剪切应力 τ_{max} 为

$$\tau_{\max}=\sqrt{\left(\frac{\sigma_x-\sigma_y}{2}\right)^2+\tau_{xy}^2} \tag{4-34}$$

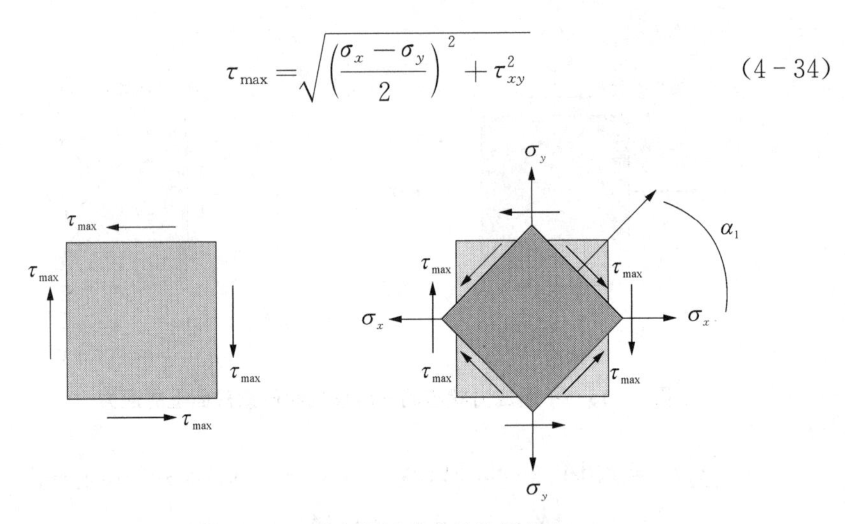

图 4 - 16 最大剪切应力的位置状态

基于任意截面的应力公式(4 - 29)和式(4 - 30),分别求解 $\sin 2\alpha$ 和 $\cos 2\alpha$,利用 $\cos^2 2\alpha+\sin 2\alpha^2=1$,可以发现正应力和剪应力存在以下关系:

$$\left(\sigma_\alpha-\frac{\sigma_x+\sigma_y}{2}\right)^2+\tau_\alpha^2=\left(\frac{\sigma_x-\sigma_y}{2}\right)^2+\tau_{xy}^2 \tag{4-35}$$

这是一个圆形的解析表达式。如果定义应力的正负方向,就可以在坐标轴上画出"应力圆",即莫尔圆(Mohr circle)。这里约定拉应力为正,压应力为负;顺时针的剪应力为正,逆时针剪应力为负;逆时针的角度为正,顺时针角度为负(见图 4 - 17)。注意,莫尔圆中应力方向正负的定义,与第 2 章中介绍的一般力学的符号规定不一样。

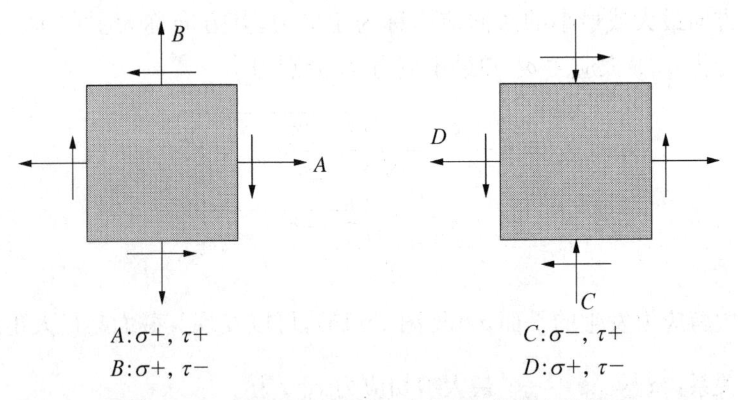

图 4 - 17 两个应力状态下,正应力与剪应力的符号

在此符号规定下，可以画出莫尔圆(见图 4－18)。首先建立 $\sigma-\tau$ 坐标系，并对应 A 和 B 两点的应力，在坐标系上画出两点的位置。注意应力的正负号按照莫尔圆的规定。A 和 B 两点对应着莫尔圆的直径两端。基于直径与横轴的交点圆心，绘制完整的莫尔圆。

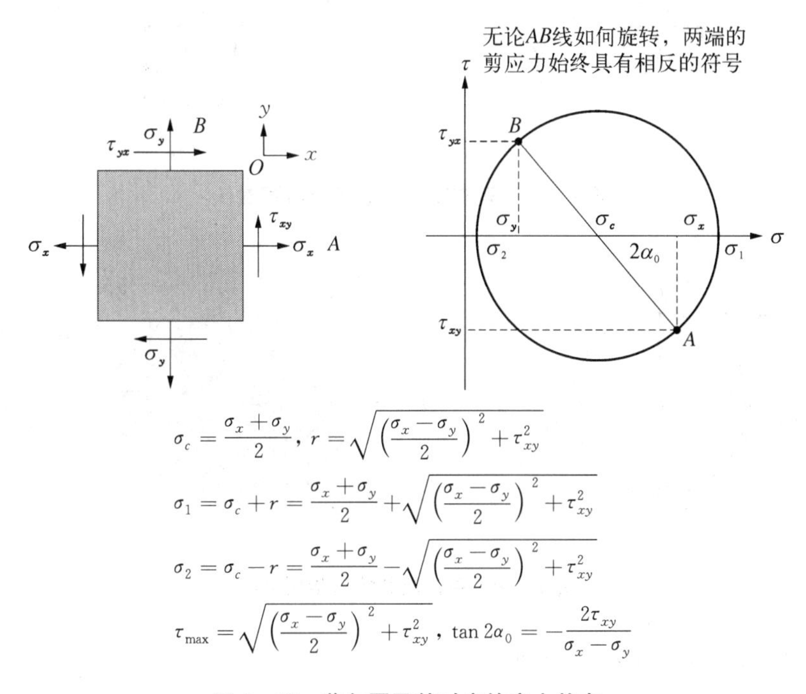

$$\sigma_c=\frac{\sigma_x+\sigma_y}{2},\ r=\sqrt{\left(\frac{\sigma_x-\sigma_y}{2}\right)^2+\tau_{xy}^2}$$

$$\sigma_1=\sigma_c+r=\frac{\sigma_x+\sigma_y}{2}+\sqrt{\left(\frac{\sigma_x-\sigma_y}{2}\right)^2+\tau_{xy}^2}$$

$$\sigma_2=\sigma_c-r=\frac{\sigma_x+\sigma_y}{2}-\sqrt{\left(\frac{\sigma_x-\sigma_y}{2}\right)^2+\tau_{xy}^2}$$

$$\tau_{\max}=\sqrt{\left(\frac{\sigma_x-\sigma_y}{2}\right)^2+\tau_{xy}^2},\ \tan 2\alpha_0=-\frac{2\tau_{xy}}{\sigma_x-\sigma_y}$$

图 4－18 莫尔圆及其对应的应力状态

例 4.7 利用莫尔圆法可以较为方便地分析平面应力状态。下面以单轴拉伸和纯扭转为例，应用莫尔圆法分析最大应力。

(1) 假定在一种生物材料的测试中，开展单轴实验，如图 4－19(a)所示。测试对象为长方体。设单轴拉伸的拉力为 F，所测试的生物材料截面积为 A。使用莫尔圆法，确定最大剪应力和最大剪应力平面。

(2) 假定在一种生物材料的测试中，开展纯扭转实验，如图 4－19(b)所示。测试对象为实心圆柱体。圆柱体受到外部施加扭矩 $\boldsymbol{M}$ 的纯扭转。侧面平行于圆柱体纵向和横向平面的材料元件上的应力状态为纯剪切。使用莫尔圆法，确定最大的拉应力和压应力发生的位置和大小。

解: (1) 对于给定的外加力大小和横截面积，在 x 方向上产生的法向应力可确定为 $\sigma_x=F/A$。 如图 4－20 所示，σ_x 是材料元件上应力张量的唯一分

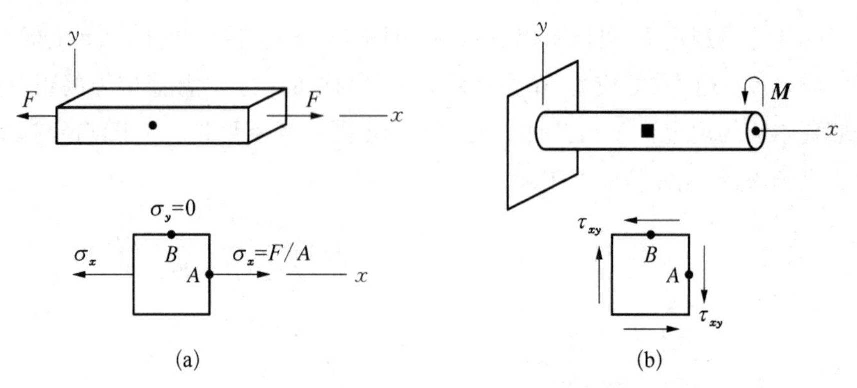

图 4-19 单轴拉伸(a)和纯扭转实验(b)

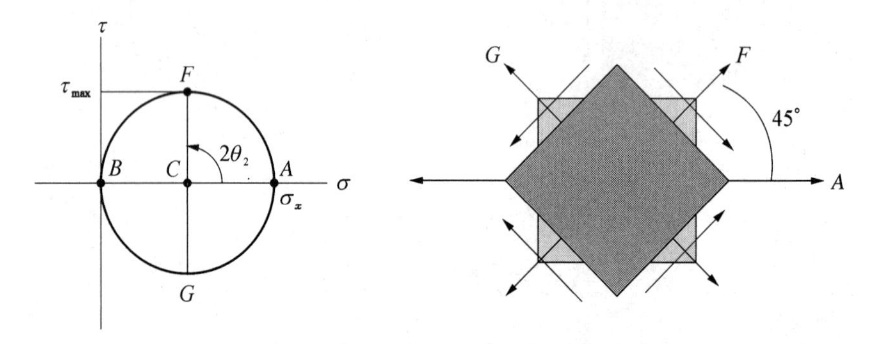

图 4-20 单轴拉伸的莫尔圆分析

量,其侧面平行于 x 和 y 方向。

注意:表面 a 上只有大小为 σ_x 的拉伸应力,而表面 B 上没有应力。因此,在图中点 A 沿 σ 轴位于距离原点 σ_x 的位置,点 B 基本上是 $\tau-\sigma$ 图的原点。莫尔圆的中心 C 位于 B 和 A 之间的 σ 轴上,距离 A 和 B 的距离为 $\sigma_x=2$。因此,莫尔圆的半径为 $\sigma_x=2$。

莫尔圆上的点 F 代表剪切应力最大的材料元件。最大剪应力的大小等于莫尔圆的半径:在莫尔圆上,点 F 位于 A 逆时针 90°,如图 4-20 所示,剪切应力最大的位置可通过逆时针或顺时针旋转 45°获得。

(2) 圆柱体受到外部施加扭矩 $\boldsymbol{M}$ 的纯扭转。侧面平行于圆柱体纵向和横向平面的材料元件上的应力状态为纯剪切。对于给定的 $\boldsymbol{M}$ 和定义圆柱体几何结构的参数,可以使用扭转公式(见图 4-7)计算扭转剪切应力的大小 τ_{xy}。在此基础上可以绘制莫尔圆(见图 4-21)。可以看到在纯扭转条件下,材料表面的最大拉压应力与轴线呈 45°角。

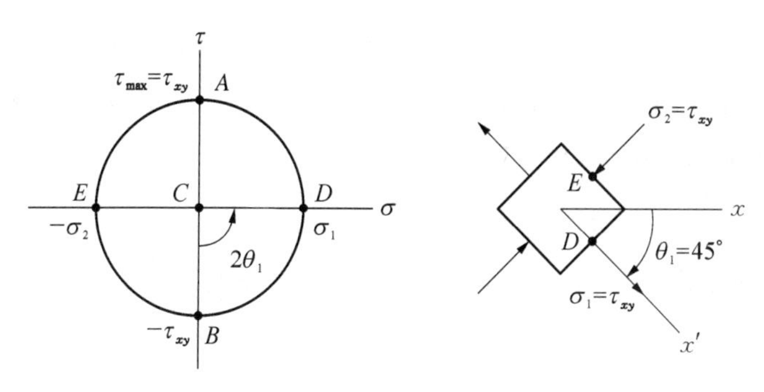

图 4-21　纯扭转条件下的莫尔圆分析

例 4.8　对股骨转子间钉进行的台架试验(见图 4-22)。将钉子牢牢固定在工作台上,并施加一个向下的力,其大小为 $F=1\,000$ N。其位于距离钉子施力点测量的水平距离 $d=6$ cm 处。截面 $b-b$ 处的几何形状为正方形,边长 $a=15$ mm。求解:$b-b$ 处产生的应力。

解: 假设钉子被穿过截面 $b-b$ 的平面切割成两部分,钉子近端的隔离体受力分析如图 4-22 所示。垂直方向上指甲的平移平衡要求在截面 $b-b$ 处存在压缩力,其大小等于施加在 $b-b$ 上的外力的大小 $F=1\,000$ N。旋转平衡条件要求截面 $b-b$ 处存在一个顺时针内弯矩,其大小为

$$\boldsymbol{M}=Fd=60(\mathrm{N\cdot m})$$

截面 $b-b$ 处的压缩力产生轴向应力为

$$\sigma_a=\frac{F}{A}=\frac{1\,000}{0.015^2}=4.4(\mathrm{MPa})$$

$b-b$ 截面的惯性矩为

$$I=\frac{a^2}{12}=4.2\times10^{-9}(\mathrm{m}^4)$$

截面 $b-b$ 处的弯矩 $\boldsymbol{M}$ 产生 σ_b,截面内侧和外侧的弯曲应力最大:

$$\sigma_{b\max}=\frac{\boldsymbol{M}a}{2I}=107.1(\mathrm{MPa})$$

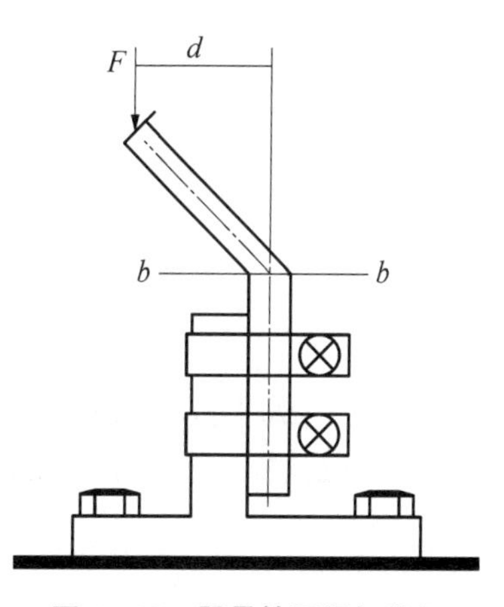

图 4-22　股骨转子间钉进行的台架试验

弯曲应力 σ_b 在截面 $b-b$ 上呈线性变化,内侧半部受压,中间为零,外侧半部上拉伸。图 4-23(a)和(b)分别显示了由截面 $b-b$ 处的压缩力 F 和弯矩 $\boldsymbol{M}$ 引

起的法向应力σ_a和σ_b的分布。这些应力的组合效应如图 4-23(c)所示。从图 4-23(c)中可以看出,在截面 $b-b$ 处产生的合成法向应力在内侧(K)处最大。该最大应力为压缩应力,其大小为

$$\sigma_{\max}=\sigma_a+\sigma_{b_{\max}}=111.5(\mathrm{MPa})$$

由于σ_b(拉伸)大于σ_a(压缩),因此截面 $b-b$ 横向端的合成应力σ_L为拉伸应力,其大小为

$$\sigma_L=\sigma_{b\max}-\sigma_a=102.7(\mathrm{MPa})$$

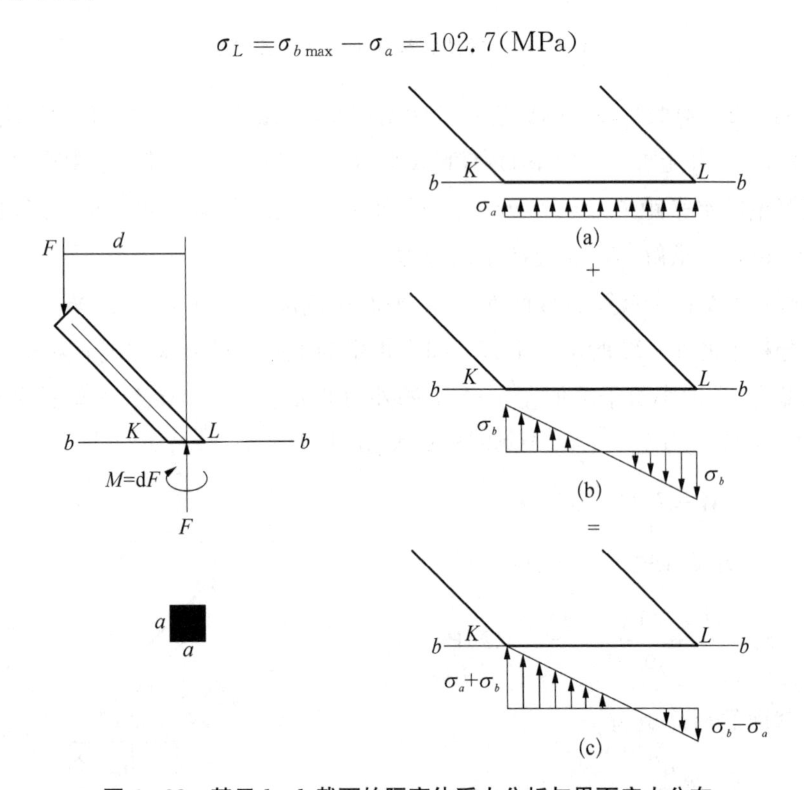

图 4-23　基于 $b-b$ 截面的隔离体受力分析与界面应力分布

(a) 仅有压力所产生的应力分布;(b) 仅有弯矩所产生的应力分布;(c) 组合应力分布

习　题

1. 对于例题 4-1 的情况,如果变形能函数为

$$W=c_1(I_1-3)+c_2(I_2-3)+\frac{c_3}{2c_4}\left[\mathrm{e}^{c_4(I_4-1)^2}-1\right]$$

且 $I_4=\lambda_x^2$，求 P_x。

2. 考虑图 1 所示的实心圆柱体。圆柱体的长度为 $l=10$ cm，半径为 $r_o=2$ cm。圆柱体由剪切模量为 $G=10$ GPa 的线性弹性材料制成。如果承受 $\boldsymbol{M}=3\ 000$ Nm 的扭转扭矩，则计算：

(1) 圆柱横截面的极惯性矩 J。

(2) 最大扭转角 θ，单位为度。

(3) 横向平面内的最大剪应力 τ。

(4) 横向平面内的最大剪应变 γ。

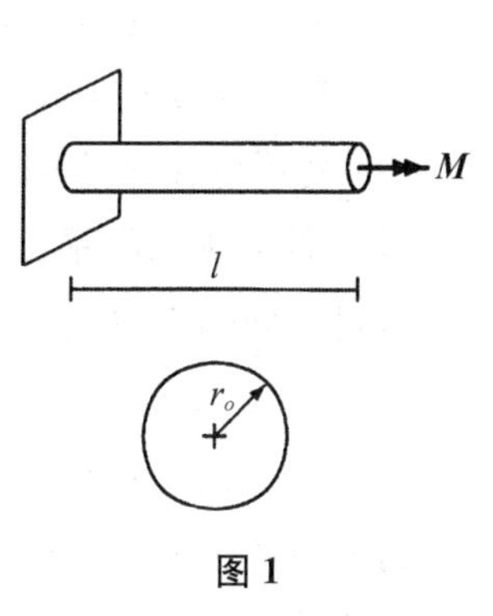

图 1

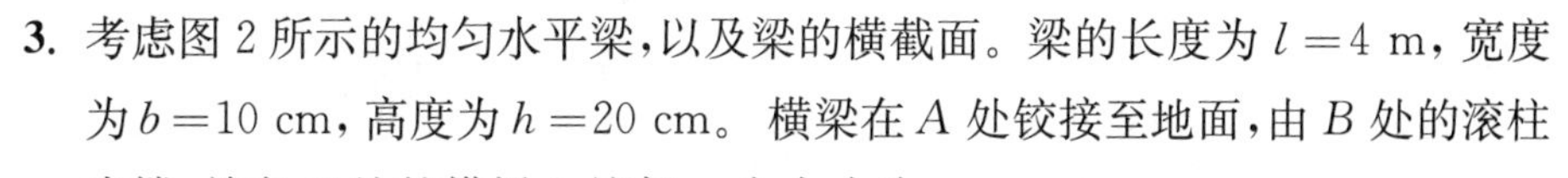

3. 考虑图 2 所示的均匀水平梁，以及梁的横截面。梁的长度为 $l=4$ m，宽度为 $b=10$ cm，高度为 $h=20$ cm。横梁在 A 处铰接至地面，由 B 处的滚柱支撑，并在 C 处的横梁上施加一个大小为 $F=400$ N的向下力，该横梁与 A 之间的距离为 $d=1$ m。

假设梁的重量可以忽略不计，计算：

(1) A 和 B 处梁上的反作用力。

(2) 距离 A 点 2 m 的梁截面 aa 处的内部剪力 V_{aa} 和弯矩 M_{aa}。

(3) 距离 A 点 3 m 的梁截面 bb 处的内部剪力 V_{bb} 和弯矩 M_{bb}。

(4) 梁横截面积的一次矩 Q。

(5) 截面 aa 处梁中产生的最大剪应力 $\tau_{aa}=\dfrac{3V}{2bh}$。

(6) 画出剪力图和弯矩图。

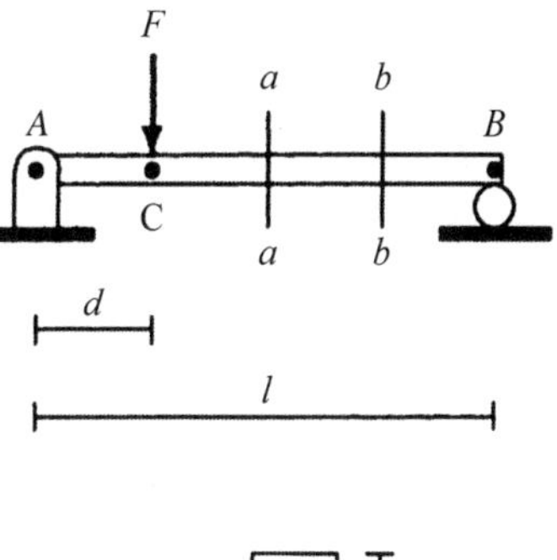

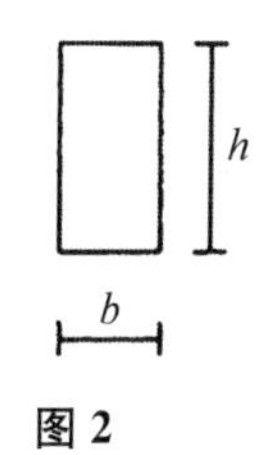

图 2

4. 考虑图 3 所示变形，原始(未变形)尺寸 $a=b=2$ cm，$c=20$ cm。材料弹性模量为 $E=100$ GPa，泊松比为 $\nu=0.30$。钢筋在 x 和 y 方向受到双轴力，$F_x=4\times106$ N (拉伸)，$F_y=4\times106$ N (压缩)。假设杆材料为线性弹性，确定：

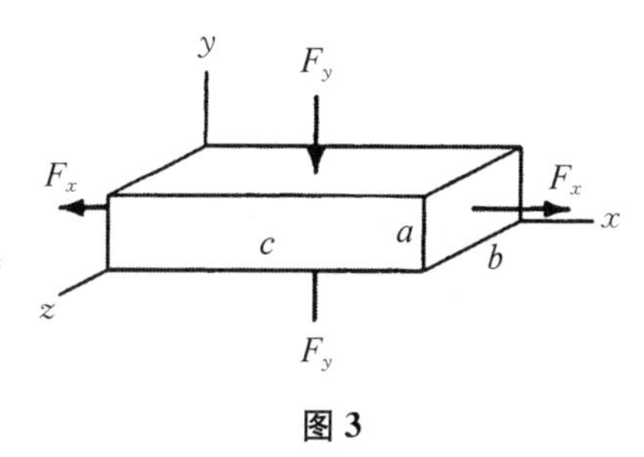

图 3

(1) 平均法向应力 σ_x，σ_y，σ_z。

(2) 平均应变 ε_x，ε_y，ε_z。

(3) 变形后在 x 方向上的尺寸 c'。

5. 考虑图 4 所示的平面应力单元，表示材料点处的应力状态。如果应力大小为 $\sigma_x = 200$ Pa，$\sigma_y = 100$ Pa，$\tau_{xy} = 50$ Pa。计算主应力 σ_1 和 σ_2 以及在该材料点产生的最大剪应力 τ_{xy} 并画出相应莫尔圆。

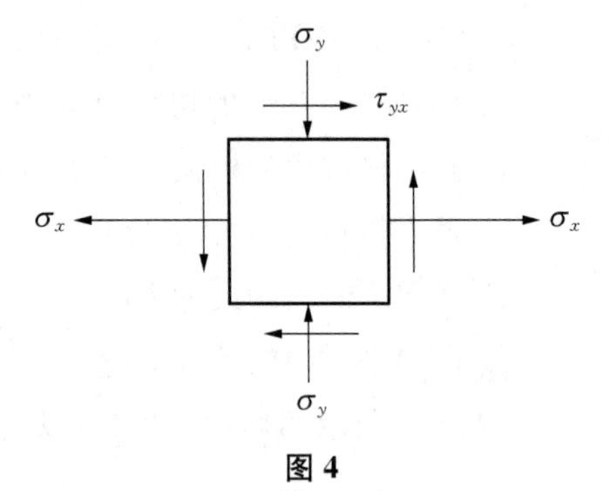

图 4

细胞生物力学

5.1 细胞与亚细胞结构

细胞是生物体的基本构成单位。生物体一切生命活动的开展，如生长、发育、代谢等均依靠细胞完成。细胞的大小与其种类相关，从 20～300 nm 的病毒，到 1～2 μm 的细菌、20～30 μm 的动植物细胞，再到 0.1～1 mm 的原生生物，细胞的形态差异巨大。在介绍细胞生物力学之前，本节简要回顾细胞与亚细胞的结构。

细胞依据结构可以分为原核(prokaryotic)和真核(eukaryotic)细胞两种。原核细胞没有细胞核(nucleus)和核膜，其遗传物质集中在没有明确边界的拟核(nucleoid)中。原核细胞构成的生物称为原核生物，均为单细胞生物，包括支原体、衣原体、细菌和蓝藻等。真核细胞比原核细胞大，其主要区别特征是具有细胞核和细胞器(organelle)。动植物细胞都是真核细胞，其结构和功能类似，都含有细胞质膜、核仁(nucleolus)、核膜(nuclear envelope)、高尔基体(Golgi complex)、内质网(endoplasmic reticulum, ER)、线粒体(mitochondrion)、核糖体(ribosome)等(见图 5-1)。其中，植物细胞还特有细胞壁、液泡和叶绿体等结构。

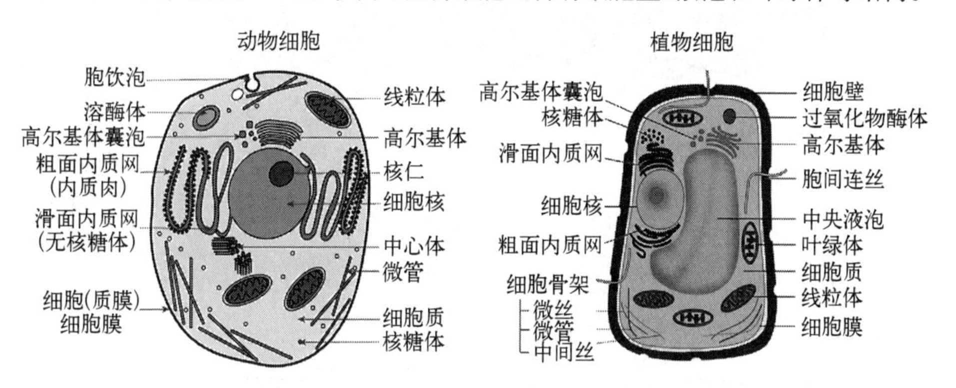

图 5-1 动物与植物细胞的典型结构

亚细胞结构是比细胞结构更细化的结构，包括细胞器和可以实现独立功能的结构，一般在电子显微镜下才能看见。它们的特点是在细胞内，功能和空间相互隔离，又共同协调维持完整的细胞功能。每种亚细胞结构中都存在一组特定的蛋白质，亚细胞结构为这些蛋白质行使功能提供了相对独立的生命活动场所。

5.1.1 细胞质膜

细胞质膜又称为细胞膜，将细胞内部结构和外部环境分开，具有维持细胞内环境稳定、调节细胞内外物质运输和信号传递等功能。真核细胞内还存在构成各种细胞器的膜，称为细胞内膜(internal membrane)，与细胞膜有共同特征，统称为生物膜。流动镶嵌模型(fluid mosaic model)是一种被广泛接受的膜结构假说模型。此模型将膜结构描述为球形膜蛋白分子以各种镶嵌形式与脂双分子层相结合的形式(见图 5 - 2)。膜质和膜蛋白均具有流动性，膜蛋白有的附在内外表面，有的全部或部分嵌入膜中，有的贯穿膜的全层，这些大多是功能蛋白。流动镶嵌模型有两个主要特点：① 蛋白质不是伸展的片层，而是以折叠的球形镶嵌在脂双层中。蛋白质与膜脂的结合程度取决于膜蛋白中氨基酸的性质。② 膜具有一定的流动性，不再是封闭的片状结构，以适应细胞各种功能的需要。

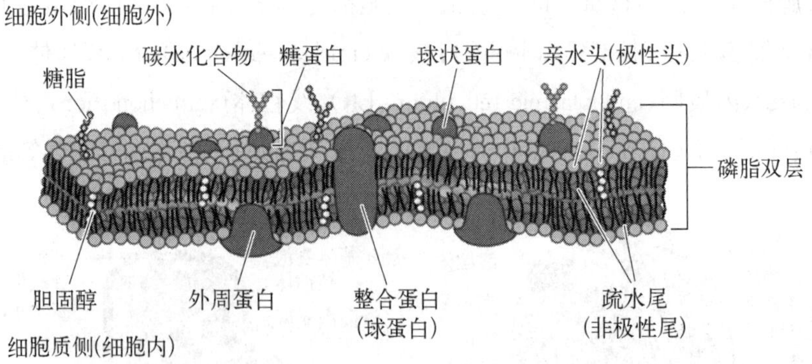

图 5 - 2 细胞膜的基本结构

5.1.2 细胞内膜系统

细胞内膜系统是指细胞质中在结构与功能上相互联系的一系列膜性细胞器

的总称，广义上内膜系统包括内质网(endoplasmic reticulum, ER)、高尔基体(Golgi apparatus)、溶酶体(lysosome)等。内质网由一层单位膜围成，呈扁平囊状或网状形态，外侧与细胞膜相连，内侧与核膜的外膜相通，将细胞内结构连成整体(见图 5-3)。内质网依据形态和表面有无核糖体，分为粗面内质网(rough ER, rER)和滑面内质网(smooth ER, sER)。粗面内质网多呈扁平囊状，表面分布的核糖体可以合成、分泌和修饰蛋白。滑面内质网表面没有核糖体，主要功能是合成脂质。

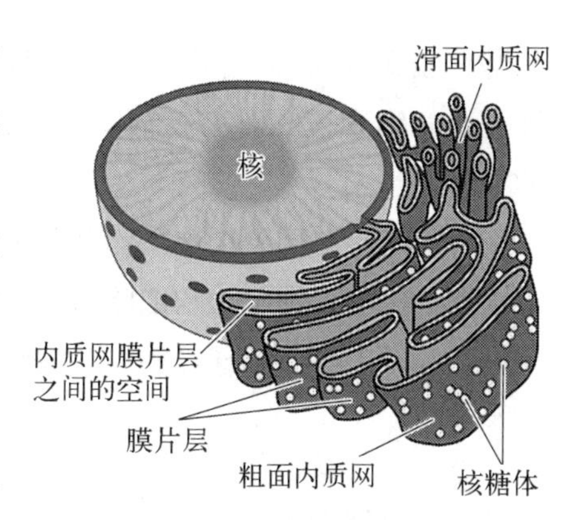

图 5-3 内质网的基本结构

高尔基体是由单位膜构成的扁平囊叠加在一起所组成的(见图 5-4)。扁平囊为圆形，边缘膨大且有穿孔。一个高尔基体通常有 5～8 个囊，囊内有液状内含物，通常包含扁平膜囊(saccules)、大囊泡(vacuoles)、小囊泡(vesicles)3 个基本成分。高尔基体的主要功能是将内质网合成的蛋白质进行加工、分拣与运输，然后分门别类地送到细胞特定的部位或分泌到细胞外。它是完成细胞分泌物(如蛋白)最后加工和包装的场所。从内质网送来的小泡与高

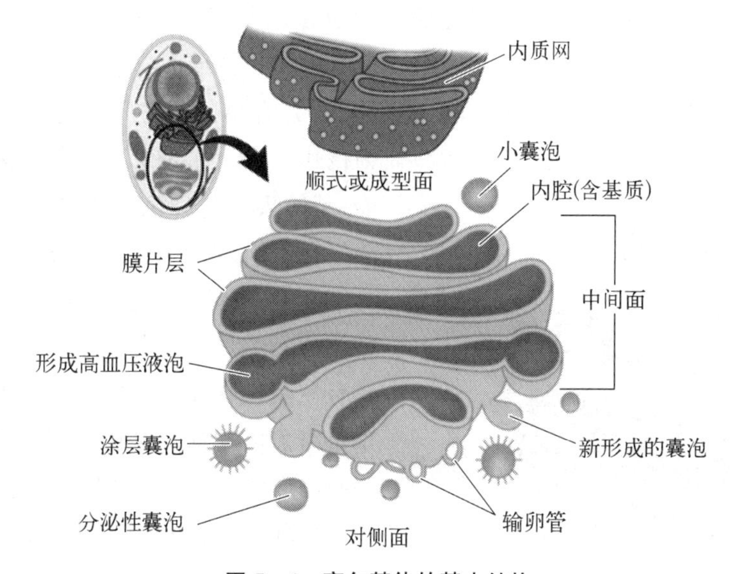

图 5-4 高尔基体的基本结构

尔基体膜融合，将内含物送入高尔基体腔中，在那里新合成的蛋白质肽链继续完成修饰和包装。高尔基体还合成一些分泌到胞外的多糖和修饰细胞膜的材料。

溶酶体为单层膜包被的囊状结构，多为球形，直径为 0.025～0.8 μm，含有水解物酶负责细胞外和细胞内细胞的消化(见图 5-5)。“溶酶体”一词由两个词“裂解”(意思是分解)和“体细胞”(意思是身体)组成。溶酶体含有多种水解酶，可分解吞噬的各种大分子，包括核酸、蛋白质和多糖。这些酶仅在溶酶体内部的酸性环境下有活性，这种酸依赖性活性可避免细胞在溶酶体渗漏或破裂的情况下发生自我降解。除了能够分解聚合物外，溶酶体还能够与其他细胞器融合并消化大型结构或细胞碎片。它们可以通过与吞噬体融合进行自噬和清除受损结构。

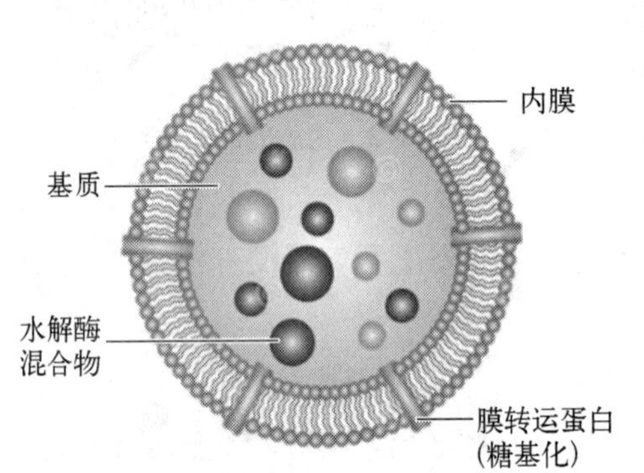

图 5-5 溶酶体的基本结构

5.1.3 细胞核

细胞核的核膜是一种将细胞核完全包覆的双层膜，可使膜内物质与细胞质以及具有细胞骨架功能的网状结构核纤层分隔开来(见图 5-6)。这种膜结构与细胞的内质网是连续的。核膜上有允许小分子与离子进入的孔，称为核孔。核运输是细胞中最重要的功能；基因表现与染色体的保存，都依赖于核孔上所进行的输送作用。核仁由纤维中心、致密纤维组分、颗粒部分、核仁相随染色质和核仁基质构成。核仁具有核蛋白体 RNA 合成冀核糖体亚单位组装的功能。染色质是细胞遗传物质的载体，在有丝分裂和减数分裂时可以高度螺旋化并凝聚成棒状染色体(chromosome)。

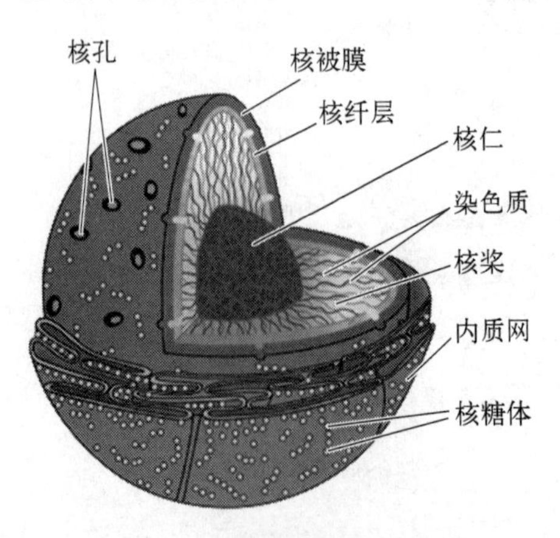

图 5-6 细胞核的基本结构

5.1.4 线粒体

线粒体(mitochondrion)是一种存在于大多数细胞中的细胞器,是细胞中制造能量的结构,是细胞进行有氧呼吸的主要场所。它的形状通常是从圆形到椭圆形,直径为0.5~1.0 μm,由两层磷脂双分子层包裹(见图5-7)。由于外膜和内膜的不同特性,线粒体被分割成5个不同的部分,分别是线粒体外膜、膜间隙(外膜和内膜之间)、线粒体内膜、嵴和基质。

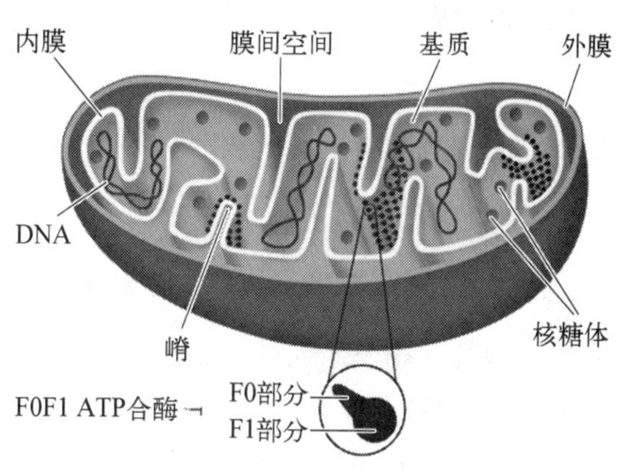

图5-7 线粒体的基本结构

5.1.5 细胞骨架

细胞骨架(cytoskeleton)在狭义上是指真核细胞中的蛋白纤维网架体系,是由微管(microtubule, MT)、微丝(microfilament, MF)和中间丝(intermediate filament, IF)组成的体系(见图5-8)。它所组成的结构体系称为"细胞骨架系统",与细胞内的遗传系统和生物膜系统称为"细胞内的三大系统"。细胞骨架作为真核细胞的支撑结构,决定了细胞的形态和强度,还参与许多重要的生命

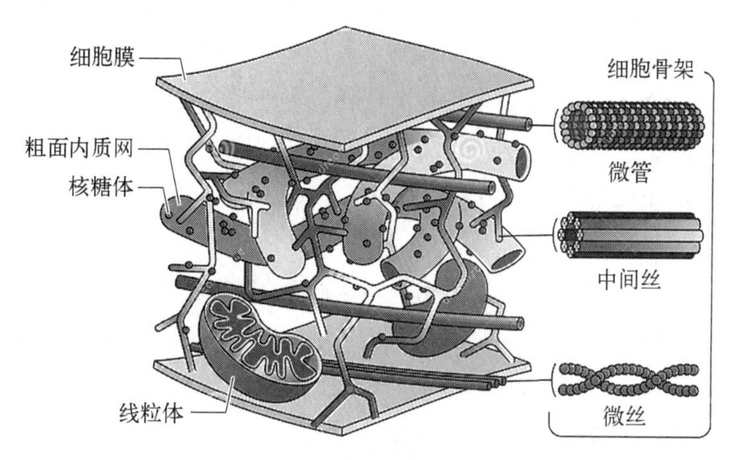

图5-8 细胞骨架的基本结构

活动。例如,在细胞分裂中细胞骨架牵引染色体分离;在细胞物质运输中,各类小泡和细胞器可沿着细胞骨架定向转运;在肌肉细胞中,细胞骨架和它的结合蛋白组成动力系统;在白细胞(白血球)的迁移、精子的游动、神经细胞轴突和树突的伸展等方面都与细胞骨架有关。

5.2 细胞膜力学

磷脂双分子层构成的细胞膜,在拉伸条件下会形成孔洞。在应变2%~5%时发生破裂。其面内的拉伸模量为0.08~0.2 J/m^2[31]。细胞膜的流动特性可以通过其黏度来表征。脂膜的流动性主要指脂分子的侧向运动,随着温度的升高,磷脂分子获得更多的热能,其随机运动更快,相应地膜流动性更强。磷脂分子包含不同长度和饱和程度的脂肪酸,脂肪酸链越短、分子刚度越小、不饱和程度越高,膜脂的流动性就越大。胆固醇对膜的流动性起着重要的双向调节作用。低温下,胆固醇可以防止膜脂由液相变为固相以保证膜脂处于流动状态;而在高温下,胆固醇分子与磷脂疏水尾部结合使其更为有序、相互作用增强,并限制其运动。通常情况下,磷脂分子在流体磷脂膜中的扩散系数约为 10^{-8} cm^2/s,在胶相磷脂膜和自然生物膜中的扩散系数为 10^{-11} ~ 10^{-9} cm^2/s[32]。

5.2.1 物质的跨膜运输

细胞膜既是隔离胞内与胞外的屏障,又是胞内外物质流通的重要介质。小分子、离子等物质穿越质膜的运输称为物质的跨细胞膜运输(见图5-9)。物质的跨膜运输对细胞的生存和生长至关重要。物质通过细胞质膜的转运主要有3种途径:被动运输(passive transport),包括简单扩散(simple diffusion)和协助扩散(facilitated diffusion);主动运输(active transport);胞吞(endocytosis)与胞吐(exocytosis)。

脂双层疏水对绝大多数极性分子、离子以及细胞代谢产物的通透性极低,形成了细胞的渗透屏障。膜转运蛋白是细胞膜上实现物质运输的蛋白,包括载体蛋白(carrier protein,transporter)和通道蛋白(channel protein)。载体蛋白又称为载体、通透酶和转运器。其与特异分子结合,通过构象改变将物质运输到膜的另一侧。一些载体蛋白介导协助扩散,而另一些介导主动运输。通

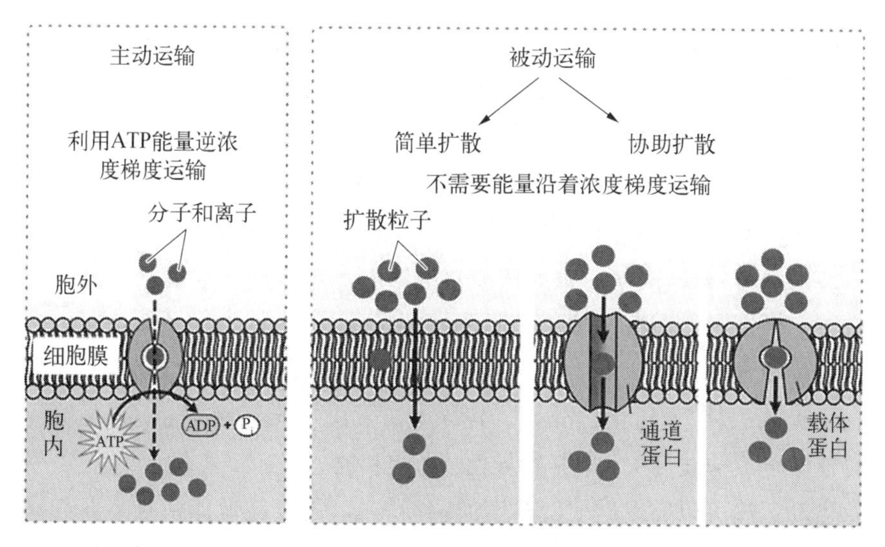

图 5-9 物质的跨细胞膜运输

道蛋白能形成贯穿膜脂双分子层的亲水通道，允许特定的溶质通过，只能介导协助扩散。

载体蛋白可以通过构象改变介导溶质分子跨膜转运，实现多次跨膜。载体蛋白还可以与底物(溶质)特异性结合，具有高度选择性，且具有类似于酶与底物作用的饱和动力学特征，但对溶质不做任何共价修饰。不同部位的生物膜往往含有各自功能相关的不同载体蛋白。通道蛋白包括离子通道(ion channel)、孔蛋白(porin)以及水孔/通道蛋白(aquaporin, AQP)。目前大多数通道蛋白都是离子通道。在转运底物时，通道蛋白形成选择性和门控性跨膜通道。

离子通道具有极高的转运速率，驱动离子跨膜转运的动力为跨膜的电化学梯度(electrochemical gradient)，即溶质的浓度梯度和跨膜电位差。离子通道是门控的，即通道的开闭受膜电位变化、化学信号或应力/机械刺激的调控。离子通道决定了细胞膜对于特定离子的通透性，并与离子泵一起，调节细胞内离子浓度和跨膜电位。离子通道包括电压门控通道(voltage-gated channel)、配体门控通道(ligand-gated channel)和应力激活/机械门控通道。电压门控通道闸门的开闭受膜电位变化控制，如神经细胞。配体门控通道闸门的开闭受化学信号(配体)的控制，如肌肉细胞。应力激活/机械门控通道开启受力的作用，如内耳听觉毛细胞。孔蛋白存在于革兰氏阴性菌的外膜以及线粒体和叶绿体的外膜上，跨膜区域由 β 折叠片层形成柱状亲水通道。与离子通道相比，孔蛋白选择性很低而且能通过较大的分子。水孔/通道蛋白是水分子的跨膜通道,只允许水而不允许离子或其他分子溶质的通过。水分子借助质膜上的水孔蛋白实现快速跨膜转运,起到调节细胞渗透压以及生理与病理作用。

小分子及离子的跨膜运输可以由简单扩散实现。简单扩散也称为自由扩散(free diffusion),是顺着电化学梯度或浓度梯度的扩散,不需要细胞提供能量,无须膜转运蛋白协助。脂双层对溶质的通透性大小主要取决于分子大小和分子的极性。通透性由分子的脂溶性和扩散系数、浓度梯度所决定。协助扩散也是顺着电化学梯度或浓度梯度的扩散,也不消耗能量。但是,有膜转运蛋白协助或载体/通道蛋白介导。其特点如下:① 转运速率高;② 运输速率与物质浓度成非线性关系;③ 特异性;④ 饱和性。

主动运输可以实现逆浓度梯度的物质转运,需要耗散能量且需要载体蛋白介导。主动运输包括如下几种:ATP 驱动泵(ATP 直接供能,通过水解 ATP 获得能量);协同转运或偶联转运蛋白(ATP 间接供能);光驱动泵(利用光能运输物质,见于细菌)。

ATP 驱动泵通常又称为转运 ATP 酶,直接利用水解 ATP 提供的能量,实现离子或小分子逆浓度梯度或化学梯度的跨膜运输。ATP 驱动泵分 P 型泵、V 型质子泵、F 型质子泵和 ABC 超家族 4 种,前三种转运离子,后一种主要转运小分子。协同转运或偶联转运蛋白介导各种离子和分子的跨膜运输,是一种靠间接提供能量完成主动运输的方式。其所需能量来自膜两侧离子的浓度梯度,即储存于一种溶质的电化学梯度中,包括同向协同转运蛋白(symporter),如小肠对葡萄糖的吸收伴随着 Na^+ 的进入,以及对某些细菌对乳糖的吸收伴随着 H^+ 的进入;反向协同转运蛋白(antiporter),如 Na^+ 驱动的 Cl^--HCO_3^- 交换,即 Na^+ 与 HCO_3^- 的进入伴随着 Cl^- 和 H^+ 的外流,如存在于红细胞膜上的带 3 蛋白。光驱动泵利用光能运输物质,发现位于一些光合细菌细胞质膜上的 H 泵,如菌紫红质,它们被光激活后,形成跨膜的 H^+ 电化学梯度,驱动溶质的主动运输。对溶质的主动运输与光能的输入相偶联。

胞吞是细胞通过质膜内陷形成囊泡,将胞外的生物大分子、颗粒型物质或液体等摄取到细胞内,以维持细胞正常的代谢活动。胞吐是细胞内合成的生物分子(蛋白质和脂质等)和代谢物以分泌泡的形式与质膜融合而将内含物分泌到细胞表面或胞外的过程。

胞吞包括吞噬作用(phagocytosis)和胞饮。例如,原生生物就是通过吞噬作用摄取食物。在高等多细胞动物中，胞吞是机体进行自我保护和抵御侵害的重要手段。如巨噬细胞、嗜中性粒细胞和树突状细胞，通过吞噬作用清除病原体、衰老或凋亡的细胞。吞噬作用是一个信号触发的被高度调控的细胞生理活动。胞饮几乎发生于所有类型的真核细胞中，其对象直径一般小于吞噬泡直径(<150 nm)，往往连续摄入溶液及可溶性分子。胞吐是通过分泌泡或其他膜泡与质膜融合而将膜泡内的物质运出细胞的过程。

将药物利用纳米颗粒载体开展治疗，利用其尺寸小、运输扩散方面的特性实现靶向治疗是当前生物医学工程的热点。颗粒是否可以穿过细胞膜进入，是颗粒运输药物主要解决的问题。对于纳米颗粒而言，受体介导的内吞是最有效的方式[33]。研究表明，纳米颗粒的尺寸、形状和表面结构均会影响颗粒进入细胞膜[34]。图 5-10 所示为纳米颗粒进入细胞膜的不同方式。

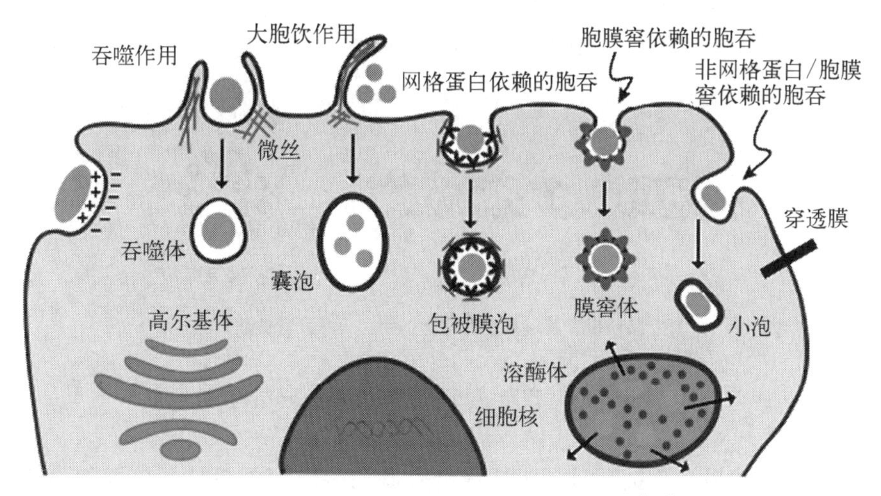

图 5-10 纳米颗粒进入细胞膜的不同方式[35]

5.2.2 细胞膜力学

真核细胞的膜脂质可以大致分为甘油磷脂和鞘脂两大类。真核细胞膜中的脂质大多数属于甘油磷脂类，包括磷脂酰胆碱(PCs)、磷脂酰丝氨酸(PS)、磷脂酰乙醇胺(PE)和磷脂酰肌醇(PI)，其中磷脂酰胆碱是主要的类别，占细胞总脂质含量的 50%以上。这些脂质类型具有共同的甘油骨架，但在头部基团的化学性质上有所不同。作为一种普遍特征，所有脂质都是两亲性的，具有极性(亲水)的头部区域和非极性(疏水)的烃类尾部区域(见图 5-11)。由于具有两亲性，大多数脂质在水性条件下会自发聚集形成双层结构（双层膜），从而形成二维平面结构。根据分子的几何形状（例如二酰基与单酰基脂质），它们也可能形成胶束结构。

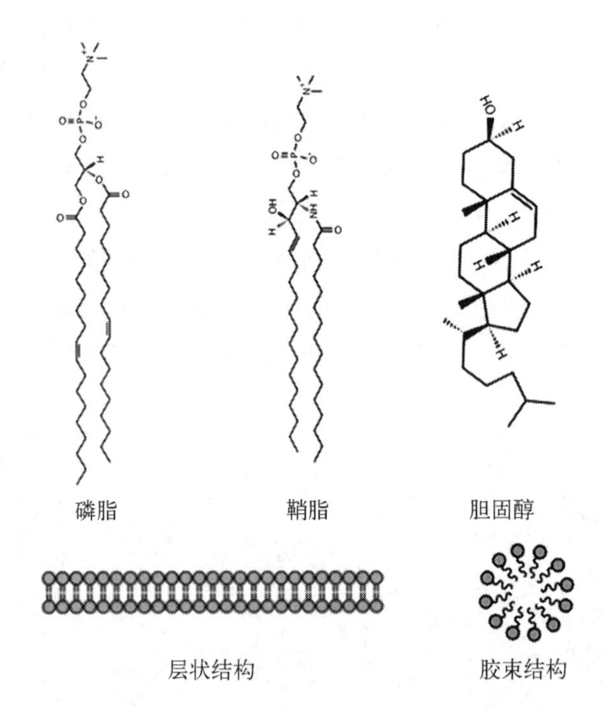

注：脂质根据其形状是否适合平面膜或高度弯曲膜，而呈现层状结构或胶束结构。

图 5-11 磷脂、鞘脂和胆固醇的化学结构

生物膜的另一个关键分子组成成分是胆固醇。胆固醇是真核细胞膜特有的成分，也是动物细胞合成的主要固醇类物质。胆固醇同样是一种两亲性分子，主要具有疏水性，拥有一个刚性的环状结构和一个极性的羟基头部基团（见图 5-11）。胆固醇在生物膜中发挥着多种结构和功能作用。胆固醇通过特定的固醇-蛋白质相互作用、改变双层膜的物理性质以及双层膜自我组织成域的方式，来调节膜蛋白的活性。目前的研究已经确定了几种膜蛋白具有特定的胆固醇结合位点，包括 G 蛋白偶联受体、配体门控离子通道、飞行钾通道、内向整流钾通道以及大电导钙和钾通道。特定的固醇-蛋白质相互作用能够调节这些膜蛋白的功能。胆固醇还可以通过维持脂质双层的某些物理性质来间接调节蛋白质活性。例如，研究表明膜胆固醇含量能够调节内皮细胞（ECs）

中的体积调节性阴离子电流，并且当用胆固醇的手性类似物替换胆固醇时，这种效应会被逆转，这表明通过改变双层膜的流动性可以调节蛋白质活性。

膜是非常柔软的材料，分子间的键是动态且松散的。那么它们是如何抵抗张力的呢？研究已发现，将水暴露于脂质的疏水尾部需要大量的能量，在面对疏水尾部暴露于水的情况下，将脂质分离所需的机械能构成了膜抵抗张力的主要机械阻力。此外，脂质双层的模量（弯曲、面积膨胀等）在很大程度上是由水性环境与脂质之间的相互作用产生的。细胞表面的整体力学特性也受到膜相关细胞骨架的影响。

通常认为膜是围绕液体介质的壳。但这种假设的一个重要结果是，抵抗张力引起的膨胀取决于脂质双层的厚度。然而，由于膜中的分子可以在双层平面内迅速重新排列以响应张力，分子之间的剪切力非常小，因此抵抗膨胀的唯一阻力是来自分子间的空间位阻和水/头部基团界面的表面张力，后者是由疏水效应产生的。当脂质紧密排列时，使它们靠得更近所需的能量与脂质平均面积 a 成反比。使它们进一步分开的能量与 a 成正比。如果我们将这两种能量相加，就可以得到脂质的总能量 E_l [6]。

$$E_l = \gamma a + \frac{K}{a} \tag{5-1}$$

式中，γ 是将脂质分子分开的比例常数，也是表面张力，因为表面张力是由烃尾暴露于水中而产生的。对于空间排斥作用，K 是比例常数，它决定了使分子紧密靠近所需的能量。K 的产生源于空间贡献、水化力贡献以及静电双层。在平衡态下，总能量 E_l 有最小值，可以求得：

$$\left.\frac{\partial E_l}{\partial a}\right|_{a=a_0} = 0,\ a_0 = \sqrt{\frac{K}{\gamma}} \tag{5-2}$$

式中，a_0 为具有最小能量条件下脂质平均面积。

基于此，脂质膜的拉应力 T，可以表示为模量和 a_0 的函数[6]：

$$T = K_a(a - a_0)a_0 \tag{5-3}$$

式中，K_a 为模量。由于拉伸所造成的能量密度 E_T：

$$E_T = \frac{1}{2}K_a\frac{(a - a_0)^2}{a_0} \tag{5-4}$$

可以看出,最小能量密度条件下的情况 $\gamma\ \frac{(a-a_0)^2}{a_0}$,对于单层脂质层:$K_a=2\gamma$,对于双层 $K_a=4\gamma$。

5.3 细胞骨架力学

细胞骨架是在真核细胞的细胞质中发现的蛋白质丝的动态网络。细胞骨架真核生物中的细胞核与细胞膜相连,并且由相同的蛋白质组成。它由微丝、中间丝和微管组成,并能够根据细胞的需要快速生长或分解。细胞骨架对细胞形态的形成和稳定起到关键作用,是真核细胞改变形状并执行协调的、有目的的运动的主要执行元件。

5.3.1 细胞骨架的结构

微管、微丝和中间丝构成的细胞骨架,是一个分布于细胞质的网络结构,直接参与多种细胞和有机体运动,如细胞运动(见图 5-12)。微管、微丝和中

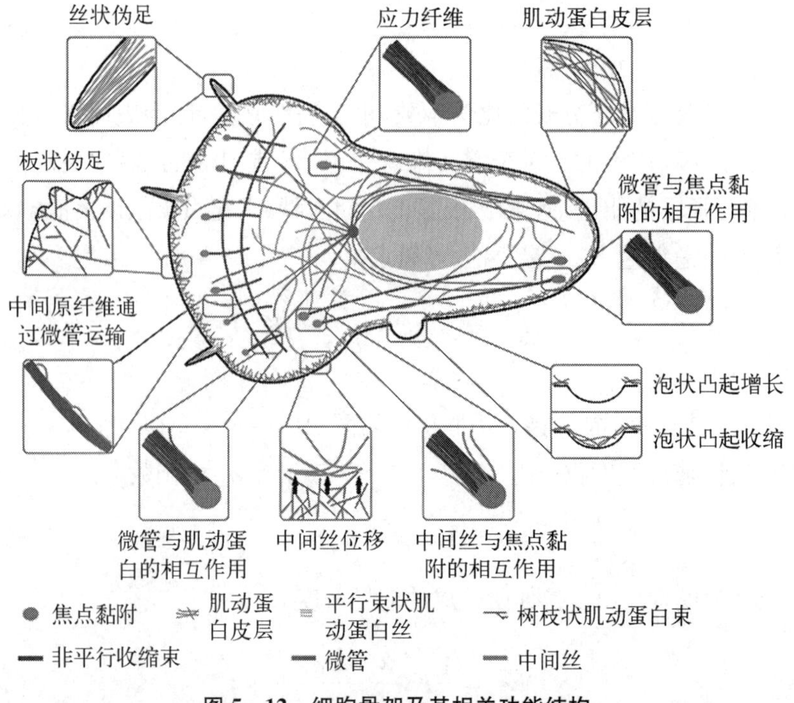

图 5-12 细胞骨架及其相关功能结构

间丝在化学组成上均由蛋白质构成,在结构上都是纤维状,在功能上都可支持细胞的形状;都参与细胞内物质运输和信息的传递;都能在细胞运动和细胞分裂上发挥重要作用。

但是细胞骨架的3种类型虽然在化学组成上均由蛋白质构成,但三者的蛋白质种类不同,而且中间丝在不同种类细胞中的成分也不同。在结构上,微管和中间丝是中空的纤维状,微丝是实心的纤维状。微管的结构是均一的,而中间丝的结构是中央为杆状部,两侧为头部或尾部。最后,微管可构成中心粒、鞭毛或纤毛等重要的细胞器和附属结构,在细胞运动时或细胞分裂时发挥作用,微丝在细胞的肌性收缩或非肌性收缩中发挥作用,使细胞更好地执行生理功能;中间丝具有固定细胞核的作用,行使子细胞中的细胞器分配与定位的功能,还可能与DNA的复制与转录有关。

微管是空心棒结构,起到支撑细胞形态的作用,并充当细胞器运动的"线路"。通常,微管存在于所有真核细胞中,长度各异,直径约为25 nm。微丝是细而硬的杆,存在于所有真核细胞中,在肌肉细胞中特别常见,参与肌肉收缩。与微管相比,微丝主要由收缩蛋白肌动蛋白组成,直径可达8 nm。它们还参与细胞器的流动性。中间丝为微丝和微管提供结构支撑。这些细丝负责在上皮细胞中形成角蛋白,在神经元中形成神经丝。中间丝的直径约为10 nm。

5.3.2 微丝

微丝是细胞骨架中发现的3种蛋白质纤维中最细的。它们在细胞运动中起作用,直径约为7 nm,由两条缠绕的肌动蛋白(actin)丝单体组成,因此有时又称为肌动蛋白丝(actin filament)。微丝在外力作用下动态重组,对细胞力感应、力传导以及适应细胞外环境具有重要作用。微丝纤维不但在细胞中起到支架的作用,而且充当肌球蛋白马达分子运输货物的轨道,同时也是细胞形变和运动的驱动来源。

肌动蛋白具有较高的序列和结构保守性,其单体G肌动蛋白(G-actin)组成,如图5-13(a)所示。G肌动蛋白含有375个氨基酸,由4个亚结构域构成。肌动蛋白聚合成稳定的纤维结构,即F肌动蛋白(F-actin)。G肌动蛋白可以形成两种形式的二聚体,即短二聚体[见图5-13(b)]和长二聚体[见图5-13(c)],可以看作是短聚合形式的单链或长聚合形式的双链。在生长方向上存在一定的扭转,大体上每 13 个单体组成一个循环。由 13 个单体组成的 F 肌动蛋白的两端都可以结合或解离,但速率不同[37]。F 肌动蛋白的两端分别称为快速延长端(barbed 端)和慢速延长端(pointed 端)。生理条件下,G 肌动蛋白倾向在快速延长端接入,而在慢速延长端解离。

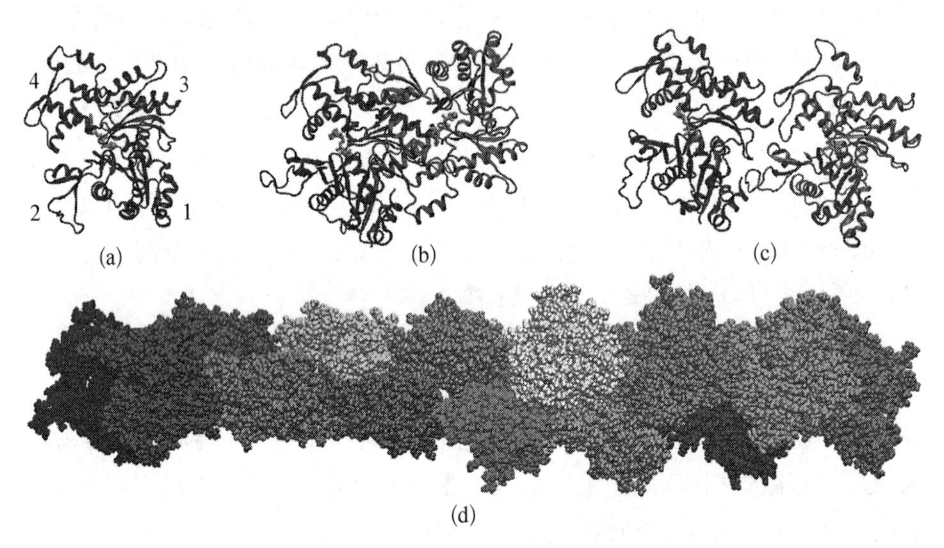

图 5-13 肌动蛋白与微丝的结构

(a) 肌动蛋白单体的结构;(b) 短二聚体结构;(c) 长二聚体结构;(d) 由 14 个肌动蛋白单体组成的微丝结构[32]

微丝作为产生和传导力的单元,其聚合和解聚也受到力的影响。基于原子力显微镜的测试,发现 G 肌动蛋白间的相互作用,以及 G 肌动蛋白和微丝的作用都存在逆锁键行为[38]。微丝的力学特性如图 5-14 所示。微丝与微管的结构示意如图 5-15 所示。

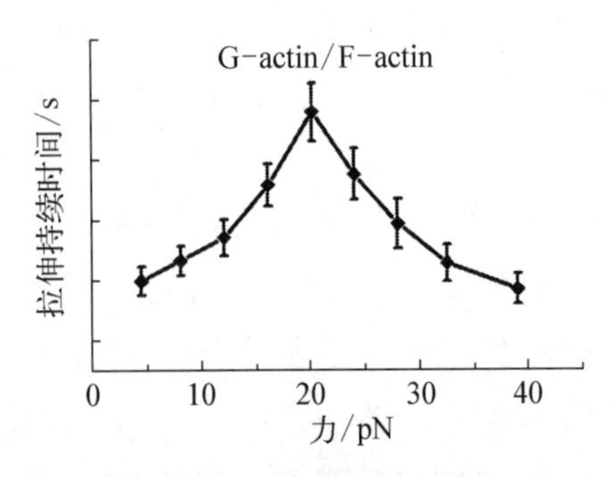

图 5-14 微丝的力学特性

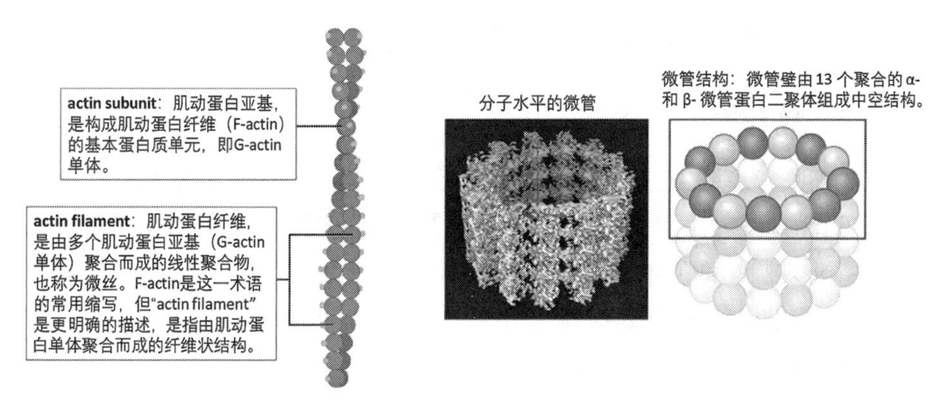

图 5-15　微丝(a)与微管(b)的结构示意

5.3.3　中间丝

中间丝的平均直径为 10 nm，介于 7 nm 微丝和 25 nm 的微管之间，比微丝和微管更坚韧。然而，它们最初被标记为"中间"，是因为它们的平均直径介于肌肉细胞中较窄的微丝(肌动蛋白)和较宽的肌球蛋白丝之间。中间丝有助于细胞结构稳定，并在维持组织结构方面发挥关键作用。研究表明，有 50 多种不同类型的中间丝，可分为六大类，具体如下：

(1) 类型Ⅰ和类型Ⅱ：在大多数上皮细胞中，Ⅰ型和Ⅱ型由大约 15 种不同的蛋白质组成。

(2) 类型Ⅲ：此类蛋白质包含波形蛋白和结蛋白等。

(3) 类型Ⅳ：此类包含存在于神经细胞中的蛋白质，例如-internexin 和神经丝蛋白。

(4) 类型Ⅴ：核纤层蛋白属于这一类蛋白质。

(5) 类型Ⅵ：存在于神经元中，像巢蛋白一样。

角蛋白是参与中间丝形成的最重要的蛋白质之一，是通常存在于皮肤和头发中的纤维蛋白。在组装过程中，两条多肽链的中央杆域最初相互缠绕形成卷曲(二聚体)形状。由此产生的二聚体再结合形成四聚体，四聚体在其末端组装以产生原丝(端到端)。原丝最终组织成中间丝。尽管蛋白质可能不会像微管那样经历动态不稳定，但它们经常会因中间丝的磷酸化而发生变化。这使它们在细胞内的组装中起着重要作用。在许多细胞类型中，中间丝从细胞核表面延伸到细胞膜。通过它们在细胞质中产生的复杂网络，这些细丝还与细胞骨架的其他成分相连，这有助于它们发挥作用。

5.3.4 微管

微管由球状蛋白-微管蛋白和-微管蛋白的聚合二聚体组成，微管的直径约为 25 nm，是最大的细胞骨架成分。微管帮助细胞抵抗压缩，提供囊泡运输途径，并将复制的染色体拉到分裂细胞的相对末端。微管也是鞭毛、纤毛和中心粒的结构组成部分。微管与微丝一样，可以迅速溶解和重建。

综上，表 5 - 1 总结了微丝、中间丝和微管的结构。

表 5 - 1 微丝、中间丝和微管的结构

骨架类型	直径/nm	结 构	亚 基 示 例
微丝	6	双螺旋	肌动蛋白
中间丝	10	两个反平行螺旋/二聚体，形成四聚体	波形蛋白(间充质)胶质纤维酸性蛋白(胶质细胞)神经丝蛋白(神经元突)角蛋白(上皮细胞)核纤层蛋白
微管	23	原丝，由微管蛋白亚基组成	α-和 β-微管蛋白

5.3.5 马达蛋白

马达蛋白(motor protein)存在于细胞骨架中，这些蛋白质在细胞骨架纤维上移动。ATP 由细胞呼吸产生，为运动蛋白提供能量。细胞运动涉及 3 种不同类型的马达蛋白：驱动蛋白(kinesin)、动力蛋白(dynein)和肌球蛋白(myosin)。其中驱动蛋白和动力蛋白属于微管马达蛋白。肌球蛋白属于微丝马达蛋白。驱动蛋白在运输细胞成分时沿微管迁移。驱动蛋白通常用于将细胞器拉向细胞膜。动力蛋白与驱动蛋白类似，用于将细胞成分拉向细胞核。正如在纤毛和鞭毛的运动中观察到的那样，动力蛋白还具有使微管相对滑动的功能。肌球蛋白和肌动蛋白相互作用产生肌肉收缩。此外，它们还参加胞质分裂、内吞作用和胞吐作用。

5.3.6 细胞骨架的力学特性

肌动蛋白丝(微丝)的杨氏模量约为 2 GPa[8,9]；微管沿轴向的杨氏模量约

为 2 GPa[10]。持续长度(persistent length)可以用于表征纤维抵抗弯曲变形的能力,与纤维的弯曲刚度 B_s 的关系为 $l_p = B_s / k_B T$,其中 k_B 为几何系数。微管的弯曲刚度最大,其持续长度为 5 000 μm,肌动蛋白丝的弯曲刚度次之,其持续长度为 13.5 μm,中间纤维的弯曲刚度最小,其持续长度为 0.5 μm[11]。当细胞骨架纤维的轮廓长度远大于持续长度时,细胞骨架纤维在热扰动作用下会发生明显弯曲;当其轮廓长度小于持续长度时,细胞骨架纤维弯曲较小;而当其轮廓长度远小于持续长度时,细胞骨架纤维呈现近似直线构型(见图 5-16)。

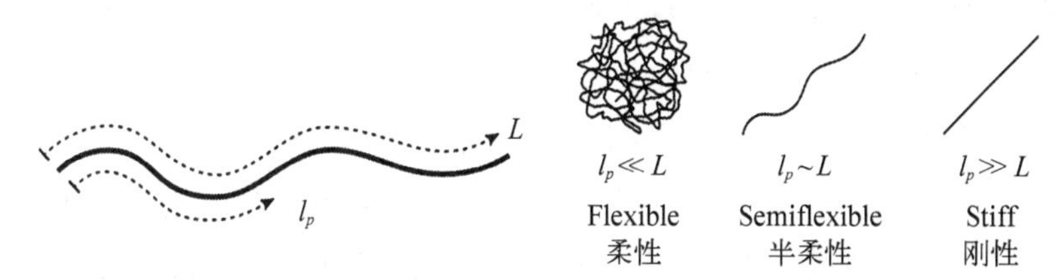

注:线性轮廓持续长度(l_p)与轮廓长度(L)可以用于描述其抵抗弯曲变形的力学特性。根据 l_p 和 L 之间的关系,聚合物分为柔性、半柔性和刚性。

图 5-16 聚合物被模拟为空间中的线性轮廓(粗黑线)

细胞骨架纤维会承受压载荷。肌动蛋白网络牵引细胞运动时,会有压力作用于肌动蛋白丝。当压力超过一临界值时,细胞骨架纤维会发生屈曲(见图 5-17a)。压力临界值 F_c 与纤维的轮廓长度 l_f 有关

$$F_c \propto \kappa / l_f$$

其中,κ 为细胞骨架纤维的弯曲刚度。较长的细胞骨架纤维在承受较小的压力时便发生屈曲[12]。细胞骨架纤维的屈曲受周围物质影响,没有周围物质存

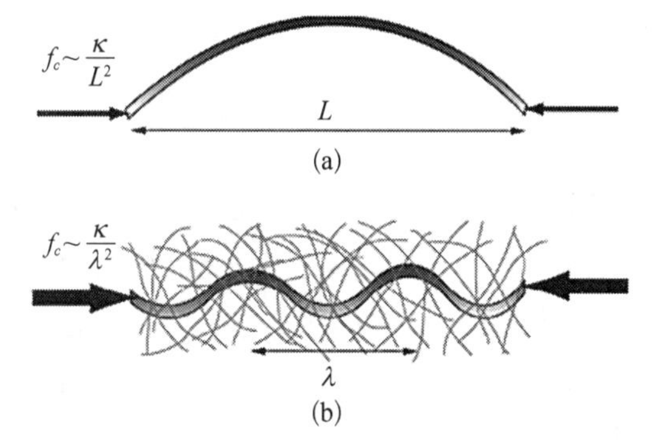

图 5-17 无周围介质条件(a)和有周围介质存在条件(b)下,微管屈曲的状态

在时，微管屈曲时只有一个拱弧存在，临界屈服力较小[13]。在细胞内部，细胞骨架纤维会与周围介质发生相互作用，屈曲的微管中有多个拱弧，弧的波长较短，此时微管的临界屈服力较大（见图 5－17b）。周围介质的存在使得微管的临界屈服力比孤立微管约高两个量级。

5.3.7 肌动蛋白网络

肌动蛋白结合蛋白能与肌动蛋白丝结合，并将它们连接成交联网络或束状结构。其中，交联蛋白通过两个不同的肌动蛋白结合域与两条独立的肌动蛋白丝结合，从而在它们之间建立连接。肌动蛋白网络以及其他蛋白质聚合物网络（如细胞外胶原）的力学特性是，它们的力学响应具有非线性。例如，当拉伸人皮肤（例如耳垂）时，在小变形情况下，皮肤显得柔软且容易变形。然而，当拉伸超过一定限度后，皮肤会抵抗变形，因此显得更僵硬。交联的肌动蛋白网络的这种硬化效应，是典型的非线性特征。

为描述这种非线性力学特性，大多数关于肌动蛋白网络的力学特性描述，采用的是差分储能模量 k'（differential elastic modulus），即应力-应变曲线的局部切线斜率 $k'=\frac{\partial\sigma}{\partial\gamma}$。$k'$ 值可以直接与基于半柔性聚合物模型的理论预测进行比较。肌动蛋白丝网络中的交联类型对于网络的组织、稳定性和力学性能至关重要。根据其结构特性和相关蛋白的不同，交联类型可以分为刚性交联（rigid）和柔性交联（flexible）（见图 5－18）。刚性交联维持肌动蛋白丝之间固定的距离和角度，形成的网络在应力下快速加固，通常遵循较陡的幂律关系，如肌动蛋白结合蛋白 Scruin 提供刚性连接，柔性交联允许肌动蛋白丝之间一定的弯曲和灵活性，从而促进动态重组，形成的网络在应力下逐渐加固，适应性和弹性更强，如肌动蛋白结合蛋白 Filamin，可以形成更大的、灵活的连接，允许网络具有非线性力学响应。

由于细胞外基质 ECM 中肌动蛋白网络是主要部分，其力学特性对细胞的生长和力学特性起到重要作用。因此，如需要测量细胞的力学特性，模拟在体的细胞生长环境，可以设计实验装置在 ECM 中培养（见图 5－19）。通过将细胞溶液在环形模具中培养，可以形成由细胞接种的环状 ECM 支架。在 37℃下培养几天后，可将环状样本取出，置于间隔物上进行进一步培养，或直接置于拉力测试装置上。

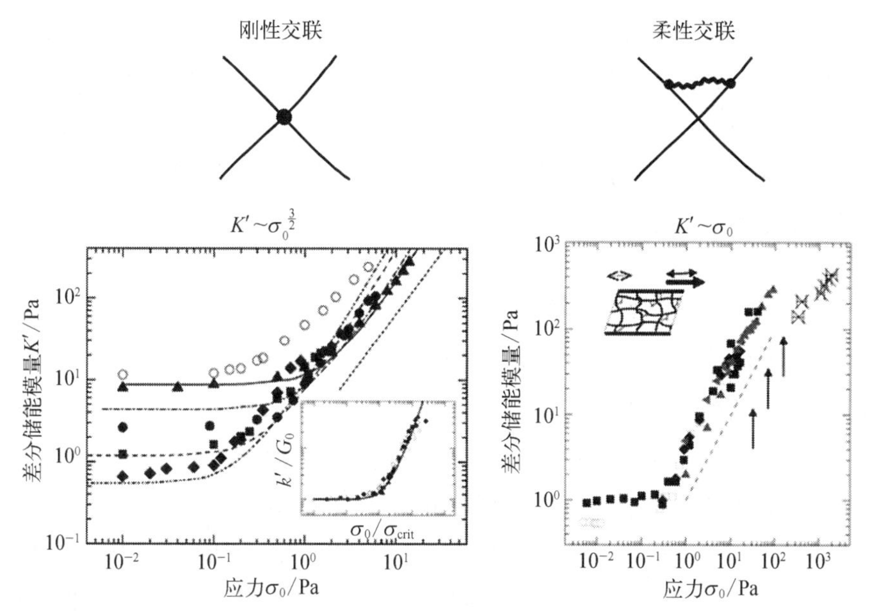

图 5-18 肌动蛋白交联形式和其对应的非线性力学响应[45,46]

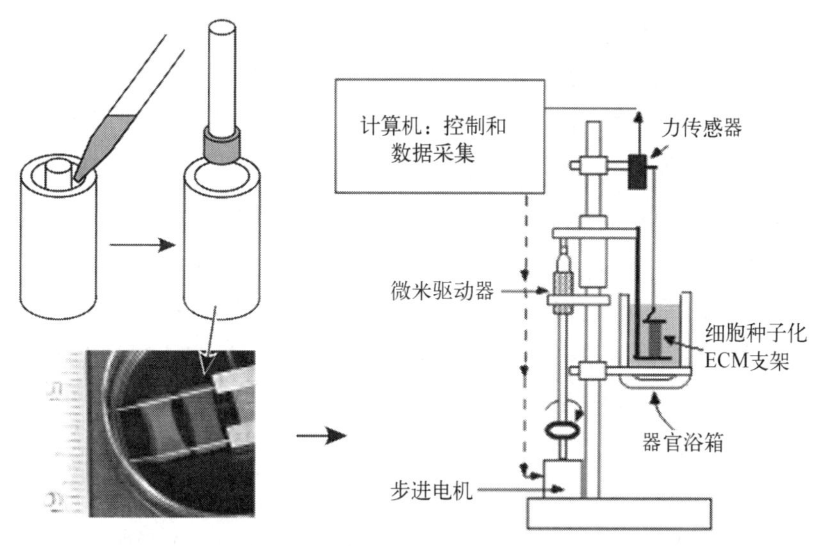

图 5-19 在 ECM 中培养细胞，模拟细胞在体生长环境[36]

5.4 细胞黏附力学

细胞通过细胞黏附感受胞外环境的物理性质或力学刺激。细胞黏附是细胞迁移、增殖、分化等重要生理过程的基础。例如,在癌症的发展过程中,细胞外黏附分子的异常表达导致肿瘤细胞黏附能力降低,增加其侵袭和转移的能力。细胞所处的力学环境非常复杂。胞外基的复杂力学性质、几何特征细胞和基质间的复杂相互作用,都影响了细胞黏附。通过力学分析细胞黏附可以实现对细胞的定量控制,将为组织工程和临床应用提供理论指导。

5.4.1 细胞黏附的基本结构

细胞黏附是指细胞与细胞外基质的黏连状态和相互作用,起到信息交换,形成组织的功能。若细胞外的基质为非细胞的基底,则称为细胞-基底间黏附。若细胞外机制为其他的细胞,则称为细胞间黏附。细胞黏附通过黏附蛋白与胞外基质的配体结合形成黏附斑(focal adhesion, FA)(见图 5-20)。FA 的基本单位是整合素纳米簇——这些是高局部整合素黏附复合物(IAC)蛋白密度的结节,它们沿着肌动蛋白丝排列,从而在某些细胞类型中可观察到 FA 具有广泛的颗粒性。对于 α5β1 整合素而言,活性和非活性整合素分别聚集在不同的纳米簇中,这表明每个纳米簇内的整合素活性可能作为离散单元在局部进行协调。整合素运动的单分子分析表明整合素可以在 IAC 中自由扩散,但大多数纳米簇在 IAC 中至少会暂时固定。超分辨率显微镜研究表明,在竖直方向上,FA 具有多层结构,包括整合素信号层(ISL)、力传导层(FTL)和肌动蛋白调节层(ARL)。根据荧光偏振测量推断,整合素以非活性(弯曲闭合)、活性(伸展开放)和倾斜取向的簇形式存在。足迹体环是通常位于中心、由 IAC 结构组成的阵列,它们由富含肌动蛋白的核心组成,这些核心向外突出并降解细胞外基质,周围是含有 IAC 成分的环状斑块。足迹环的垂直组织特征在于跖蛋白的极化取向,以及类似于 FA 中斑联蛋白和纽蛋白的组织方式。结合蛋白组学分析表明 IAC 核心黏附体中亚网络的 IAC 组分的空间组织也有分层结构。

细胞-基底黏附,其黏附蛋白通常称为整合素(integrin)。细胞-细胞黏附的黏附蛋白称为钙黏蛋白(cadherin)。细胞骨架的微丝由肌动蛋白构成,在细胞黏附和运动中起到关键作用。微丝上的肌球蛋白消耗 ATP 产生收缩,从而在基底和细胞内产生相应的变形场和应力场。黏附斑主要包括整合素和基底上的配体。其中整合素是力敏感的跨膜蛋白,介导细胞和细胞之间以及细胞和细胞外基质之间的相互识别和黏附,具有联系细胞外部作用与细胞内部结

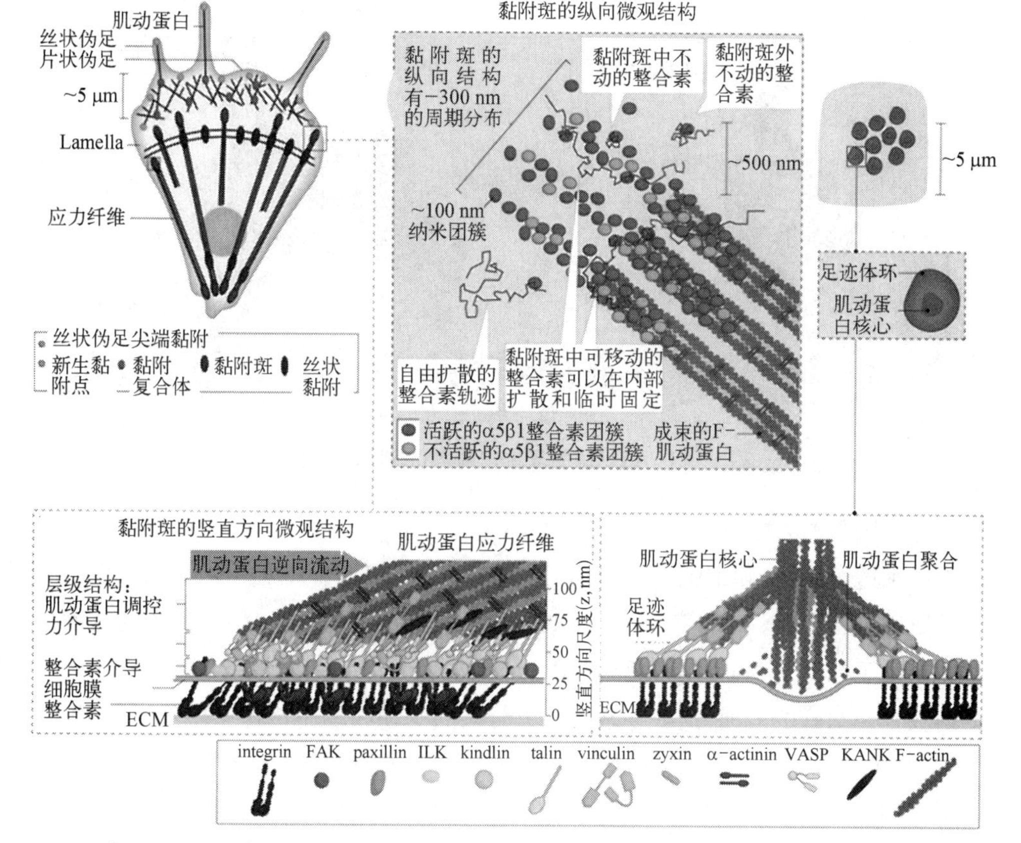

注：integrin：整合素；FAK (focal adhesion kinase)：焦点黏附激酶，一种在细胞信号传导中起重要作用的酶，参与细胞与基质的黏附过程。paxillin：一种细胞内蛋白质，广泛存在于多种类型的细胞中，参与细胞与细胞外基质连接的信号转导分子的关键部分；ILK(Integrin-linked kinase)：整合素相关激酶，一种细胞内激酶，主要参与调节细胞与细胞外基质之间的信号转导。ILK 是通过与整合素相互作用来发挥作用的，整合素是细胞膜上的受体，负责将细胞与外部环境(如细胞外基质)连接起来。kindlin：一类细胞内蛋白质，主要参与细胞黏附、细胞迁移和细胞与细胞外基质的相互作用。talin：踝蛋白。vinculin：纽蛋白。zyxin：斑联蛋白。α-actinin：α-肌动蛋白与肌动蛋白相互作用，形成肌动蛋白的交联网络。VASP (vasodilator-stimulated phosphoprotein)：血管扩张刺激蛋白。FANK(focal adhesion neurophilin-kinase)：黏附斑神经菌素-激酶。F-actin：F-肌动蛋白。

图 5-20　细胞黏附斑的构造与组成[48]

构的作用。整合素通过踝蛋白(talin)，经张力蛋白(tensin)与细胞骨架微丝相连接。黏附斑纽蛋白也称为纽蛋白(vinculin)，与微丝、整合素和张力蛋白相互作用，起到力传导功能(见图 5-21)。

细胞黏附的力学作用主要通过细胞骨架上肌球蛋白消耗 ATP 收缩，导致细胞骨架产生收缩力。黏附斑连接细胞骨架和细胞外基底或其他细胞，将力传递到胞外。这个力学传导的通路可以调节细胞的结构形态和功能，这种现

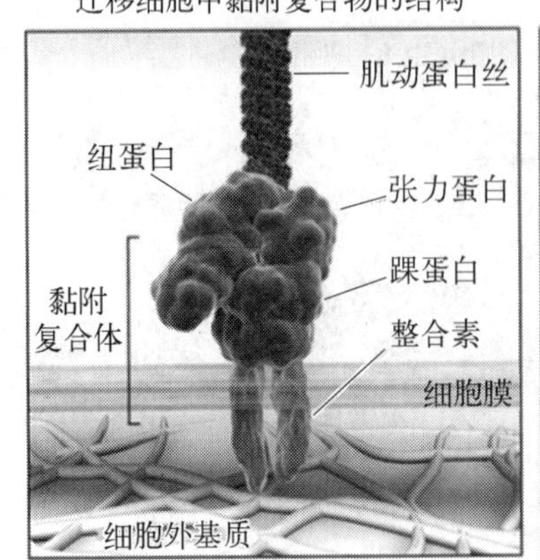

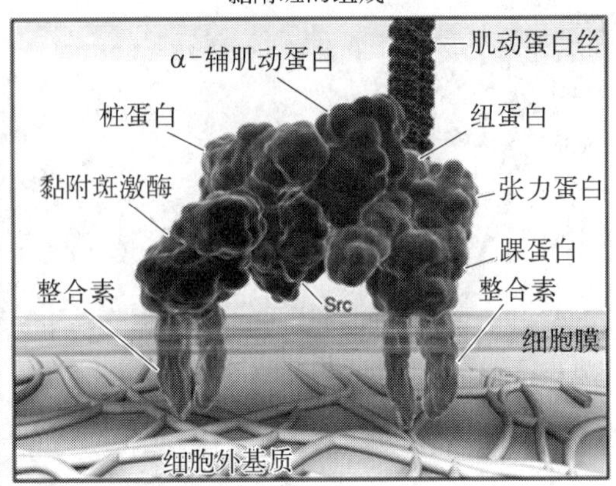

图 5-21　细胞黏附复合物结构和黏附斑的组成

象称为细胞的力敏感性。

细胞-基底间和细胞-细胞间的力学作用过程可以概括如下：细胞骨架中的肌球蛋白消耗 ATP 使微丝产生收缩，从而导致整个细胞骨架产生主动收缩力。由于细胞骨架通过黏附斑黏附在细胞外基底上，或者通过细胞间连接黏附在其他细胞的表面，这种物理连接将骨架的主动收缩力传递到胞外，使得细胞-基底和细胞-细胞成为一个可以传导力学信号的系统。同时，力学信号又可以调控细胞的许多结构和功能，这称为细胞的力敏感性。细胞的力敏感性与细胞-基底间作用力、细胞间作用力以及基底的力学性质等系统参数有关。由于细胞力敏感行为涉及细胞不同尺度的结构，因此它是一个典型的多尺度问题。

5.4.2　细胞力敏感的力学机制

蛋白质分子是细胞生命活动的基础，而力学刺激也可以改变蛋白质的构象和功能的改变。例如，力学刺激可以引起蛋白质的结构移动变形，从而暴露隐藏的功能蛋白序列，或是改变受体配体蛋白间的结合能力，并影响离子通道开关。黏附斑中的整合素作为一种跨膜蛋白，与基体配体蛋白的结合，产生细胞-基底间的作用。整合素在力学刺激作用下会发生构象变化，在细胞力敏感的力学机制中起到关键作用。踝蛋白是连接黏附斑和细胞骨架的关键蛋白，踝蛋白与黏附斑蛋白的结合位点在力刺激作用下暴露出来，与黏附斑蛋白结合，且这个过程会进一步促进细胞骨架的聚合和重组。基底上的配体蛋白（如纤连蛋白)在拉力作用下会发生解折叠。细胞膜张力对细胞膜上离子通道的打开和闭合起着关键作用。

5.4.3 细胞运动的力学模型

细胞在基底通过主动的自收缩来探测其周围的力学环境。这种自收缩使细胞与基底间产生了相互作用力,即细胞牵引力。细胞牵引力可以调控细胞的黏附、迁移、分化和组织形态等行为。基底的硬度和几何参数可以调控细胞行为。人体组织的硬度从～1 kPa 尺度的脑组织到～1 MPa 尺度的骨组织,差异跨度巨大。此外,组织的硬度与年龄和疾病密切相关。

许多实验都证实了基底刚度对细胞行为的调控,比如在软基底上的细胞通常是圆形,铺展面积较小,但在硬基底上的细胞通常铺展面积较大,而且会形成放射状的伪足。在各向异性的基底上,细胞通常喜欢沿着基底刚度较硬的方向铺展和迁移[49]。

习 题

1. 试述细胞内主要细胞器的结构和功能。

2. 细胞黏附斑的主要结构是什么?

3. 交联网络的力学特性是什么?

6

分子生物力学

6.1　分子力学基础

6.1.1　受体与配体的相互作用

细胞与细胞之间、细胞与环境之间的交流需要通过细胞膜上的相关分子完成。受体(receptor)和配体(ligand)是细胞膜上常见的分子。受体指一类能传导细胞外信号,并在细胞内产生特定效应的分子,包括膜受体和胞内受体。配体指一种能与受体结合以产生某种生理效果的物质。细胞外能与受体结合的分子一般称为配体,包括激素生长因子、细胞因子、神经递质,还有其他各种各样的小分子化合物。当配体特异性地结合细胞膜上或细胞内的受体,配体和受体结合之后细胞内的一系列蛋白就会依次对下游蛋白的活性进行调节,包括激活或者抑制的作用,从而将外界的信号进行逐步释放、传递、并最终产生一系列综合性的细胞应答上游蛋白对下游蛋白的调节,这个过程称为信号传导过程。简单说,信号传导过程主要是通过添加或者去除磷酸基团,从而改变下游蛋白的这个空间构象来完成的。

受体和配体的相互力学作用是生物力学中的重要内容。蛋白质的受体和配体分子结合形成复合物可以表示为

$$\text{receptor} + \text{ligand} \underset{k_r}{\overset{k_f}{\rightleftharpoons}} \text{compound} \tag{6-1}$$

式中,k_f 为正反应速率;k_r 为逆反应速率。

若 m_r 和 m_l 分别为细胞膜上单位面积的受体和配体的总数目,m_b 为所形成的键的数目,则分子键形成的动力学关系为

$$\frac{\mathrm{d}m_b}{\mathrm{d}t} = k_f(m_r - m_b)(m_l - m_b) - k_r m_b \tag{6-2}$$

当细胞刚接触时，$m_b = 0$，分子键的生成率达到最大值 $k_f m_r m_l$。当细胞接触面间的分子反应达到平衡时，$\frac{dm_b}{dt} = 0$，右边等于0。基于式(6-2)以求解所形成的键数目，得

$$m_b = \frac{1}{2}\left(m_r + m_l + \frac{k_r}{k_f}\right) - \frac{1}{2}\sqrt{\left(m_r + m_l + \frac{k_r}{k_f}\right)^2 - 4m_r m_l} \quad (6-3)$$

6.1.2 分子解离与外力作用

分子键总是会发生解离。但多个分子键介导时，所有分子键同时解离，从而导致细胞的分离概率很小。外力作用下，单个分子键负反应速率的表达式[50]为

$$k_r(f) = k_r^0 e^{\frac{\gamma f}{k_B T}} \quad (6-4)$$

式中，k_r^0 为在无力作用条件下的负反应速率；γ 为势垒宽度；k_B 为玻尔兹曼常数；T 为绝对温度；f 为作用在单个分子键上的应力。观察式(6-4)可以发现，分子键所受的作用力越大，其负反应速率也越大，外力的作用会加速分子键的解离。具有这种性质的分子键称为滑移键(slip bond)。其分子键的寿命与受力之间的关系如图6-1(a)所示[51]。典型的滑移键包括抗原-抗体相互作用形成的分子键。另外一种力与分子键负反应速率的关系有

$$k_r = k_r^0 e^{\frac{(\sigma - \sigma_{ts})(Y - \lambda)^2}{2k_B T}} \quad (6-5)$$

式中，σ 为应力；σ_{ts} 为转换态(transition state)应力阈值；Y 为分子键的实际长度；λ 为平衡态分子键的长度。可以看到，当应力 σ 大于转换态应力 σ_{ts} 时，分子间的负反应速率随着力的增加而增大，这与滑移键模型一致。当应力 σ 小于转换态应力 σ_{ts} 时，分子键的负反应速率随着力的增加而减小。此时分子间所受的力越大，其结合反而更加稳定。有这种性质的分子键称为逆锁键。已证实受到逆锁键调控的分子包括白细胞上的选择素[51]和整合素[52]及其配体的相互作用。

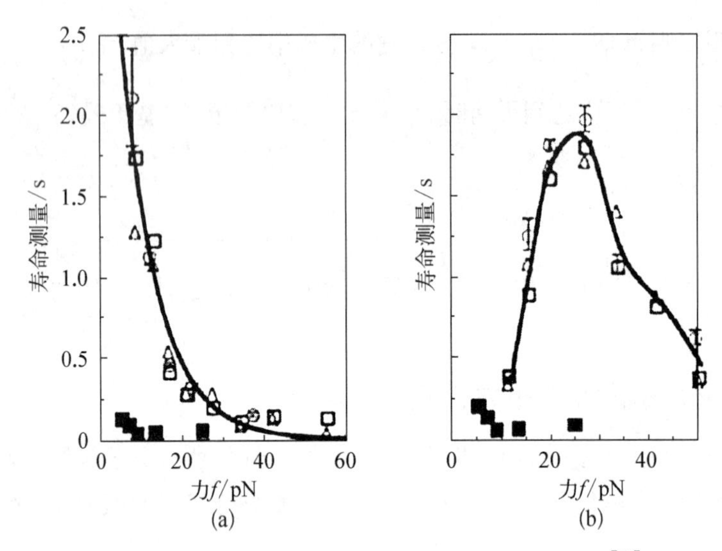

图 6-1 滑移键(a)和逆锁键的寿命与外力关系(b)[51]

6.2 分子力学特性

分子功能的实现与分子的物理特性有直接的关系。分子长度的测量可以采用电镜直接开展。但是电镜直接测量的是折叠后的分子长度。在外力作用下，分子可以解折叠，产生拉伸的外力可以由光镊或磁镊（小力加载），原子力显微镜和生物膜力探针（大力加载）实现。然后如果对分子或分子复合物。进行重复多次的拉伸实验。并分析力和位移曲线。可以得到分子力-位移信息。

测量分子力学特性的常用方法是采用原子力显微镜开展单分子拉伸。在测量中，原子力显微镜的悬臂梁与分子可以视为两个串联的弹簧，原子力显微镜悬臂梁的弹性系数为 k_c，分子的等效弹性系数为 k_m。原子力显微镜悬臂梁拉伸分子的过程中，悬臂梁的弯曲位移为 z。加载在分子上的力可以由线性关系求得：

$$f = k_c z \tag{6-6}$$

式中，准静态的悬臂梁平均弯曲位移 z 可以从光敏二极管信号中获得。分子的伸长量 z_m 可以由压电陶瓷的行程 z_{piezo} 减去悬臂梁的平均弯曲位移 z，得

$$z_m = z_{piezo} - z \tag{6-7}$$

通过拟合 $f - z_m$ 曲线上升段的直线部分，其斜率即是分子的弹性系数 k_m（见图 6-2）。

在对分子开展拉伸测量的过程中，可以发现从压缩到拉伸状态转化之间，有一段区域平均力为 0（见图 6-2）。这一段区域造成了从拉伸开始到结束的非线性，这一段平均力为 0 的区域称为死区（dead zone）。由于非线性区间的存在，产生了自由链（freely joint chain, FJC）模型，修饰的自由链（modified freely joint chain, MFJC）模型和蠕虫链（worm-like chain, WLC）模型描述力和位移之间的关系（见图 6-3）。

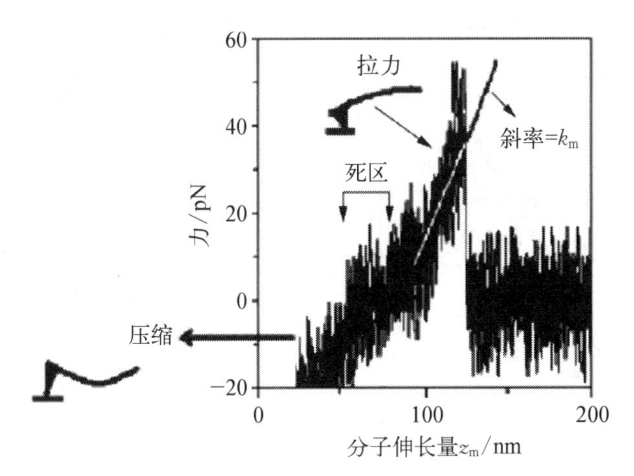

图 6-2 一个典型的用原子力显微镜对分子进行拉伸测量其弹性系数的力-位移曲线[53]

自由链模型将聚合物分子看成一个由多个刚体小段绕着结合处自由旋转所组成的整体，分子的伸长量 z_m 和外力 f 间关系表示为

$$z_m(f) = L\left[\coth\left(\frac{fl}{k_B T}\right) - \frac{k_B T}{fl}\right] \tag{6-8}$$

式中，L 为分子的轮廓模型长度（contour length）；l 为分子持续长度（persistence length）；k_B 为玻尔兹曼常数；T 为绝对温度。对于在较大范围内的弹性拉伸，可以用扩展的自由链模型：

$$z_m(f) = \left(L + \frac{f}{k_m}\right)\left[\coth\left(\frac{fl}{k_B T}\right) - \frac{k_B T}{fl}\right] \tag{6-9}$$

聚合物也可以看成是可变形的杆件，而不是一系列松散连接的刚性杆件小段。作为自由链模型的极限形式，即刚性杆件长度趋近于 0 时，可以采用蠕虫模型描述的是一个各向同性、匀质的可变形杆件：

$$f(z_{\mathrm{m}})=\frac{k_{\mathrm{B}}T}{l}\left[\frac{z_{\mathrm{m}}}{L}+\frac{1}{4}\left(1-\frac{z_{\mathrm{m}}}{L}\right)^{-2}-1\right] \tag{6-10}$$

式中，L 为分子的轮廓模型长度（contour length）；l 为分子持续长度（persistence length）；k_{B} 为玻尔兹曼常数；T 为绝对温度。

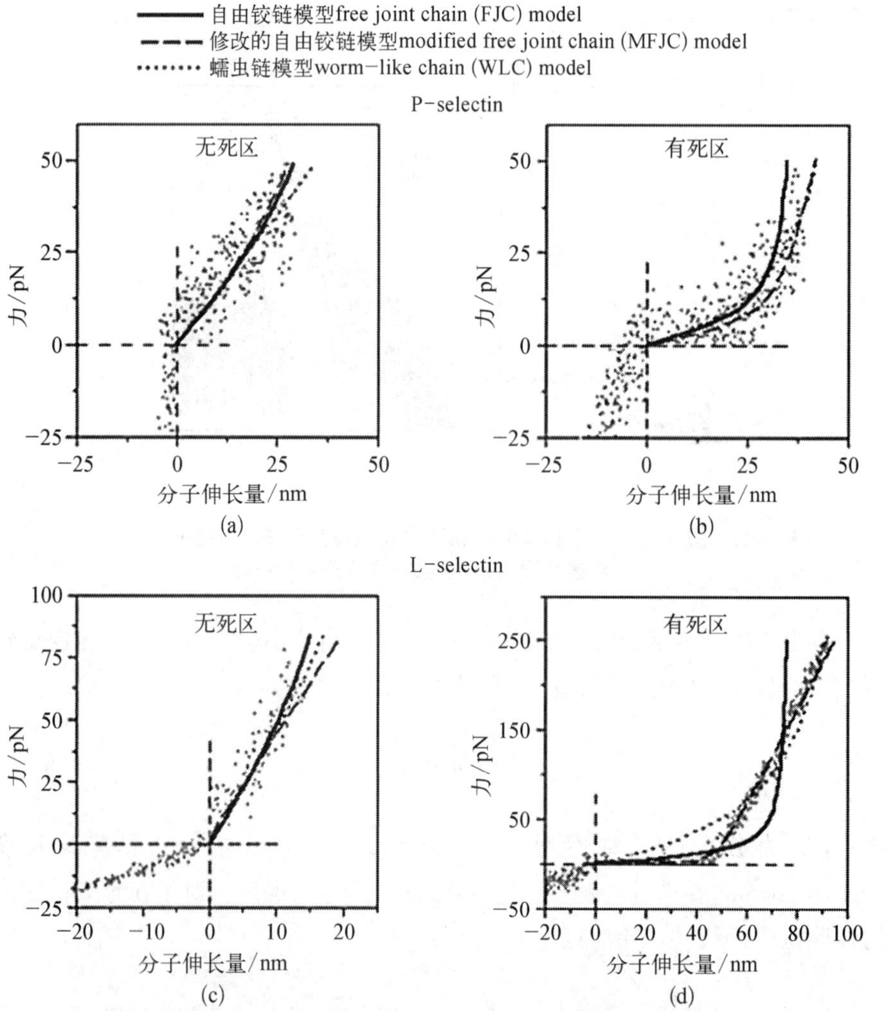

图 6-3　典型的分子力-位移曲线和用非线性模型拟合的结果[53]

6.3 分子动力学模拟

6.3.1 分子力学模型

分子力学(molecular mechanics, MM)是基于分子的数学模型[54],该模型将分子视为由球(原子)通过弹簧(化学键)连接而成的集合(见图 6-4)。在此模型框架内,由于弹簧抵抗拉伸或弯曲,而球则抵抗被推得过近,因此分子的能量随几何形状的变化而变化。该数学模型在概念上与使用塑料或金属分子模型时获得的分子能量非常接近,且模型忽略电子的作用[55]。

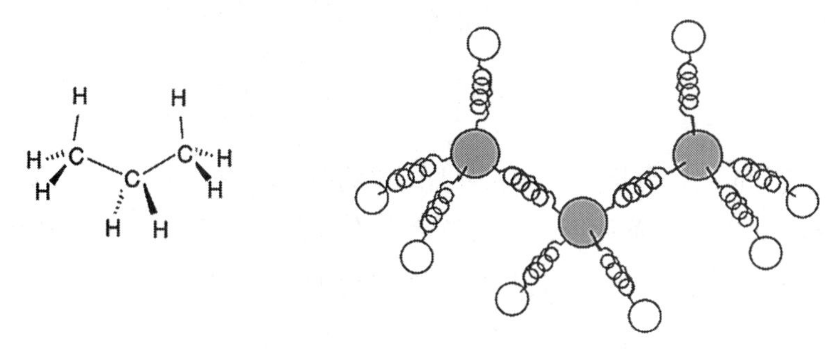

图 6-4 分子及其对应的分子力学模型[56]

分子力学的主要原理是将分子势能写成分子键(bond)的拉伸、弯曲、扭转和原子(atom)的挤压的函数形式。对应最小能量原理,该能量的最小化可以找到化学键的长度和角度。换句话说,分子力学利用力学模型中最低能量的原理求解。分子的几何形态在能量方程的数学表达式中包括其中的相关参量组成了一个力场(force field)。由于能量方程关于位移的一阶导数就是力本身,所以分子力学有时也称为力场方法。可以看到,该模型方法与电子无关。因此不能够分析和表现有关电子的任何特性。另外,虽然化学键是分子力学的一个重要概念,但化学键仅仅是作为弹簧来处理的。

6.3.2 分子力学理论

分子的势能可以写成以下函数形式:

$$E=\sum_{\text{bonds}}E_{\text{stretch}}+\sum_{\text{angles}}E_{\text{bend}}+\sum_{\text{dihedrals}}E_{\text{torsion}}+\sum_{\text{pairs}}E_{\text{nonbond}} \qquad (6-11)$$

其中等式右侧的 4 个能量项分别代表如下能量。

(1) 共价键(bond)相互作用的两个原子之间的键伸缩能量 E_{stretch}。

(2) 成键角(angles)相互作用的三个原子之间的角度弯曲能量 E_{bend}。

(3) 成二面角(dihedrals)相互作用的二面角扭转能量 E_{torsion}。

(4) 原子间非共价相互作用的范德瓦尔斯相互作用能量 E_{nonbond}。

这些能量的具体形式为

$$E_{\text{stretch}} = k_{\text{stretch}}(l - l_{\text{eq}})^2 \tag{6-12}$$

$$E_{\text{bend}} = k_{\text{bend}}(a - a_{\text{eq}})^2 \tag{6-13}$$

$$E_{\text{torsion}} = k_0 + \sum_{r=1}^{n} k_{\text{r}}[1 + \cos(r\theta)] \tag{6-14}$$

$$E_{\text{nonbond}} = k_{\text{nb}}\left[\left(\frac{\sigma}{r}\right)^{12} - \left(\frac{\sigma}{r}\right)^{6}\right] \tag{6-15}$$

式中，k_{stretch} 和 k_{bend} 分别是拉伸和弯曲的比例系数。注意，这里的比例系数可以看成是拉伸和弯曲条件下弹簧的弹性系数的 1/2。l 和 a 分别是拉伸长度和弯曲角度。l_{eq} 和 a_{eq} 分别是拉伸和弯曲前的长度和角度的参考值(见图 6-5)。E_{stretch} 和 E_{bend} 表示原子之间距离和角度变化时，其势能的变化。E_{torsion} 表示某些固有的旋转阻力因子，通常是单个键 X—Y。对于与 X 和 Y 连接的某些原子，也可能存在非键合相互作用。如果 A 和 B 原子没有直接键合(如 A—B)，也没有与共同原子键合(如 A—X—B)，这些原子至少相隔两个原子(A—X—Y—B)或甚至在不同的分子中，它们称为非键合(nonbond)。注意，A—B 的情况由键拉伸项 E_{stretch} 表示，A—X—B 项由角弯曲项 E_{bend} 表示，但对于 A—X—Y—B 的情况，非键合项 E_{nonbond} 叠加在扭曲项 E_{torsion} 上，r 为两个原子或基团间距(见图 6-6)。

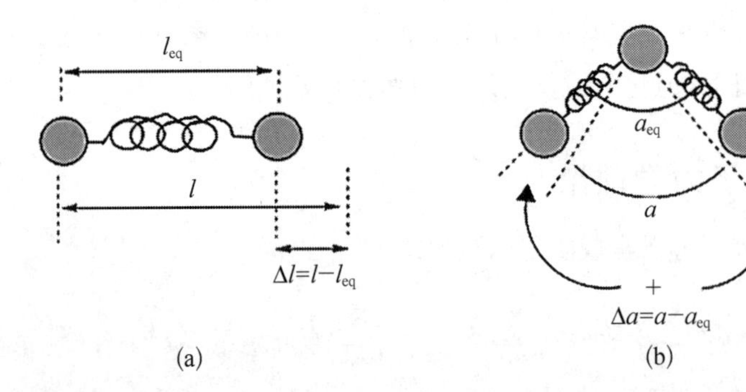

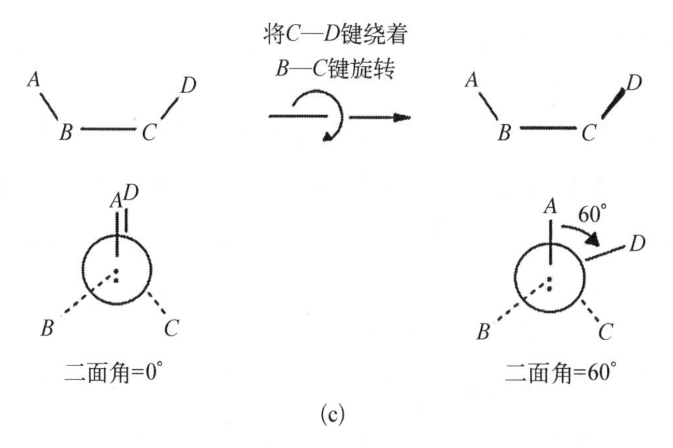

图 6-5　伸缩能量(a),弯曲能量(b)和扭转能量(c)

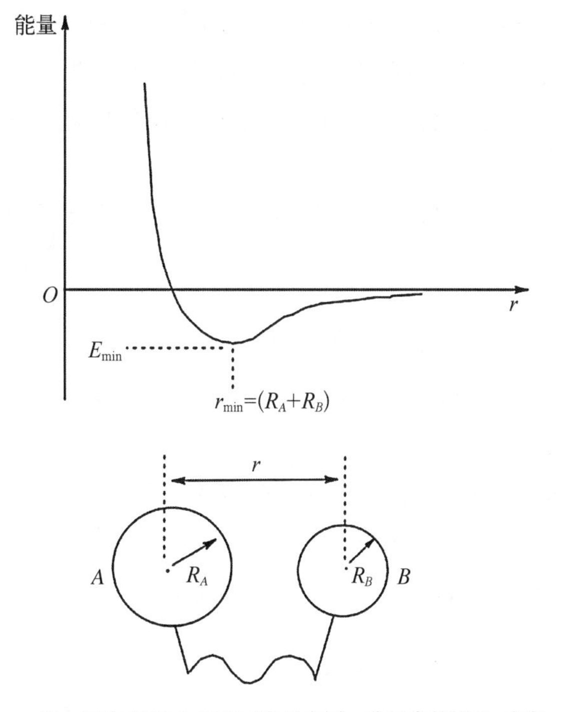

注:原子/基团 A 和 B 可以是在同一分子中的原子,或者表示不同分子。在范德瓦尔斯接触时能量最低。

图 6-6　非键合原子或基团之间的分离导致分子能量的变化

6.3.3　分子动力学模拟

在分子的构象和描述分子体系的势场确定之后,分子动力学模拟可以按照以下流程展开：系统构建、模拟参数选择、分子动力学模拟和结果分析。

系统构建主要是对目标分子开展编辑，模拟水或生物膜的环境，以及添加离子环境。模拟参数的选择主要包括模拟体系的选择、边界条件的确定以及温度和压强的确定等。现有的边界条件主要以周期性边界条件（periodic boundary condition，PBC）为主。现实世界中的分子系统不可能存在于真空中。特别是生物分子系统存在于细胞环境中，不断受到摩擦力的影响。在这种环境中的生物分子的扰动会导致系统扰动。分子的碰撞会引起摩擦，偶尔发生的高速碰撞会扰动系统。朗之万动力学试图扩展分子动力学来考虑这些效应。此外，朗之万动力学允许温度像恒温器一样被控制，从而接近于正则系综（canonical ensemble）。朗之万动力学模拟的是溶剂的黏性。它没有完全模拟隐式溶剂，特别是没有考虑静电屏蔽效应，也没有考虑疏水效应。对于密度更大的溶剂，流体力学的相互作用不能通过朗之万动力学来描述。

假设一个由 N 个质量为 m、坐标为 $X = X(t)$ 的粒子组成的系统，可以使用以下朗之万方程：

$$m\ddot{X} = -\nabla U(X) - \gamma \dot{X} + \sqrt{2\gamma k_B T} R(t) \qquad (6-16)$$

式中，γ 是黏度；$U(x)$是粒子间相互作用势；∇ 是拉普拉斯算子；T 是温度；k_B 是玻尔兹曼常数；$R(t)$ 是 δ 相关的均值，是 0 的平稳高斯过程（delta-correlated stationary Gaussian process），服从 $\langle R(t) \rangle = 0$，$\langle R(t)R(t') \rangle = \delta(t-t)$；$\delta$ 是狄拉克函数。如果主要的任务是控制温度，应该使用一个较小的阻尼常数，γ 逐渐增大，从惯性区延展到扩散（布朗）区。

6.3.4 分子动力学模拟举例

分子动力学模拟在分析受体-配体的相互作用、解析蛋白结构的变化等方面均有应用。例如，膜通道蛋白是维持细胞内、外物质动态平衡，保证其正常生理活动的基础。水孔蛋白是细胞膜上选择性、高效转运水分子的水通道蛋白，水孔蛋白在水分吸收、渗透条件、细胞的生长和气孔运动等方面均有重要作用。水孔蛋白以四聚体形式存在，它的四级结构是由 4 个对称排列的各自长 5 nm，直径 3.2 nm 的圆筒状亚基包围而成的四聚体，每一个单体上有一个独立的水通道(见图 6-7)。每个单体含有由 5 个短柔性连接的 6 个跨膜螺旋组成(H1/H2/H3/H4/H5/H6:水孔蛋白的 6 个跨膜螺旋;NPA:天冬酰胺脯氨酸丙氨酸结构域;A/C/E:胞外 loop 区;B/D:胞内柔性连接区)。通过模拟水通透实验,可以考证不同氨基酸位点影响水孔蛋白的水通透性,从微管结构动力学解释特定氨基酸位点影响水孔蛋白通透性的机制(见图 6-8)。

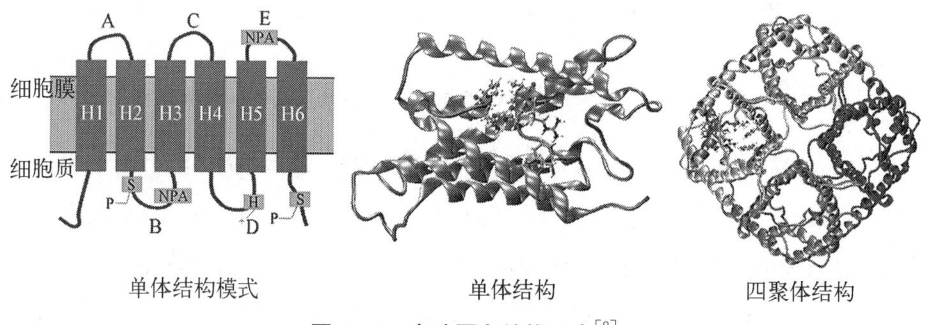

图 6-7 水孔蛋白结构示意[8]

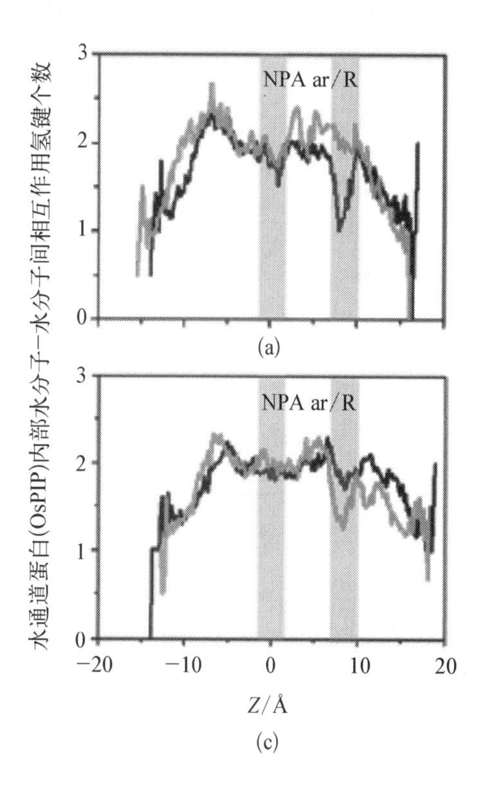

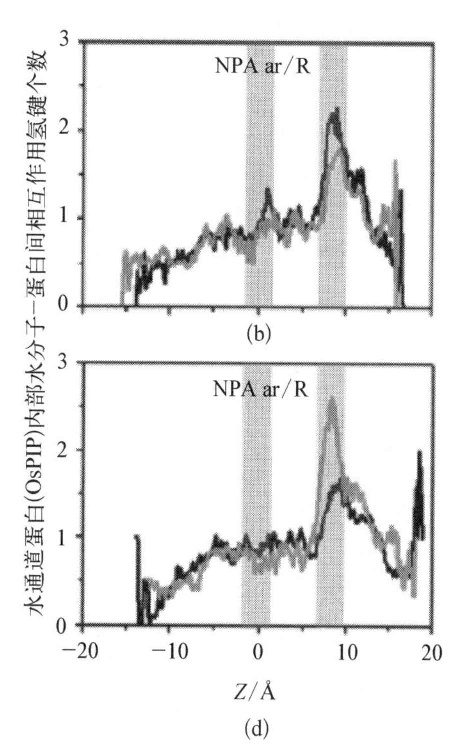

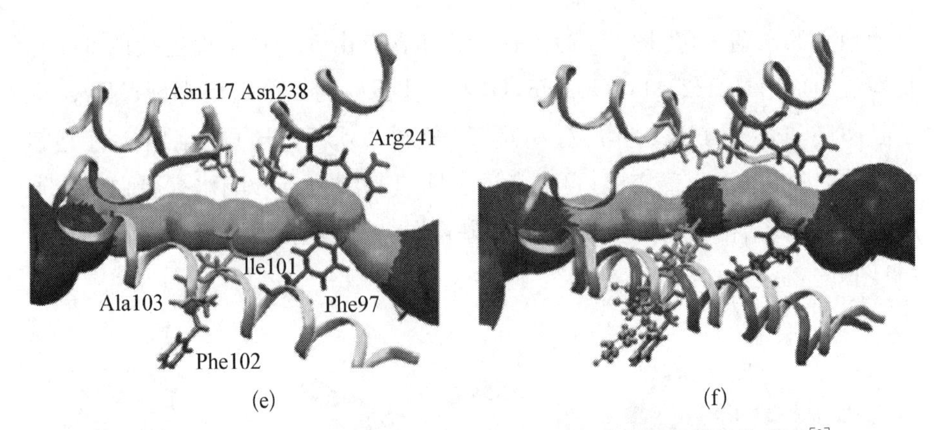

图 6-8 特定氨基酸位点 A(I/V)调控水孔蛋白水通透性的结构基础[9]

图 6-8 中,OsPIP1:(a) 1 体系野生型(深色)与突变体(浅色)在水通道内水-水相互作用;(b) 水通道内水-蛋白相互作用;OsPIP2:(c) 2 体系野生型(深色)与突变体(浅色)在水通道内水-水相互作用;(d) 水通道内水-蛋白相互作用;OsPIP1:(e) 1 野生型水通道半径及关键氨基酸取向特征;(f) 突变体水通道半径及关键氨基酸取向特征。

7

生物力学测量技术简介

7.1 宏观生物力学测量

宏观生物力学的特性主要指在组织层面的力学特性测量。早期的组织力学特性与经典的材料力学特性测试类似，应用经典的材料力学特性测试方式，诸如压痕、拉伸、剪切和扭转测试等。这些力学特性测试，往往需要制备组织样本，开展离体测试。为了实现组织力学特性的在体测量，结合医学成像技术已有弹性成像等新的方法。

7.1.1 压痕测试

压痕(indentation)测试是组织生物力学特性测量最常用的手段之一。当挤压测试头较大时(如大尺寸圆盘)，也常称为挤压(compression)测试。当压头尺寸较小或不规则时，可以用于测量组织的不同力学特性。

压痕测试仪的主要原理是利用挤压组织过程中组织的应力和应变响应，求解其相互关系，得到其力学特性。常见的压痕测试仪如图 7－1 所示，其主要组成如下：① 测量压痕作用力的压力传感器；② 测量压痕变形的位移传感器(激光测距仪)。对于压痕作用的驱动，往往采用直线驱动器。也有许多简易的压痕测试仪，手动进行压痕驱动。

常用的压头形状包括扁平圆头(flat punch)和球头(spherical punch)等(见图 7－2)。由于这两种压头具有轴对称的几何形状，因此常用于测试具有各向同性本构假设的组织[57,58]。对于各向异性的组织的测量，可以采用非轴对称形状的压头，如长条形压头[59]。

不同形状的压头与组织的挤压关系，弹性力学中已有经典的解析式。下面以扁平圆头为例，对压痕测试测量组织黏弹力学特性的解析式开展分析。

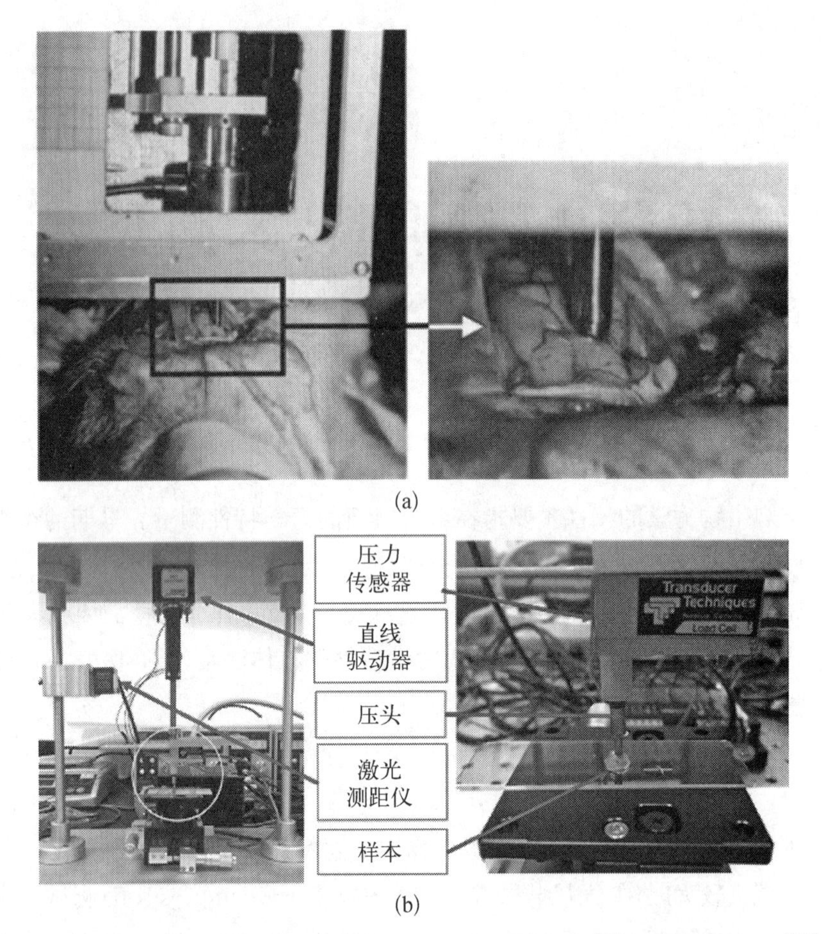

(a)

(b)

图 7-1 常见的压痕测试仪,典型应用包括测量脑组织(a)[57] 和肿瘤组织(b)[58]

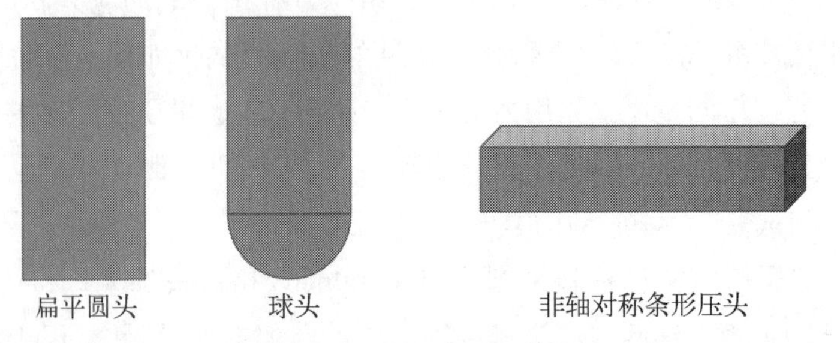

图 7-2 典型的压头形状

例 7.1 在基于扁平圆头的压痕测试中,怎样基于所测量的应力松弛曲线,确定组织的黏弹力学测性?

解: 对于各向同性的线弹性材料,基于扁平圆头的压痕测试解[60]为

$$F = \frac{2ERh}{1-\nu^2} \tag{7-1}$$

式中，F 是压痕反作用力；h 是压痕进给的位移；E 是组织的弹性模量；R 是扁平圆头的半径；ν 是泊松比。通常情况下，我们假定组织是不可压缩的[61-63]，因此有 $\nu = 0.5$，$E = 3G$。基于此，可以得到

$$F = \frac{8}{3}ERh = 8GRh \tag{7-2}$$

式中，G 是剪切模量。由于式(7－1)的前提是半无限大平面的假设，因此采用 Dimitriadis 模型处理边界条件[64]：

$$F = 8GRh(1 + 1.133\chi + 1.283\chi^2 + 0.769\chi^3 + 0.0975\chi^4) \tag{7-3}$$

式中，$\chi = \frac{\sqrt{Rh}}{H}$；$H$ 是样本厚度。注意：压头和样本之间没有滑移。对于应力松弛测试，压头下压后保持位置不变，其位移的函数 h 可以写成关于时间 t 的分段函数：

$$h(t) = \begin{cases} Vt \ (0 \leqslant t \leqslant t_R) \\ h_{max}(t_R \leqslant t) \end{cases} \tag{7-4}$$

式中，V 是压头下压的速率；$h_{max} = Vt_R$ 为最大下压位移。

对于黏弹参量的测量，采用对应原理，将弹性剪切模量 G 基于 2 阶 Prony 级数 $G(t)$ 做替换：

$$G(t) = C_0 + \sum_{i=1}^{2} C_i e^{-\frac{t}{\tau_i}} \tag{7-5}$$

式中，C_0、C_i 和 τ_i 是级数参量。基于此，瞬时剪切模量 G_0 和长时剪切模量 G_∞ 为

$$G_0 = G(0) = C_0 + \sum_{i=1}^{2} C_i, \ G_\infty = G(\infty) = C_0 \tag{7-6}$$

应用玻尔兹曼积分(generalized Boltzmann integral)[65]对压痕过程开展积分，基于式(7－3)和式(7－5)可以得到

$$F=8RX\int_0^t G(t-u)\frac{\mathrm{d}h}{\mathrm{d}u}\mathrm{d}u$$
$$=\begin{cases}8RXV\int_0^t G(t-u)\mathrm{d}u & (0\leqslant t\leqslant t_R)\\ 8RXV\int_0^{t_R} G(t-u)\mathrm{d}u & (t_R\leqslant t)\end{cases} \tag{7-7}$$

式中，$X=(1+1.133\chi+1.283\chi^2+0.769\chi^3+0.0975\chi^4)$；$t_R$是压痕测试过程中，压头的下压时间；$u$ 是积分变量。下压反作用力 F 可以将下压的位移 h 代入后，使用式(7-4)获得

$$F=\begin{cases}8RXV\left[C_0 t-\sum_{i=1}^{2}\tau_i C_i(e^{-\frac{t}{\tau_i}}-1)\right] & (0\leqslant t\leqslant t_R)\\ 8RXV\left[C_0 t_R+\sum_{i=1}^{2}\tau_i C_i e^{-\frac{t}{\tau_i}}(e^{\frac{t_R}{\tau_i}}-1)\right] & (t_R\leqslant t)\end{cases} \tag{7-8}$$

由式(7-8)可见，基于下压和应力松弛过程中，力随着时间变化的曲线，可以通过拟合得到黏弹参量。拟合的目标函数可以写为

$$f_{\mathrm{obj}}(C_0,C_i,\tau_i)=\left[w_1\sqrt{\frac{1}{n}\sum_{j=1}^{n}(F^j-F^j_{\mathrm{exp}})^2}\right]_{0\leqslant t\leqslant t_R}+\left[w_2\sqrt{\frac{1}{m}\sum_{k=1}^{m}(F^k-F^k_{\mathrm{exp}})^2}\right]_{t_R\leqslant t}\quad(i=1,2,3) \tag{7-9}$$

对于下压段和应力松弛段，两个受力过程赋予了相同的权重，即 $w_1=w_2=0.5$。n 和 m 分别是下压段和应力松弛段所采集的数据点。

7.1.2 拉伸测试

拉伸测试也是组织力学特性测量中的常用方法，可以分为单向拉伸、双向拉伸和三向拉伸。拉伸测试的对象主要是柔软的薄膜结构，或者是难以开展压缩测试的情况。单向拉伸较为简单，通过测量组织的拉力和形变可以得到在拉伸方向上的弹性模量。双向拉伸指的是在两个正交方向上对组织开展拉伸测试，三向拉伸指的是在三个正交方向上对组织开展拉伸测试。

双向拉伸测试在软组织中应用较多，尤其对于薄膜结构的组织（如心脏瓣膜和皮肤）[66]。典型的双向拉伸测试仪包括在两个正交方向上的驱动元件和力传感器和加载在测试样本正上方的高速摄像机（见图 7－3）。摄像机的主要功能是拍摄样本的几何形状变化。通常在测试样本表面会用颜色散布标记点。这些标记点随着双向拉伸的过程，组织的形变而发生位移变化。通过分析变化前后散步点在空间中的位移变化，从而对组织的应变进行定量计算。为了保证所测试样本的生物活性，一些双向拉伸测试仪还设有十字形的槽，里面可以加载生物缓冲液等。

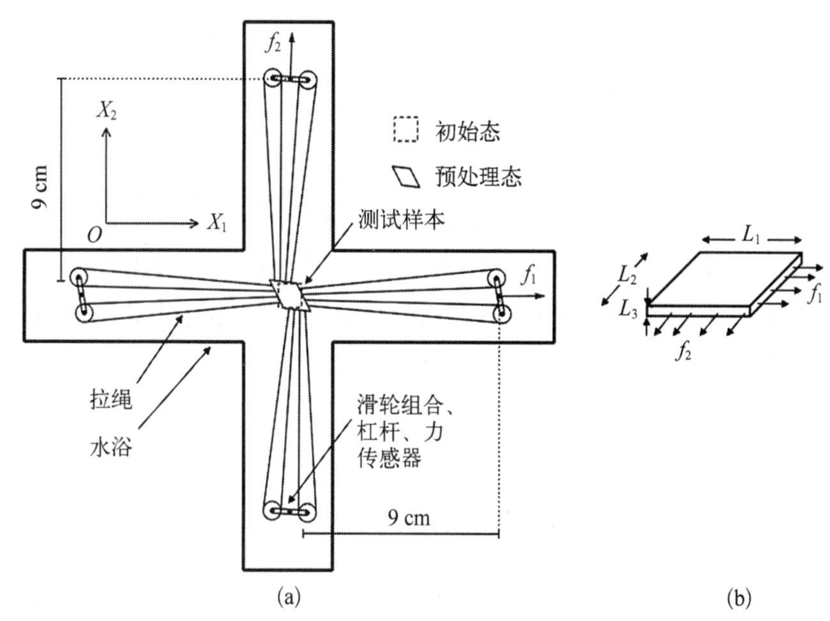

图 7－3 典型的双向拉伸测试仪结构组成以及所测试的样本几何尺寸[67]

例 7.2 在双向拉伸测试的条件下，基于所测量的双向拉力以及样本的几何变形。试确定拉伸过程中所产生的柯西应力。

解： 对于各向同性的线弹性材料的匀质变形，在双向拉伸条件下，其位移场可以写为

$$
\begin{aligned}
\boldsymbol{x}_1 &= \lambda_1 X_1 + \gamma_1 X_2 \\
\boldsymbol{x}_2 &= \lambda_2 X_2 + \gamma_2 X_1 \\
\boldsymbol{x}_3 &= \lambda_3 X_3
\end{aligned} \tag{7-10}
$$

式中，λ_1 和 λ_2 分别代表在基坐标 $\boldsymbol{x}_1$ 和 $\boldsymbol{x}_2$ 方向的拉伸量；γ_1 和 γ_2 分别代表在基坐标 $\boldsymbol{x}_1$ 和 $\boldsymbol{x}_2$ 方向的剪切量。基于此，梯度变形场 $\boldsymbol{F}$ 可以写为

$$F=\left[\frac{\partial \boldsymbol{x}_i}{\partial X_j}\right]=\begin{bmatrix}\lambda_1 & \gamma_1 & \\ \gamma_2 & \lambda_2 & \\ & & \dfrac{1}{\lambda_1\lambda_2-\gamma_1\gamma_2}\end{bmatrix} \tag{7-11}$$

对于长、宽和厚度分别为 L_1、L_2 和 L_3 的样本，如两侧的拉力分别为 $\boldsymbol{f}^{(1)}$ 和 $\boldsymbol{f}^{(2)}$（上标代表作用于样本的两条边）。作用于样本的应力为

$$\boldsymbol{P}=\begin{bmatrix}P_{11} & P_{12}\\ P_{21} & P_{22}\end{bmatrix}=\begin{bmatrix}\dfrac{f_1^{(1)}}{A_1} & 0\\ 0 & \dfrac{f_2^{(2)}}{A_2}\end{bmatrix} \tag{7-12}$$

式中，$f_1^{(1)}$ 为 $\boldsymbol{f}^{(1)}$ 在基坐标 $\boldsymbol{x}_1$ 方向上的分量；$f_2^{(2)}$ 为 $\boldsymbol{f}^{(2)}$ 在基坐标 $\boldsymbol{x}_2$ 方向上的分量；A_1 和 A_2 为 $\boldsymbol{f}^{(1)}$ 和 $\boldsymbol{f}^{(2)}$ 所作用的厚度截面的面积。因此，这里定义的应力 $\boldsymbol{P}$ 为第一类 PK 应力(the first Piola-Kirchhof stress)。基于样本散斑分析的应变 $\boldsymbol{F}$，可以进一步求柯西应力 $\boldsymbol{t}=\boldsymbol{P}\boldsymbol{F}^{\mathrm{T}}$。

需要注意的是，本例中样本所采取的固定方式是类似于铰链环扣固定(tethered)的方式。除此之外，双向拉伸测试中，样本还可以用两端夹紧(clamped)的方式进行固定。对于铰链环扣式固定，其允许自由横向位移，并能够产生相对均匀的边界力分布。这可以帮助我们直接从实验数据中确定应力，并获得准确的应力-应变关系。

因此，这种方法只需要直接测量初始样本尺寸、基准标记位置和轴向拉力。由于应力状态引起的内在差异，此设置不适用于两端夹紧的双向拉伸测试。在力学特性的测量前，有如下假设条件。

(1) 组织始终处于准静态平衡状态。

(2) 变形是均匀的，因此① 样本位于设备中心，不会移动；② 测试系统是对称的；③ 施加的牵引力在每侧均匀分布，由 4 个固定点平均施加。

通过分析样本的几何变形和双向拉伸力的变化，还可以直接求得柯西应力 $\boldsymbol{t}$[67]：

$$\begin{bmatrix} n_1^{(1)} & n_2^{(1)} & 0 \\ 0 & n_1^{(1)} & n_2^{(1)} \\ n_1^{(2)} & n_2^{(2)} & 0 \\ 0 & n_1^{(2)} & n_2^{(2)} \end{bmatrix} \begin{bmatrix} t_{11} \\ t_{12} \\ t_{22} \end{bmatrix} = \begin{bmatrix} T_1^{(1)} \\ T_2^{(1)} \\ T_1^{(2)} \\ T_2^{(2)} \end{bmatrix}, \boldsymbol{t} = \begin{bmatrix} t_{11} & t_{12} \\ t_{12} & t_{22} \end{bmatrix} \tag{7-13}$$

式中，$\boldsymbol{T}_1^{(1)}$ 和 $\boldsymbol{T}_2^{(2)}$ 为作用在样本截面上的拉力向量；$n_1^{(1)}$ 和 $n_2^{(2)}$ 为样本截面上的法向量。注意上标代表作用于样本的两条边，下标代表沿着坐标轴的分量。

7.1.3 剪切与扭转测试

剪切测试可以直接测量组织的剪切模量，其主要实现方法有两种：简单剪切和旋转剪切(见图 7-4)。简单剪切的方法是将样本放置于两个剪切板之间，通过剪切板的相互剪切位移对测试样本施加剪切力，记录剪切位移和剪切力的大小，从而计算组织的剪切模量。简单剪切的方法实现简单，也方便改造和拓展成动态剪切[53]。

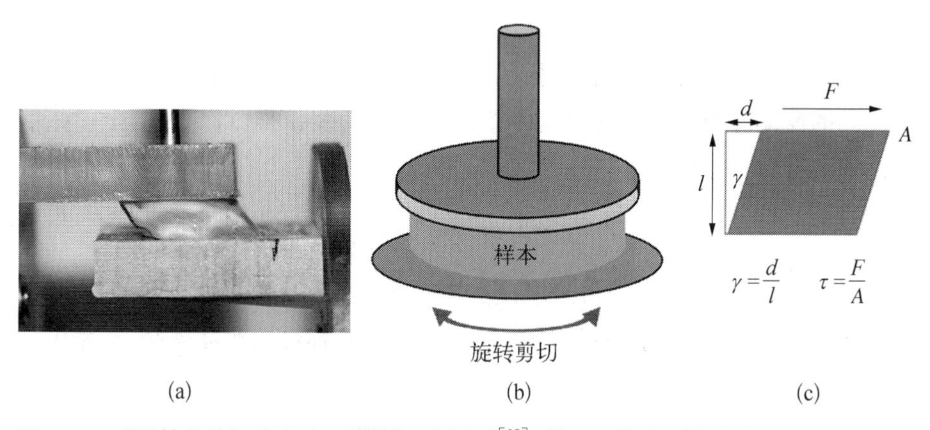

图 7-4 采用简单剪切的方法开展剪切测试(a)[68]；基于旋转剪切的方式开展剪切测试，旋转剪切是流变仪中使用的主要手段(b)；剪切过程中所产生的位移、应变和应力(c)

旋转剪切是将样本放置于两片旋转压板之间，通过两块压板的相对旋转产生剪切力，从而实现样本的剪切力和位移的测量。旋转剪切使用连续的旋转来施加应变或应力，得到恒定的剪切速率。在剪切流达到稳定时，测量由于流动形变产生的扭矩，因此也称为稳态测量。

稳态旋转剪切有两种方法：① 控制剪切应变，即旋转速度(或剪切应变速率)，测量旋转扭矩(或剪切应力)；② 控制剪切应力，即扭矩(或剪切应力)，测量旋转速度(或剪切应变速率)。基于测量的结果，可以采用黏弹性模型对组织的特性进行拟合。

动态剪切测试可以研究组织在交变外力或应变作用下的流变特性。动态测试原理可以用基本剪切模型来说明，如图 7-4(c)所示。假设样本夹在上下两个剪切板中，下板静止不动，上板的面积为 A，在剪切力 F 作用下发生位移 d，样本的厚度为 l，样本在两板之间受到振幅为 s 的往复剪切。样品与两板之间的黏附良好，在测试中无壁滑移现象，基于匀质变形的假设，在两板之间各处产生的变形是相同的，则应变 γ、应力 τ、剪切模量 G 分别为

$$\gamma=\frac{\mathrm{d}}{l},\ \tau=\frac{F}{A},\ G=\frac{\tau}{\gamma} \tag{7-14}$$

当施加的应变为定频率的交变信号时(控制应变模式)，有

$$\gamma=\gamma_A \sin\omega t \tag{7-15}$$

式中，γ_A 为应力幅值；ω 为角频率；t 为时间变量。对于线性黏弹性的组织，所采集到的反馈应力响应信号也是一个同频率的交变信号。但是，两个正弦信号之间会有一个相位差 ϕ。剪切力可以写为

$$\tau=\tau_A \sin(\omega t+\phi) \tag{7-16}$$

式中，τ_A 为应变幅值；ω 为角频率；t 为时间变量；ϕ 的大小为 0°～90°：对于理想流体 ϕ 为 90°；对于理想固体 ϕ 为 0°；具有黏弹性的实际样品，ϕ 为 0°～90°。

应力和应变幅值的比值为复数模量 G^* 的幅值：

$$|G^*|=\frac{\tau_A}{\gamma_A} \tag{7-17}$$

再依据相位差 ϕ 可以把复数模量分解为储能模量 G' 和损耗模量 G''：

$$G'=|G^*|\cos\phi,\ G''=|G^*|\sin\phi \tag{7-18}$$

储能模量 G' 是复数模量的弹性部分，表示形变能力中储存的部分；损耗模量

G''是复数模量的黏性部分，表示形变能力中损失的部分。相位差 ϕ 可以写为

$$\tan\phi = \frac{G''}{G'} \tag{7-19}$$

称为阻尼或损耗因子，表示黏性相对弹性部分的比值。基于不同的 $\tan\phi$ 数值，可以将测试样本特性区分如下。

(1) $\tan\phi < 1$，即 $G'' < G'$：弹性占主要部分，为凝胶体。

(2) $\tan\phi > 1$，即 $G'' > G'$：黏性占主要部分，为流体。

(3) $\tan\phi = 1$，即 $G'' = G'$：黏性和弹性相等，为溶胶-凝胶转变点。

当对样本施加的应变或应力在一定范围内时，样本的结构产生的是弹性形变，产生的形变能够完全回复，结构没有受到破坏，其应变、应力规律符合正弦响应，此时样品的响应为线性黏弹性响应，相对的应变或应力区间为线性黏弹区(linear viscoelastic, LVE)，线性黏弹区内的测量为线性黏弹性测量或小振幅振荡测量(small amplitude oscillation, SAOS)；当施加的应变或应力超出一定的范围时，样品中产生了不可回复结构变化，那么此时样本响应的应力或应变信号就不会再保持正弦波规律了，样品的结构受到一定程度的破坏，此区域就是非线性黏弹区，针对的测量称为非线性黏弹性测量或大振幅振荡测量(large amplitude oscillation, LAOS)

动态剪切测量同样有两种控制模式，即控制应变模式和控制应力模式，控制变量和响应变量如表 7-1 所示。

表 7-1 动态剪切测量的两种控制模式

方 程	控制应变	控制应力
施加变量方程	$\gamma = \gamma_A \sin\omega t$	$\tau = \tau_A \sin\omega t$
响应变量方程	$\tau = \tau_A \sin(\omega t + \phi)$	$\gamma = \gamma_A \sin(\omega t + \phi)$

通过对样品进行应变扫描来确定样品的线性黏弹区。可以用来确定线性黏弹区的变量有 G'、G''、$\tan\delta$。因为 G'最敏感，所以当应变超过线性黏弹区时，G'首先出现变化。因此，大多数情况下用 G'来确定材料的线性黏弹区。线性黏弹区的定义：在测试开始时，G'和 G''是两个恒定的值，假设定义 G'和开始测试时的恒定值的偏差为 5%(一般为 3%～10%)时为线性黏弹区的终

点,那么认为小于这个偏差范围的点就在线性黏弹区内,大于这个偏差范围的值就在线性黏弹区范围之外,等于 5% 偏差范围的点为线性黏弹区的终点。如图 7-5 所示,τ_1 所对应的点即为线性黏弹区的终点。

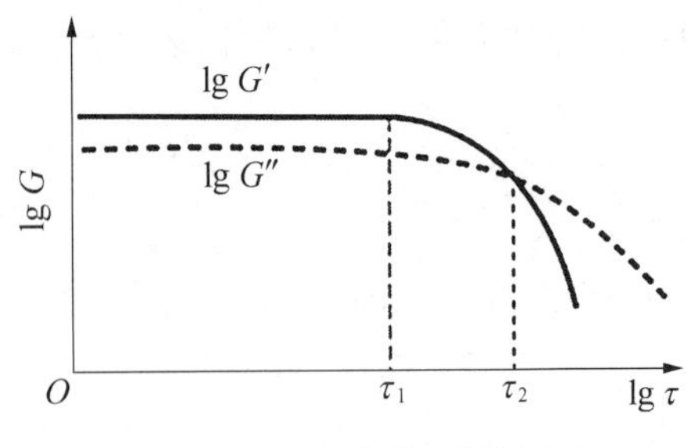

图 7-5 线性黏弹区域的确定

7.1.4 振动与波的应用

所述的各种软组织测试方法均需要将组织取出体外,做成样本才可以开展测试。为实现软组织的无创、在体测量,采用外界振动,利用波动在软组织中的传播成为重要的手段。目前采用波动方法对软组织的力学特性进行测量,主要基于影像学技术,包括光学相干成像(optical coherence tomography, OCT)、超声成像(ultrasound imaging)和磁共振成像(magnetic resonance imaging, MRI)。这些成像方法通过捕捉和记录机械波动在软组织中的传播,在获得波动位移场后,基于本构方程对组织的力学特性进行求解。

例 7.3 对基于波动的组织力学特性测量开展仿真实验(见图 7-6)。在一个长方形的测试目标中,加入两个嵌入物。背景的剪切模量为 1 kPa,两个嵌入物的剪切模量分别为 2 kPa 和 4 kPa。波动位移沿着 x_2 方向,沿 x_1 方向传递。剪切波动的频率为 20 Hz。观察剪切波在经过两个嵌入物过程中所发生的变化,并说明原因。

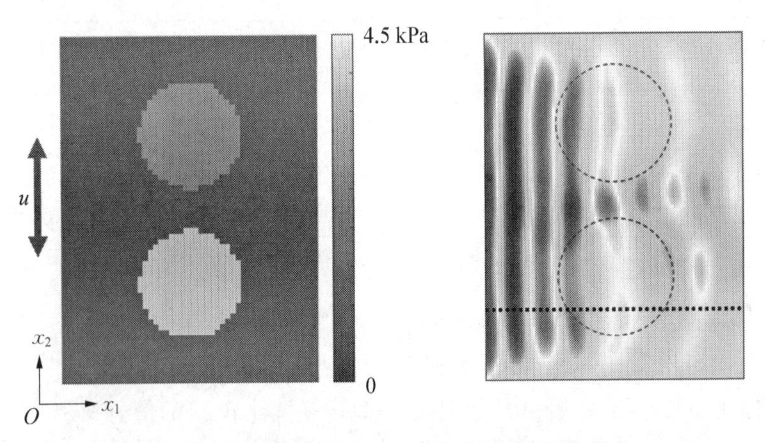

图 7-6 基于波动的组织力学特性测量仿真实验

解：可以观察到，当剪切波在穿过较硬的嵌入物时，其波长比穿过较软的嵌入物要更长。首先，剪切波动在传递过程中，其位移 $\boldsymbol{u}_s$ 可以写成(见图 7－7)：

$$\boldsymbol{u}_s = \boldsymbol{U}\sin 2\pi\left(\frac{x}{l_s}+\frac{t}{T_s}\right) \tag{7-20}$$

式中，$\boldsymbol{U}$ 为剪切波动的振幅；l_s 为波长；T_s 为波动周期。基于波动方程，波速 c_s 可以表示为

$$c_s = \frac{l_s}{T_s} = \sqrt{\frac{\mu}{\rho}} \tag{7-21}$$

式中，μ 为组织剪切模量；ρ 为组织密度。由式(7－21)可知：

$$\mu = \rho c_s^2 = \rho f^2 l_s^2 \tag{7-22}$$

可以看到，在固定的剪切频率条件下，波长越长，组织的剪切模量越大，波长越短，剪切模量越小。

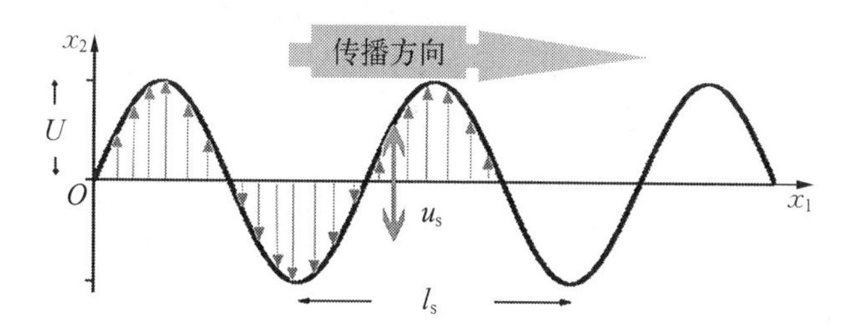

图 7－7　在某一个时刻的剪切波及其波长

下面基于波动方程对剪切波动传播特征与组织的力学特性之间的关系做详细说明。剪切波动在空间中的传播如图 7－8 所示。对于匀质、不可压缩、各向同性的黏弹性组织，在空间中的任意位点 $\boldsymbol{r}$，其位移为 $u(\boldsymbol{r})$。它可以写成 M 个行波的加和：

$$\begin{aligned} u(\boldsymbol{r}) &= \sum_{m=1}^{M} w_m \\ &= \sum_{m=1}^{M} a_m e^{-ik^* \boldsymbol{n}_m \cdot \boldsymbol{r}} \end{aligned} \tag{7-23}$$

其中，w_m 是第 m 个行波；a_m 是波动位移的幅值，可以是复数；m 是行波的个数；$\boldsymbol{n}_m$ 是第 m 个行波的传播方向向量；$k^* = k' + ik''$ 是本地的复波数。其

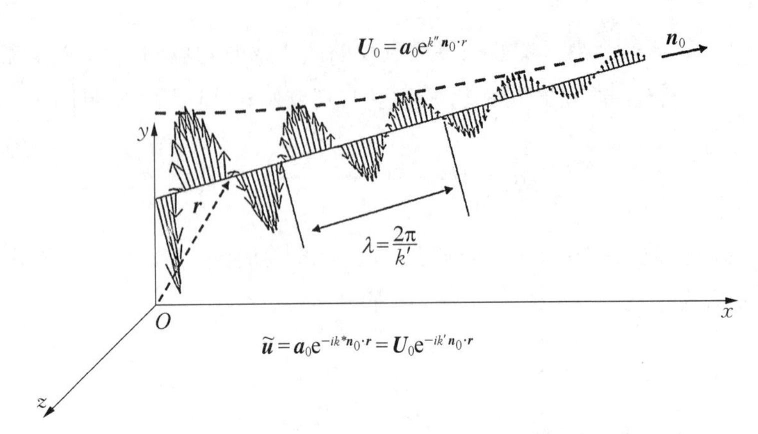

注：波长可以由复波数的实部确定，振幅与复波数的虚部相关。

图 7－8　剪切波动在空间中的传播

中，k'是实数波数，与组织的弹性相关，k''是复波数，与组织的黏性相关。复数波数可以由振动频率 ω 进行归一化：

$$\widetilde{k^*}=\frac{k^*}{\omega}=\frac{k'}{\omega}+i\frac{k''}{\omega},\ \widetilde{k^*}=\widetilde{k'}+\widetilde{ik''} \tag{7-24}$$

对于各向同性线弹性的组织，其波动方程可以写为

$$\mu\nabla^2\boldsymbol{u}+(\lambda+\mu)\boldsymbol{\nabla}(\boldsymbol{\nabla}\cdot\boldsymbol{u})=\boldsymbol{F}=\rho\frac{\partial^2\boldsymbol{u}}{\partial t^2} \tag{7-25}$$

式中，λ 是拉梅(Lamé)常数；μ 是剪切模量。对于剪切波而言，$\boldsymbol{u}=\boldsymbol{u}_s$，只有形状的变化，没有体积的变化，因此 $\boldsymbol{\nabla}\cdot\boldsymbol{u}_s=\boldsymbol{0}$。 波动方程可以简化为

$$\mu\boldsymbol{\nabla}^2\boldsymbol{u}_s=\rho\frac{\partial^2\boldsymbol{u}_s}{\partial t^2} \tag{7-26}$$

其一般解可以写为

$$\boldsymbol{u}_s=\boldsymbol{a}_0\cdot e^{k''\boldsymbol{n_0}\cdot\boldsymbol{r}}e^{i(\omega t-k'\boldsymbol{n_0}\cdot\boldsymbol{r})}=\boldsymbol{a}_0e^{i(\omega t-k^*\boldsymbol{n_0}\cdot\boldsymbol{r})}=\boldsymbol{a_0}e^{-i(k'+ik'')\boldsymbol{n_0}\cdot\boldsymbol{r}}e^{i\omega t} \tag{7-27}$$

注意：$k''<0$ 表示波动的衰减。将式(7－27)代入式(7－25)，由黏弹性材料的对应原理，可以得到

$$(G'+iG'')\boldsymbol{\nabla}^2\boldsymbol{u}_s=\rho\frac{\partial^2\boldsymbol{u}_s}{\partial t^2} \tag{7-28}$$

因此

$$\rho\omega^2=(G'+iG'')(k'^2-k''^2-2ik'k'') \tag{7-29}$$

将式(7－29)分成实部和虚部,分别写出:

$$\begin{aligned}\rho\omega^2&=G'(k'^2-k''^2)+2G''k'k''\\(k'^2-k''^2)G''-2G'k'k''&=0\end{aligned} \tag{7-30}$$

解出 G' 和 G'',得到

$$\begin{aligned}G'&=\rho\omega^2\frac{(k'^2-k''^2)}{(k'^2+k''^2)^2}\\G''&=\rho\omega^2\frac{2k'k''}{(k'^2+k''^2)^2}\end{aligned} \tag{7-31}$$

如果 ϕ 是复数模量 G^* 的相角,则

$$|G^*|e^{i\phi}=\frac{\rho\omega^2}{(k'+ik'')^2}$$

$$k'+ik''=\frac{\sqrt{\rho}\omega}{\sqrt{|G^*|}}e^{-\frac{i\phi}{2}}=\frac{\sqrt{\rho}\omega}{\sqrt{|G^*|}}\cos\frac{\phi}{2}-i\frac{\sqrt{\rho}\omega}{\sqrt{|G^*|}}\sin\frac{\phi}{2}$$

$$\cos^2\frac{\phi}{2}=\frac{1+\cos\phi}{2}=\frac{1+\frac{G'}{|G^*|}}{2}$$

$$\sin^2\frac{\phi}{2}=1-\cos^2\frac{\phi}{2}=\frac{1-\frac{G'}{|G^*|}}{2}$$

$$\tag{7-32}$$

因此有

$$\begin{aligned}k'^2&=\frac{\rho\omega^2}{|G^*|}\cos^2\frac{\phi}{2}=\frac{\rho\omega^2}{2|G^*|^2}(|G^*|+G')\\k''^2&=\frac{\rho\omega^2}{|G^*|}\sin^2\frac{\phi}{2}=\frac{\rho\omega^2}{2|G^*|^2}(|G^*|-G')\\c_s&=\frac{\frac{2\pi}{k'}}{\frac{2\pi}{\omega}}=\frac{\omega}{k'}\end{aligned} \tag{7-33}$$

进一步可以得到

$$c_s^2 = \frac{2|G^*|^2}{\rho(|G^*|+G')} \tag{7-34}$$

注意：如果行波在黏弹性的介质中衰减，$k^* = k' + ik''$ ($k'' < 0$)，波动位移可以写为

$$\boldsymbol{u} = \boldsymbol{a}_0 e^{-i(k'+ik'')\boldsymbol{n}_0 \cdot \boldsymbol{r}} e^{i\omega t} = \boldsymbol{a}_0 e^{-ik^* \boldsymbol{n}_0 \cdot \boldsymbol{r}} e^{i\omega t} = \tilde{\boldsymbol{u}} e^{i\omega t} \tag{7-35}$$

这里 $\tilde{\boldsymbol{u}} = \boldsymbol{a}_0 e^{-ik^* \boldsymbol{n}_0 \cdot \boldsymbol{r}}$ 是波动的主成分。如果

$$\boldsymbol{U}_0 = \boldsymbol{a}_0 e^{k'' \boldsymbol{n}_0 \cdot \boldsymbol{r}} \tag{7-36}$$

那么

$$\tilde{\boldsymbol{u}} = \boldsymbol{a}_0 e^{-ik^* \boldsymbol{n}_0 \cdot \boldsymbol{r}} = \boldsymbol{a}_0 e^{-i(k'+ik'')\boldsymbol{n}_0 \cdot r} = \boldsymbol{a}_0 e^{k'' \boldsymbol{n}_0 \cdot \boldsymbol{r}} e^{-ik' \boldsymbol{n}_0 \cdot \boldsymbol{r}} = \boldsymbol{U}_0 e^{-ik' \boldsymbol{n}_0 \cdot \boldsymbol{r}} \tag{7-37}$$

7.2 细胞与分子生物力学测量

7.2.1 原子力显微镜

原子力显微镜(atomic force microscope, AFM)是在扫描隧道显微镜(scanning tunneling microscope, STM)的基础上发展起来的，通过测量样品表面分子(原子)与 AFM 微悬臂探针之间的相互作用力来观测样品表面的形貌和力学特征的仪器。AFM 可以在大气和液体环境下对各种材料和样品进行纳米区域的物理性质包括形貌进行探测，或者直接进行纳米操纵。AFM 利用一个对微弱力极敏感的、在其一端带有一微小针尖的微悬臂来代替 STM 隧道针尖，通过探测针尖与样品之间的相互作用力来实现表面成像。

AFM 利用原子之间的范德瓦耳斯力作用来呈现样品的表面特性。假设两个原子，一个是在悬臂的探针尖端，另一个是在样本的表面，它们之间的作用力会随距离的改变而变化。当原子与原子很接近时，彼此的电子云斥力的作用大于原子核与电子云之间的吸引力作用，所以整个合力表现为斥力的作用，反之若两原子分开有一定距离时，其电子云斥力的作用小于彼此原子核与

电子云之间的吸引力作用,故整个合力表现为引力的作用。原子力显微镜就是利用原子之间微妙的关系将原子样子呈现出来。

针对样本表面形貌的测量,AFM 有一个对极微弱力极敏感的微悬臂,其一端固定,另一端有一微小的针尖,针尖与样品表面轻轻接触。由于针尖的尖端原子与样品表面原子间存在极微弱的排斥力,通过在扫描时控制这种作用力恒定,带有针尖的微悬臂将对应于原子间的作用力的等位面,在垂直于样品表面方向上起伏运动。利用光学检测法或隧道电流检测法,可测得对应于扫描各点的位置变化,将信号放大与转换从而得到样品表面原子级的三维立体形貌图像。

AFM 主要是由执行光栅扫描和 z 定位的压电驱动扫描、反馈电子线路、光学反射系统、探针、防震系统以及计算机控制系统构成,如图 7-9 所示。压电陶瓷管(PZT①)控制样品在 x、y、z 方向的移动,当样品相对针尖沿着 $x-y$ 平面扫描时,由于表面的高低起伏使得针尖、样品之间的距离发生改变。当激光束照射到微悬臂的背面,再反射位置灵敏的光电检测器时,检测器不同象限收到的激光强度差值,同微悬臂的形变量形成一定的比例关系。反馈回路根据检测器信号与预置值的差值,不断调整针尖、样品之间的距离,并且保持针

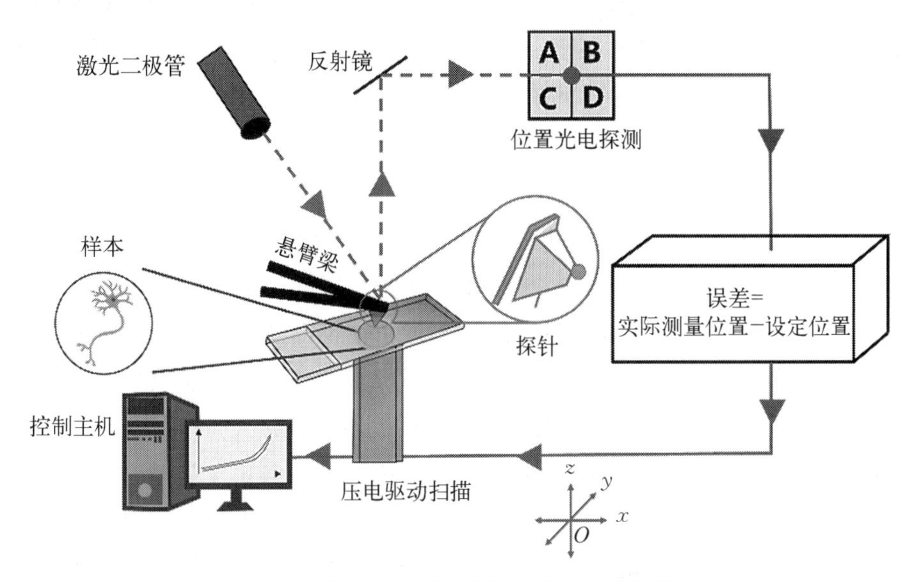

图 7-9 原子力显微镜的基本构成和测量原理

① PZT:铅(Pb)、锆(Zr)和钛(Ti)。

尖、样品之间的作用力不变，就可以得到表面形貌图像，这种测量模式称为恒力模式。当已知样品表面非常平滑时，可以采用恒高模式进行扫描，即针尖、样品之间距离保持恒定。这时针尖、样品之间的作用力大小直接反映了表面的形貌图像。

原子力显微镜有3种基本成像模式，它们分别是接触式(contact mode)、非接触式(non-contact mode)、轻敲式(tapping mode)。接触式AFM是一个排斥性的模式，探针尖端和样品做柔软性的"实际接触"，当针尖轻轻扫过样品表面时，接触的力量引起悬臂弯曲，进而得到样品的表面图形。由于是接触式扫描，在接触样品时可能会是样品表面弯曲。经过多次扫描后，针尖或者样品有钝化现象。通常情况下，接触模式都可以产生稳定的、分辨率高的图像。但是这种模式不适用于研究生物大分子、低弹性模量样品以及容易移动和变形的样品。

非接触式在非接触模式中，针尖在样品表面的上方振动，始终不与样品接触，探测器检测的是范德瓦耳斯力和静电力等对成像样品没有破坏的长程作用力。需要使用较坚硬的悬臂(防止与样品接触)。所得到的信号更小，需要更灵敏的装置，这种模式虽然增加了显微镜的灵敏度，但当针尖和样品之间的距离较长时，分辨率要比接触式和轻敲式都低。由于为非接触状态，对于研究柔软或有弹性的样品较佳，而且针尖或者样品表面不会有钝化效应，不过会有误判现象。这种模式的操作相对较难，通常不适用于在液体中成像，在生物中的应用也很少。

轻敲式微悬臂在其共振频率附近做受迫振动，振动的针尖轻轻地敲击表面，间断地与样品接触。当针尖与样品不接触时，微悬臂以最大振幅自由振荡。当针尖与样品表面接触时，尽管压电陶瓷片以同样的能量激发微悬臂振荡，但是空间阻碍作用使得微悬臂的振幅减小。反馈系统控制微悬臂的振幅恒定，针尖就跟随表面的起伏上下移动获得形貌信息。类似非接触式AFM，比非接触式更靠近样品表面。损害样品的可能性比接触式少(不用侧面力、摩擦或者拖拽)。轻敲式的分辨率与接触式的一样好，而且由于接触时间非常短暂，针尖与样品的相互作用力很小，通常为1 pN～1 nN，由剪切力引起的分辨率的降低和对样品的破坏几乎消失，所以适用于对生物大分子、聚合物等软样品进行成像研究。对于一些与基底结合不牢固的样品，轻敲式与接触式相比，很大程度地降低了针尖对表面结构的"搬运效应"。样品表面起伏较大的大型扫描比非接触式的更有效。

原子力显微镜分辨率包括侧向分辨率和垂直分辨率。图像的侧向分辨率取决于两种因素：采集图像的步宽（step size）和针尖形状。原子力显微镜图像由像素点组成，其采点的形式是一个逐步离散采样过程，如图 7－10(a)所示。扫描器沿着齿形路线进行扫描，计算机以一定的步宽取数据点。AFM 成像实际上是针尖形状与表面形貌作用的结果，针尖的形状是影响侧向分辨率的关键因素，如图 7－10(b)所示。针尖影响 AFM 成像主要表现在两个方面：针尖的曲率半径和针尖侧面角，曲率半径决定最高侧向分辨率，而探针的侧面角决定最高表面比率特征的探测能力。曲率半径越小，越能分辨精细结构。

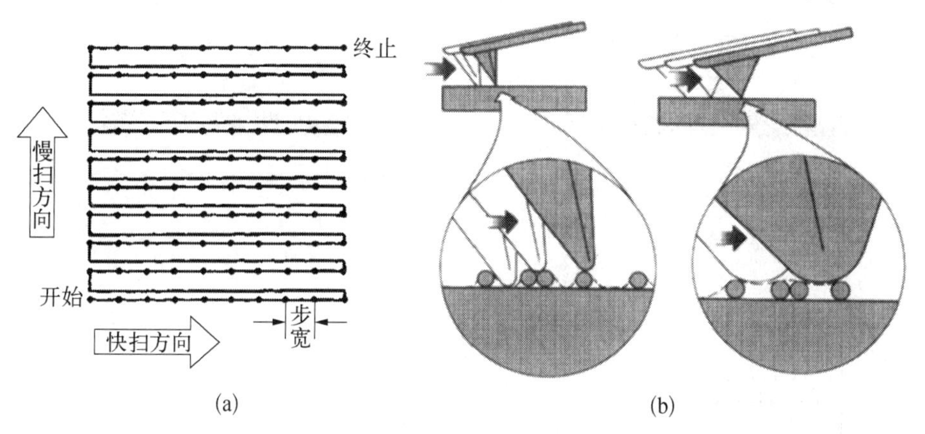

图 7－10 扫描器运动方向和数据点的采集(a)；不同曲率半径的针尖对球形物成像时的扫描路线(b)

采用 AFM 进行生物样本的力学特性测量，其原理与压痕测试类似，均是通过采集压痕过程中的力-位移曲线对力学参量进行测量。AFM 测量的每个像素点均是一个纳米压痕的测试点。与宏观压痕测试不同，由于原子间的范德瓦耳斯力作用，其压痕的过程可分为接近阶段和撤回阶段（见图 7－11）。在接近阶段原子力显微镜的微悬臂梁探针接近样本表面，直到触碰并弯曲尖端悬臂。撤回阶段则是原子力显微镜微悬臂探针从样品上撤回。

分析压痕的接近阶段和撤回阶段，当力-位移曲线为线性时，可以根据经典赫兹模型（Hertz model）[69-71]，或 Sneddon 模型[72]计算每个测试样品的杨氏模量(E)。对于具有锥形尖端的探针，E 可以通过式(7－38)计算：

$$E=\frac{\pi}{2}\frac{(1-\nu^2)}{\tan(\alpha)}\frac{F}{D^2} \tag{7-38}$$

式中，F 是压痕作用力；D 是压痕位移；α 是针尖的半开角度；ν 是泊松比。通常假定生物样本的不可压缩，即 $\nu=0.5$。

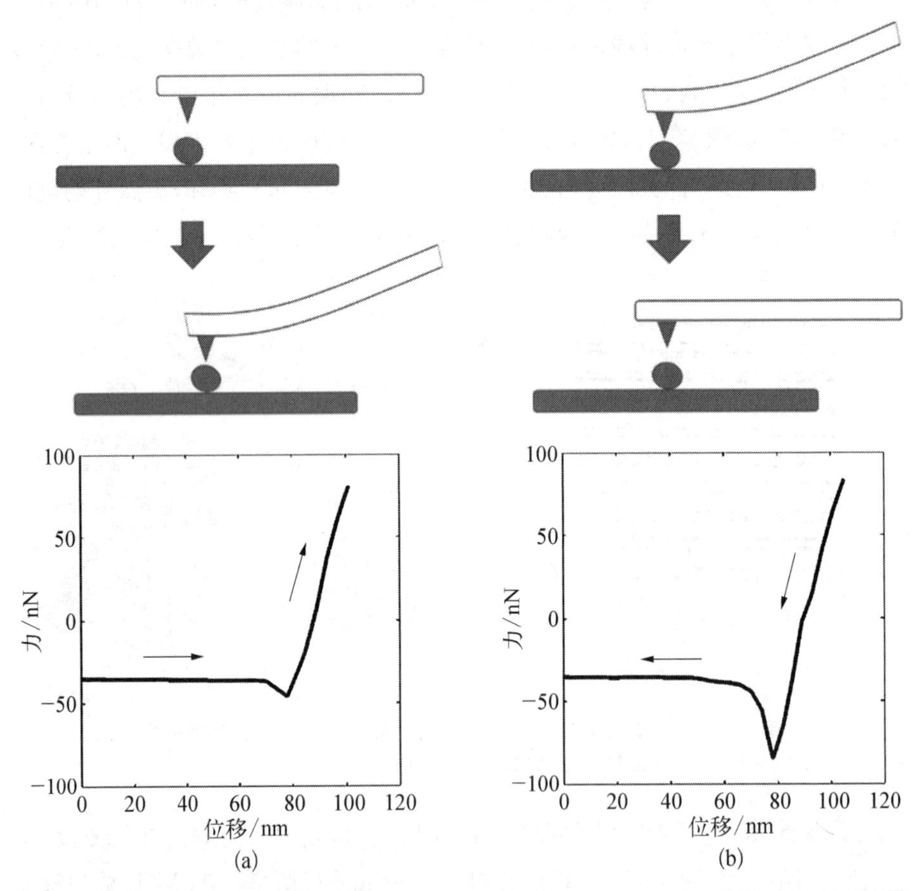

图 7-11 AFM 纳米压痕测试的接近阶段(a)和撤回阶段(b)及其对应的典型力-位移曲线

7.2.2 牵引力显微镜

牵引力显微镜(traction force microscope, TFM)是测量细胞与细胞外基质相互作用产生的主动作用力，即细胞牵引力的仪器。细胞与基底的相互作用，对了解细胞如何产生和感知力，以及这些力如何转化为生化信号至关重要。细胞牵引力可以了解正常和病理状态下的细胞行为，分析细胞力学与生理病理的关系。TFM 对于研究微环境对细胞的贴壁、迁移、生长分化等生理学功能的影响有极大帮助。将为许多牵引力失衡所导致的疾病的机理探究、诊断与治疗提供重要的理论支撑和检测、治疗依据。如何精确地测量细胞对外界施加的牵引力也是生物力学研究中的关键问题。

TFM 的基本原理是,将细胞培养在弹性模量已知且预先有荧光示踪微珠标记的基底上,当细胞收缩时会牵引基底产生变形,利用激光共聚焦显微镜记录荧光示踪微珠的位移变化,获得位移场和应变场(见图 7-12)。再依据基底的力学本构关系,通过计算得到细胞施加的牵引力。由于荧光微珠分布随机,常用的基底位移场的提取方法大致上可以分成两类,分别是基于模式识别技术的荧光粒子位移跟踪方法和数字图像处理相关方法。利用模式识别技术对变形前后图像中的荧光微珠的位置信息进行匹配,或计算变形前后图像两个

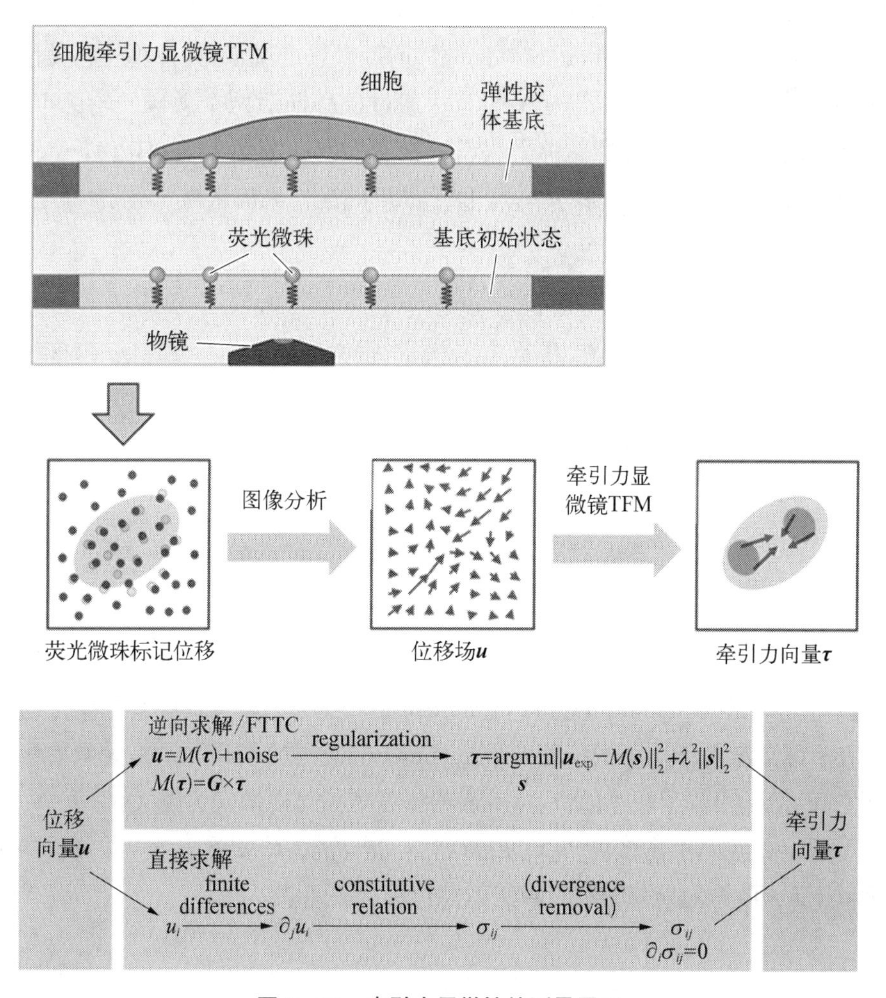

图 7-12　牵引力显微镜的测量原理

子区域的互相关系数，对两张图像中的荧光微珠进行匹配，来获得基底的位移场。对于图形化弹性基底方法而言，由于基底表面的微凸台阵列是呈周期性规律分布的，且凸台的位移小于凸台分布的空间周期，故无须复杂的图像匹配算法，只需通过图像处理计算基底受力前后两张图像中各凸台的中心坐标，将相同凸台受力前后的中心坐标做差，获得各凸台的位移矢量，即可完成基底位移场的提取。

TFM 实验所用的细胞基底，通常是柔性聚合物薄膜，如聚丙烯酰胺。这是因为其柔性可以调节，并且是一种可以假设为各向同性、线弹性的材料。其他的凝胶基底，如胶原虽然可以更加接近细胞的生理环境，但是由于其胶原蛋白纤维的存在，不方便使用各向同性的线弹性假设对牵引力进行计算。

对于微珠位移的测量，通过对比位移前后微珠的图像，并计算互相关信息(cross correlation)确定。互相关的算法通过位移前后两个微珠的轮廓拟合，通过优化计算确定微珠的位移。假设微珠位移前的图像为 $K(i, j)$，位移后的图像为 $I(i, j)$，$i, j = 2m+1$，位于前后的互相关信息为

$$C(i, j)=\sum_{x=-m}^{m} \sum_{y=-m}^{m} I(i+x, j+y) K(x, y) \tag{7-39}$$

$C(i, j)$ 也称为互相关场，其给出了像素强度在位移前后的相似程度。当 $C(i, j)$ 最大时，对应的位置 (i, j) 即为位移后微珠的位置。通过计算互相关场的质心可以计算出具体的位置：

$$i_C=\frac{\sum_{i, j} i C(i, j)}{\sum_{i, j} C(i, j)}, \quad j_C=\frac{\sum_{i, j} j C(i, j)}{\sum_{i, j} C(i, j)} \tag{7-40}$$

在获得微珠的位移后，求相应的力分布是一个逆问题。相对应的问题称为波希尼斯克(Boussinesq)方程，它给出的是一个无限均值的线弹性半空间表面在平面点载荷作用下的位移。虽然 TFM 中使用的基底并不是无限的半平面空间，但是相对于较小的位移，基底的厚度依然可以假定为较大。

假定在空间中离散的点 $\boldsymbol{x}_i$ 在受到空间分布力 $\boldsymbol{f}_j$ 的作用下，其位移向量为 $\boldsymbol{u}_i$，那么波希尼斯克方程可以将力和位移的关系表示为

$$\boldsymbol{u}_i=\sum_{j=1}^{m} \boldsymbol{G}(\boldsymbol{r}_{ij}) \boldsymbol{f}_j \tag{7-41}$$

式中，$\boldsymbol{r}_{ij}=\boldsymbol{x}_i-\boldsymbol{x}_j$ 是距离向量，且

$$\boldsymbol{G}(\boldsymbol{r})=\frac{1+\nu}{\pi E r^3}\begin{bmatrix}(1-\nu)r^2+\nu r_x^2 & \nu r_x r_y \\ \nu r_x r_y & (1-\nu)r^2+\nu r_y^2\end{bmatrix} \tag{7-42}$$

式中，r_x 和 r_y 分别是 $\boldsymbol{r}$ 的 x 和 y 的分量；E 和 ν 分别是基底的杨氏模量和泊松比。将 n 个位移代入式(7－42)可以得到 m 个力向量和 n 个位移向量，联立方程求出 n 个位移向量，对应的 m 个力向量就可以得到牵引力场的分布。

除了在 2D 平面内用 TFM 测量细胞应力外，TFM 还可扩展到 3D 情况(见图 7－13)。所谓 2.5D TFM，是将细胞或组织接种在 2D 弹性基质的顶部，通过共聚焦显微镜检测基质内嵌的荧光颗粒的位置变化，从而测量基质的位移。在测量的 2D 截面，位移数据可以用来计算牵引场。在简单的几何结构(例如球形帽)的情况下，可以通过微鼓测试恢复组织的内部应力，从而获得 3D 的压力分布。图 7－13(a)展示了一个典型的 2.5D TFM 实验，在

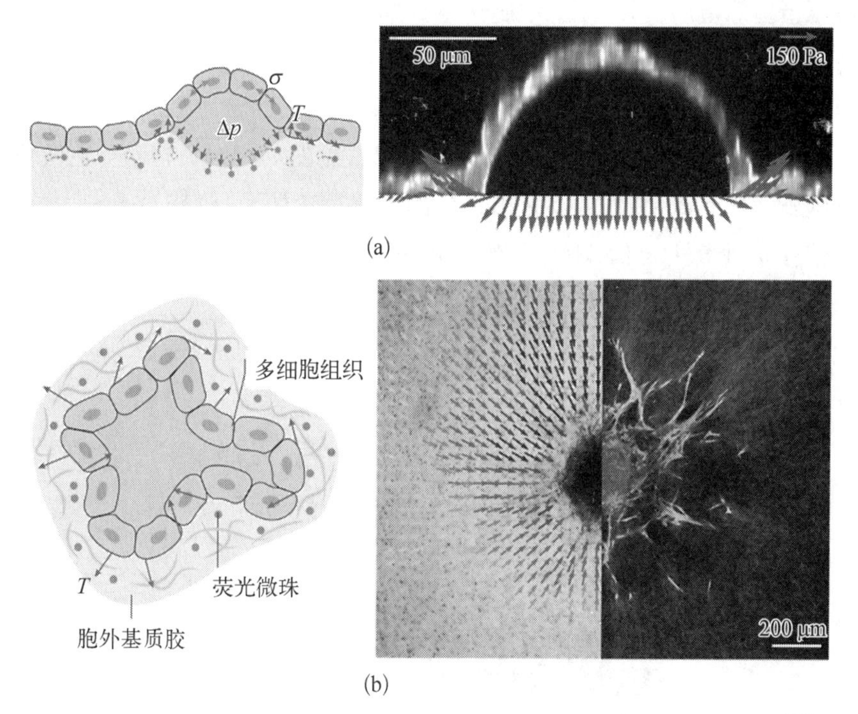

图 7－13　2.5D TFM(a)和 3D TFM(b)测量示意和实际测量的牵引力向量[73]

一个平面基质上生成的上皮穹顶(侧视图)产生的三维牵引场。对于生长在可变形细胞外基质凝胶中的组织,可以通过共聚焦显微镜检测嵌入基质的颗粒示踪的位置变化,测量完整的3D位移场。由此可以推断出完整的三维牵引场。图7-13(b)展示了嵌入Ⅰ型胶原基质中的乳腺癌球体。明场显微图像(左)显示叠加的细胞外基质位移(箭头);荧光显微图像(右)显示球体和基质[73]。

7.2.3 微柱整列

微柱阵列方法通过制作由弹性材料(如聚二甲基硅氧烷,PDMS)制成的微小柔性柱阵列来实现。当细胞附着在柱顶并进行迁移、收缩或黏附等活动时,会对这些微柱施加力,从而导致柱发生可测量的偏移,进而可以量化细胞产生的牵引力。因此,微柱的力学特性决定了测量的灵敏度。通常使用光刻或软刻技术制造微柱,控制柱的尺寸(高度、直径和间距),以调节柱的刚度。在制作好微柱整列后,可以将细胞接种到微柱阵列上,并在柱顶涂覆纤连蛋白或胶原蛋白等蛋白质,以促进细胞附着。细胞附着后,会对微柱施加力,使微柱弯曲或偏移。采用高分辨率显微镜(通常结合荧光标记)捕捉柱的偏移,就可以基于微柱的本构关系计算细胞所施加的力。

通常情况下,将微柱看成线弹性的悬臂梁(见图7-14)。当附着在微柱上的细胞施力弯曲微柱后,可以采用经典的悬臂梁弯曲力-位移关系,通过测量微柱偏移δ对微柱端部细胞施加的力F进行计算:

$$F=\frac{3EI}{L^3}\delta=\frac{3\pi Ed^4}{64L^3}\delta \tag{7-43}$$

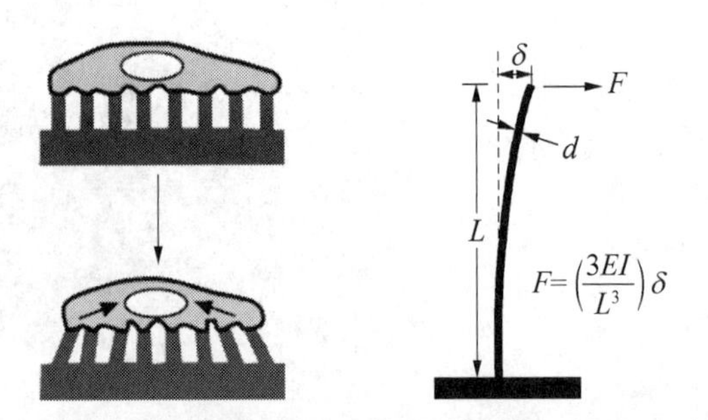

图7-14 利用微柱整列测量细胞力的原理

式中，E 为微柱杨氏模量；I 是微柱惯性矩；L 为微柱长度；δ 为微柱端部位移。当微柱的截面为直径为 d 的圆时，$I=\pi d^4/16$。通过显微成像，可以观察微柱在空间的偏移弯曲情况(见图 7-15)。

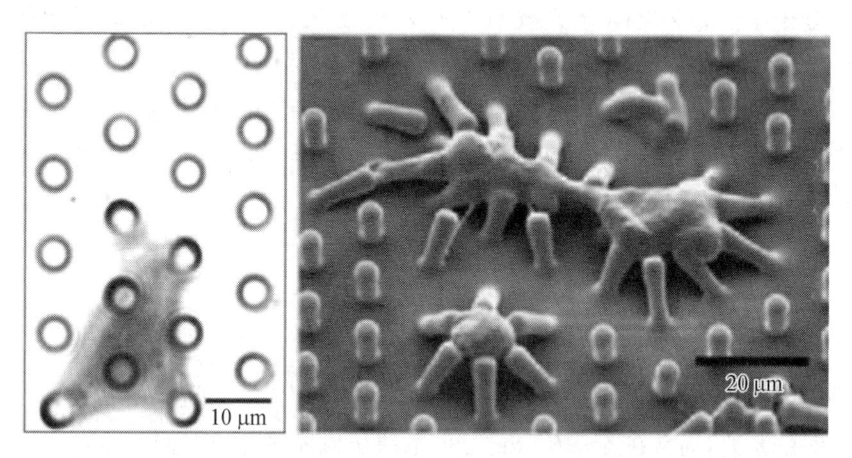

注：明场图像和扫描电子显微图像显示的是上皮细胞生长在微柱上的情形。单个细胞施加的力导致微柱发生弯曲[74]。

图 7-15 基于微柱检测的细胞力测量

与二维牵引力显微镜(2D TFM)相比，基于微柱阵列的牵引力显微镜的主要优点在于，它可以直接在局部解析施加力与微柱偏转之间的关系。追踪微柱的位移比追踪珠状标记物更简单，并且由于微柱的参考位置是根据理想网格计算得出的，因此无须分离细胞即可捕获参考图像，计算力的方法更为直接。同时，通过改变微柱的形状而非其材料属性，即可调节微柱刚度，对测量进行调节。其主要缺点是，微柱的分布具有显著的离散特性，其测量空间分辨率受制于微柱整列的分布情况。高密度的微柱给微制造和操作带来了挑战。同时，细胞仍倾向于聚集在微柱之间的空位中心，给测量带来误差。此外，该方法仅能够测量微柱顶端的平面位移，无 3D 测量功能。

7.2.4 荧光共振能量转移 FRET

荧光共振能量转移(fluorescence resonance energy transfer, FRET)是一种光学技术，用于研究分子间的相互作用、距离变化和构象变化。FRET 的发生基于供体分子和受体分子之间的非辐射能量转移，能够在 1～10 nm 的范围内对分子之间的相互作用进行高灵敏度的检测。

当两个荧光分子(通常称为供体和受体)之间的距离足够近(通常在10 nm以内)时,供体分子在受到激发后会将部分能量以非辐射的方式转移到受体分子上,导致受体分子被激发并发射出荧光。FRET是依赖于供体(donor)和受体(receptor)分子间距离的光物理进程,处于激发态的荧光团通过偶极子间的相互作用将能量以非辐射的方式转移给邻近的受体分子,从而导致供体荧光猝灭和受体荧光发射的增加。供体和受体之间的FRET效率 E 与分子间的空间距离 r 满足6次方的关系:

$$E=\frac{1}{1+\left(\frac{r}{R_0}\right)^6} \tag{7-44}$$

式中,R_0 为福斯特(Forster)能量转移,指供体和受体之间能量转移效率为50%时的距离,通常在1~10 nm之间,取决于供体-受体的光物理特性和实验条件。FRET效率对供体和受体之间的距离非常敏感,距离的细微变化会导致FRET效率的显著变化。尤其在 $r \approx R_0$ 附近,FRET效率变化最显著。当 $r \ll R_0$ 时,$E \approx 1$,即几乎所有的供体激发能量都转移给了受体。当 $r \gg R_0$ 时,$E \approx 0$,即供体的能量基本不转移到受体。这种距离依赖性使FRET成为研究分子间纳米级距离的理想工具。

FRET的特点包括:① 纳米级灵敏度,适用于研究分子间极近距离的动态过程;② 非破坏性检测,可实时观察活细胞或组织中的分子活动;③ 高特异性,通过选择特定的供体和受体对,确保结果的特异性。基于FRET效率与距离的相关性,可以精确测定分子间距离变化(1~10 nm范围)。FRET的高空间分辨率和动态检测能力,使其成为生物化学和细胞生物学研究的重要工具,特别是在活体系统中实时观测分子间作用和动态变化方面具有无可替代的优势。

通过测量FRET信号的变化来推算探针受力的大小和方向,需要依赖力敏感探针的设计和标定过程。首先,需要设计力敏感探针并确定其力响应特性。探针的核心部分通常是一个弹性分子链(如弹性蛋白、PEG、titin片段等),称为弹性连接体。弹性连接体在受力时长度发生变化,从而改变供体与受体之间的距离 r。其次,需要标定弹性连接体的力-距离关系。可以利用原子力显微镜或光镊等技术,测定探针弹性连接体的力-长度响应曲线,建立受

力 F 和供体-受体距离 r 的定量关系 $F=k(r-r_0)$。其中，k 为弹性系数；r_0 为初始长度。

供体和受体之间的 FRET 效率 E 可以作为 FRET 指数(见图 7-16)，通过已知的 R_0 和效率公式(7-44)，计算供体-受体距离 r，并结合探针的力-距离标定曲线将距离 r 转换为受力 F(见图 7-17)。受力方向需要结合探针在空间中的定向信息，通常需要额外的技术手段。其中定向标定方法是通过特定锚定方式(例如固定在细胞黏附点或细胞骨架上)，建立探针受力方向与已知的几何结构的关联。双极化光学技术是通过测量供体和受体的偏振变化，推断供体-受体对在空间中的相对取向，从而间接推算受力方向。为了确保力

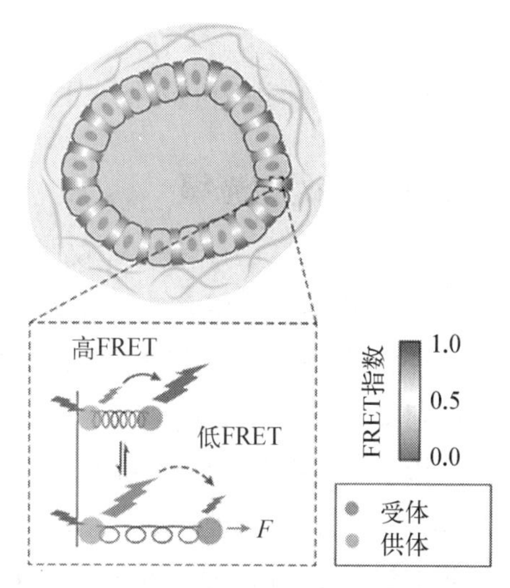

注：FRET 受力探针是由两个共振荧光团之间的基因编码分子弹性连接体构成的。弹性连接体的变形通过共振荧光团之间的 FRET 指数变化来反映[17]。

图 7-16 FRET 指数

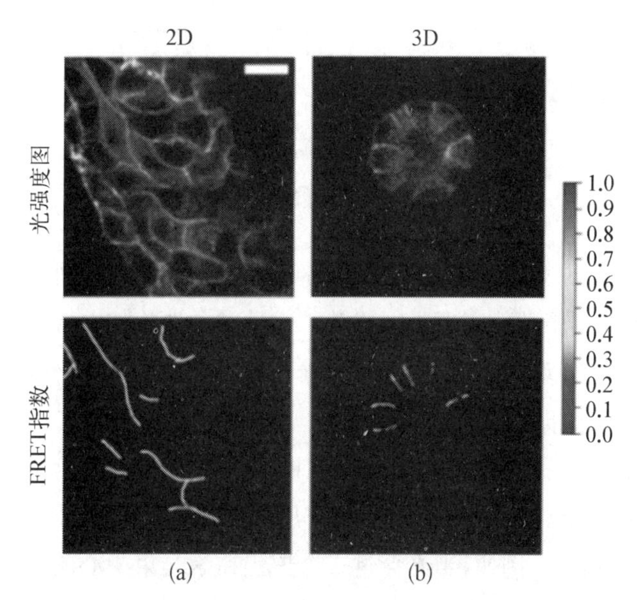

图 7-17 在二维(a)的上皮单层中和三维(b)的上皮腺泡中，通过 FRET 指数显示连接张力大小[75]

计算的准确性，通常需要使用已知力的实验系统（如光镊或微柱拉伸系统）校准探针响应，验证探针在不同力的范围和方向下的灵敏度与线性关系。

7.2.5 磁镊和光镊

磁镊是一种磁力显微操作仪器。通过将微珠（直径为微米级的小球）黏附到细胞表面，磁镊采用电磁铁对微珠施加电磁力从而实现对细胞的操作。其中，电磁力的产生是由线圈围绕金属芯构成的顶端呈锥形或楔形的电磁体实现的，其产生的磁场强度取决于尖端与微珠的距离。图 7-18 所示为一个典型磁镊的基本构成。细胞在培养皿中培养，其表面与微珠结合。电磁体位于培养皿的上方，尖端进入培养基。在显微镜的引导下，微珠拉向磁铁的尖端。所施加的力由微珠与尖端的距离决定。微珠的位移可以由 7.2.2 节所述互相关信息计算确定。

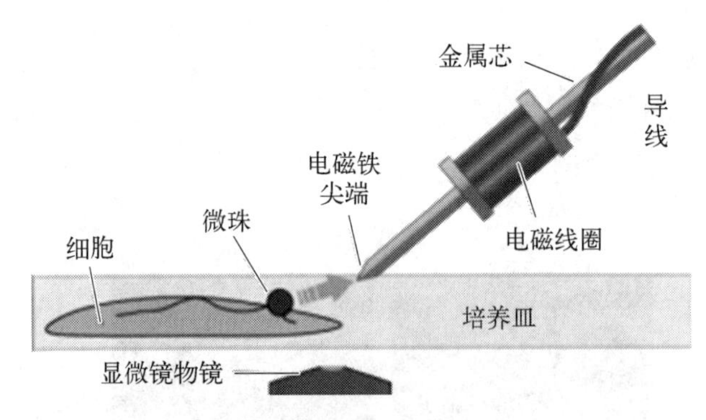

图 7-18 磁镊的基本构成

磁镊可以实现对单个细胞的力学测量，也可以对多个细胞进行加载。同时，磁镊也可以利用微珠实现磁力扭转。通过对微珠施加电磁力，并通过电磁铁在一个方向将微珠暂时磁化，在施加垂直方向的磁场后，磁化的微珠会发生旋转，从而实现对扭矩和旋转的测量。

光镊是另外一种通过光操纵细胞上的微珠仪器。虽然光子没有质量，但是具有动量。光能将动量传递给相互作用的物质。基于这种性质，可以利用激光器来构建光镊。例如，当光穿过一个聚焦在激光束中心的微珠，其折射率高于周围环境，其光速会改变方向。由于微球改变了光束的方向，从而改变了光的动量。根据动量守恒定律，一个力也作用在微珠上。光束的弯曲产生了梯度力。推动微珠向焦点移动，并达到光速中心。此外，还有一个散射力。导致沿着激光束方向产生力，这些合力的作用是微珠被捕获在聚焦激光术中的焦点。这些合力的作用是微珠被捕获在聚焦激光术束的焦点。如果微珠相对光速移动，会产生一个回复力，将微珠移动到捕获的位置，形成一个稳定的平衡点(图7-19)。

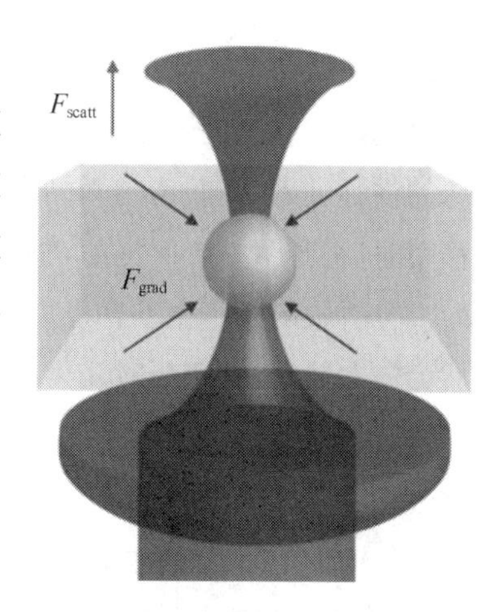

注：包括散射力 F_{scatt} 和梯度力 F_{grad}。

图 7-19 光镊通过光在微珠中折射所产生的动量差，对微珠施加作用力

下面对光镊所产生的侧向梯度力和轴向梯度力进行分析(见图 7-20)。当光射线进入微珠时，其强度在光速的中心线最强，并沿着轴向方向梯度逐渐减弱。光镊所产生的力因此也称为梯度力。分析光从左侧进入，并向

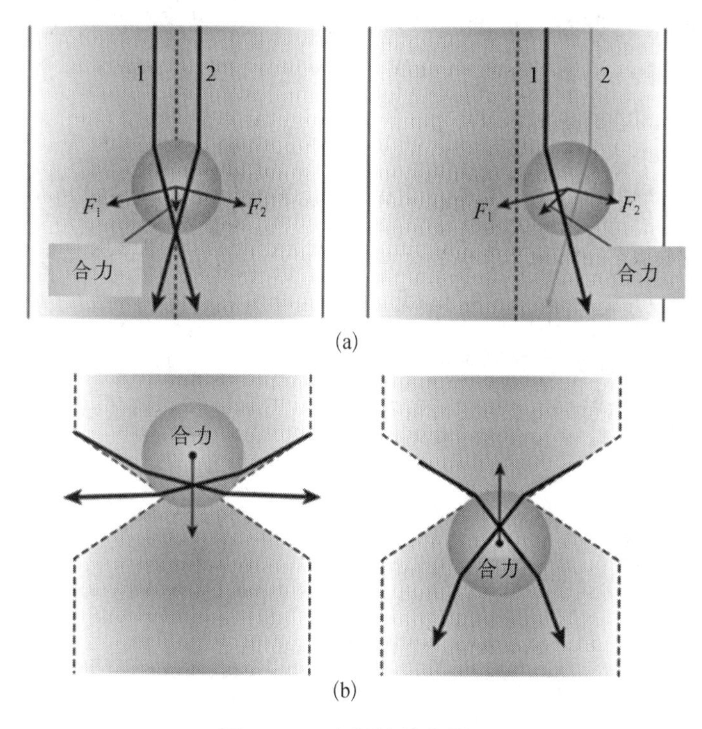

图 7-20 光镊的基本原理

(a) 光镊所产生的侧向梯度力(源于光偏离中心线所产生的梯度力差)；(b) 光镊所产生的轴向梯度力(源于微珠在轴向方向偏离焦点的位置所产生的轴向力)

右偏转。其产生的动量从光束转移给微珠。产生了一个向左的力 F_1。同理，如果光线从右侧进入微珠，则会产生一个向右侧的作用力 F_2。如果光线从微珠的中心进入，则产生的两侧力大小相等，不产生侧向力。但是当微珠向一侧移动时，将产生一个回复力，将微珠推回光束中心。

分析轴向所产生的梯度力。假设微珠在焦点上方，光线从左侧进入，进入后会向右偏转，在离开时又再次向右偏转。因此在进入和离开微珠时，光线的动量会发生变化。出射光比入射光有更大的垂直动量分量。这个动量的净变化会产生一个向下的轴向力传递给微珠。同样地，如果微珠在焦点的下方则会产生向上的动量变化和对应的向上的回复力。当横向和轴向的回复力为主时，就会被限制在焦点下方的光阱里。

光镊与磁镊的显微操作类似，但是两者存在差异。首先在光镊操纵中，微珠不需要含铁，并且对力的空间操纵更为精确。但是光镊产生的力较低。由于光镊力是由微珠和光的相对位置所确定的，因此光镊操作需要反馈。同时光镊的平衡点相对较小，周围的回复力梯度较大。磁镊所产生的力其可利用空间区域大得多，并且更均匀。虽然磁镊的操作对单个微珠不一定独立，但是允许同时操作很多个微珠。

7.2.6 微管吸吮

微管吸吮(micropipette aspiration)最早应用于细胞生物力学的研究，现已拓宽到分子生物力学的研究领域。其主要工作原理是采用微管吸吮捕获表征特异性相互作用分子的细胞或微珠(见图 7-21)。通过驱动器操控微管，实现所捕获的细胞或微珠之间的位移控制。基于所记录的细胞变形和解离时间

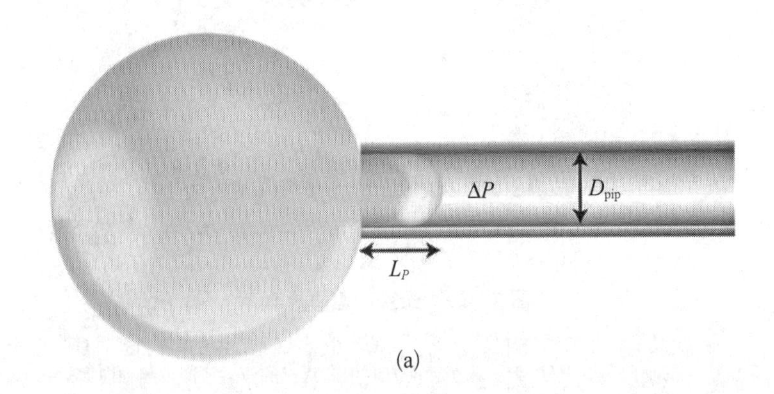

(a)

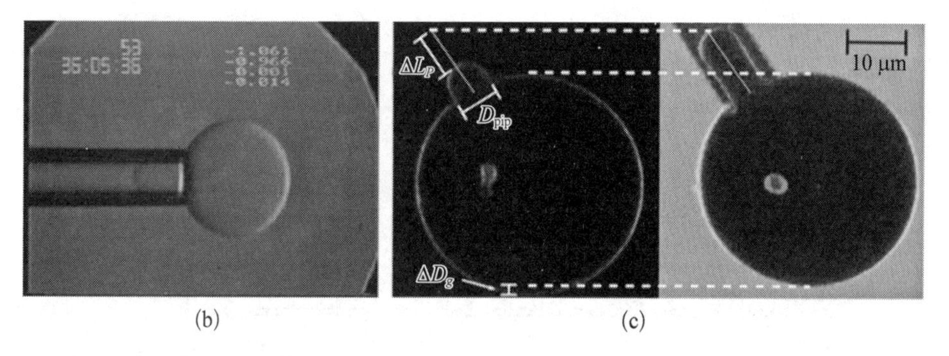

注：ΔP 是吸管外部的环境压力与吸管内部的压力之间的压力差。D_{pip} 是吸管的直径；L_P 是在 ΔP 下细胞的突出长度。

图 7-21　微管吸吮细胞的示意[76]**(a)；用于测量弹性区域模量的明场图像(b)；(c) 在等渗条件下，用荧光标记的脂质双层吸取的在巨型单层囊泡(GUV)(左)和浸入含有羧基荧光素的高渗缓冲液中的 GUV，其被吸取的突出长度更大(右)**

研究分子之间的相互作用与动力性质。其主要优点是可以直接观察细胞黏附并可以准确控制黏附的过程。其主要的局限性在于只能对单一的细胞进行测量，周期较长且难以获得大样本的统计数据。

7.2.7　平行板流动测试

流动剪切力会对细胞的生理和功能造成影响。人体中的许多细胞如血管上皮细胞，内皮细胞等常受到流体剪切的作用。其他一些类型的细胞，如骨组织细胞和软骨细胞等，同样也能够感受剪切力。由于生理条件不同，流动剪切的方式是不一样的。建立可控的流动剪切对细胞开展测试，是设计平行板流动仪的重要考量。在设计流体剪切装置时，对细胞施加的流动通常是层流。为避免湍流的产生，常常将流动装置的雷诺数设计得较低。当雷诺数较低时，黏性力占主要作用，流体趋向于均匀流动。当雷诺数较高时，流动惯性较强，表现出混合不均匀的非定常流动的特点(湍流)。层流和湍流之间的转换雷诺数，在不同形状的流动腔道中是不同的。

平行板流动测试仪器(见图 7-22)是将流液泵入一个矩形截面的腔室。由于腔室的高度相对于宽度较小，可以假设流体在两个无限的平行板间流动，而细胞则生长于腔室底部的表面。

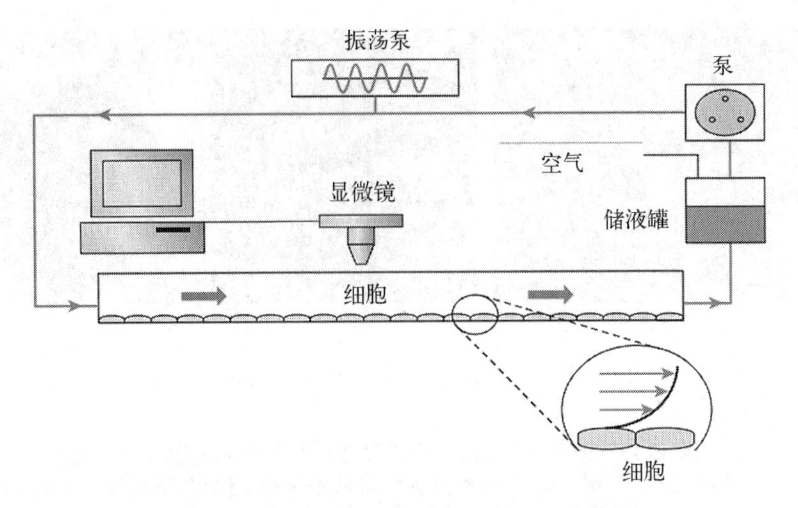

图 7-22 平行板流动测试仪器的基本组成

例 7.3 在设计对细胞的剪切流动测试中，假设细胞培养液 $\rho=10^3\ \mathrm{kg/m^3}$，$\mu=1\times10^{-3}\ \mathrm{kg/(m\cdot s)}$，特征速度是 V，流动腔室高度为 h，雷诺数 Re 为 $\dfrac{Vh}{10^6\ \mathrm{m/s^2}}$。若 $Re<1$，流体剪切应力约为 1 Pa，估算流动腔室的高度。

解：对于流动腔室的宽度远大于高度，因此剪切应力

$$\tau=\frac{\mu\mathrm{d}u}{\mathrm{d}y}\approx\mu V/h$$

基于 τ 和 μ，可知

$$\frac{V}{h}=10^3\ \mathrm{s^{-1}}$$

由于

$$Re=\frac{Vh}{10^6\ \mathrm{m/s^2}}<1$$

知

$$Vh<10^{-6}\ \mathrm{m^2/s}$$

因此

$$h^2<10^{-9}\ \mathrm{m},\ h<30\ \mu\mathrm{m}$$

习 题

1. 试述静态测量与动态测量的差异。
2. 动态测试中，软组织的剪切模量一般会随着频率的增加有怎样的规律？
3. 对于黏弹特性的测试对象，怎样通过相角判断其黏弹特性？
4. 通过波动在组织中的传播，用成像方法可以记录波形传递的情况。怎样通过简单直接的办法直接估计测量对象的剪切模量？
5. 在牵引力显微镜的荧光成像中，获取的强度图像如下：

2	1	0	2	3	1	1	2	1	0
1	2	1	2	2	3	3	2	1	1
2	1	2	1	6	4	4	2	0	2
2	0	4	5	5	6	5	4	2	0
1	0	3	5	7	8	3	5	2	1
2	1	7	8	9	8	6	4	6	2
3	3	4	6	8	7	6	2	2	1
2	5	3	5	5	6	2	3	1	1
1	3	2	2	3	2	1	4	2	1
1	2	1	1	1	0	2	0	3	0

对于模版图像，有

1	2	3	2	1
2	7	8	7	2
3	8	9	8	3
2	7	8	7	2
1	2	3	2	1

基于公式(7－39)，计算 C(3, 3)和 C(5, 5)

6. 在双轴拉伸实验中，如果测量得到拉伸前后的标记点空间位置如下，计算变形梯度矩阵 $\boldsymbol{F}$

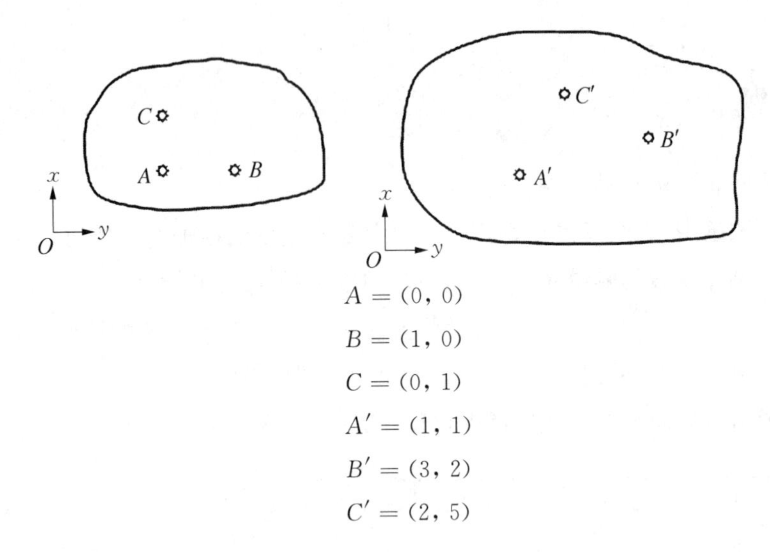

$A=(0, 0)$

$B=(1, 0)$

$C=(0, 1)$

$A'=(1, 1)$

$B'=(3, 2)$

$C'=(2, 5)$

7. 对于平面拉伸情况下的 $\boldsymbol{C}=\boldsymbol{F}^{\mathrm{T}}\boldsymbol{F}$，如 λ_1^2 和 λ_2^2 是 $\boldsymbol{C}$ 的特征值，证明 λ_1 和 λ_2 代表最大和最小拉伸率。

8. 对应微柱阵列，如果在相同材料的条件下，微柱的圆截面直径减小，那么测量的敏感度会增加还是降低？

9. 试述 FRET 测量细胞力的原理。

附录 1

大变形条件下的控制方程

附 1. 张量形式

运动关系：

$$\boldsymbol{F}=(\nabla\boldsymbol{r})^{\mathrm{T}}=\boldsymbol{I}+(\nabla\boldsymbol{u})^{\mathrm{T}}$$

$$\boldsymbol{E}=\frac{1}{2}(\boldsymbol{F}^{\mathrm{T}}\cdot\boldsymbol{F}-\boldsymbol{I})$$

$$=\frac{1}{2}[\nabla\boldsymbol{u}+(\nabla\boldsymbol{u})^{\mathrm{T}}+(\nabla\boldsymbol{u})\cdot(\nabla\boldsymbol{u})^{\mathrm{T}}]$$

不可压缩性：

$$J=\det\boldsymbol{F}=1$$

应力：

$$\boldsymbol{\sigma}=J^{-1}\boldsymbol{F}\cdot\boldsymbol{P}=J^{-1}\boldsymbol{F}\cdot\boldsymbol{S}\cdot\boldsymbol{F}^{\mathrm{T}}$$

运动方程：

$$\nabla\cdot\boldsymbol{\sigma}+\boldsymbol{f}=\rho\boldsymbol{a}$$

$$\nabla\cdot\boldsymbol{P}+\boldsymbol{f}_0=\rho_0\boldsymbol{a}$$

$$\nabla\cdot(\boldsymbol{S}\cdot\boldsymbol{F}^{\mathrm{T}})+\boldsymbol{f}_0=\rho_0\boldsymbol{a}$$

本构关系：

$$\boldsymbol{\sigma}=J^{-1}\boldsymbol{F}\cdot\frac{\partial W}{\partial\boldsymbol{E}}\cdot\boldsymbol{F}^{\mathrm{T}}-p\boldsymbol{I}=J^{-1}\boldsymbol{F}\cdot\frac{\partial W}{\partial\boldsymbol{F}^{\mathrm{T}}}-p\boldsymbol{I}$$

$$\boldsymbol{P}=\frac{\partial W}{\partial\boldsymbol{E}}\cdot\boldsymbol{F}^{\mathrm{T}}-Jp\boldsymbol{F}^{-1}=\frac{\partial W}{\partial\boldsymbol{F}^{\mathrm{T}}}-Jp\boldsymbol{F}^{-1}$$

$$\boldsymbol{S}=\frac{\partial W}{\partial \mathbf{E}}-Jp\boldsymbol{F}^{-1}\cdot\boldsymbol{F}^{-\mathrm{T}}$$

附 2. 分量形式

运动关系：

$$F_{ij}=\frac{\partial x_i}{\partial X_j}=\delta_{ij}+\frac{\partial u_i}{\partial X_j}$$

$$E_{ij}=\frac{1}{2}(F_{kj}F_{kj}-\delta_{ij})$$

$$=\frac{1}{2}\left[\frac{\partial u_i}{\partial X_j}+\frac{\partial u_j}{\partial X_i}+\frac{\partial u_k}{\partial X_i}\frac{\partial u_k}{\partial X_j}\right]$$

不可压缩性：

$$J=\det[F_{ij}]=1$$

应力

$$\sigma_{ij}=J^{-1}F_{ik}P_{kj}=J^{-1}F_{ik}F_{jm}S_{km}$$

运动方程：

$$\frac{\partial\sigma_{ji}}{\partial x_j}+b_i=\rho a_i$$

$$\frac{\partial P_{ji}}{\partial X_j}+b_{0i}=\rho_0\ddot{u}_i$$

$$\frac{\partial}{\partial X_j}(F_{ik}S_{jk})+b_{0i}=\rho_0\ddot{u}_i$$

本构关系：

$$\sigma_{ij}=J^{-1}F_{ik}F_{jl}\frac{\partial W}{\partial E_{kl}}-p\delta_{ij}$$

$$P_{ij}=F_{jk}\frac{\partial W}{\partial E_{ik}}-JpF_{ij}^{-1}=\frac{\partial W}{\partial F_{ji}}-JpF_{ij}^{-1}$$

$$S_{ij}=\frac{\partial W}{\partial E_{ij}}-Jp(F_{ki}F_{kj})^{-1}$$

附 3. 主方向上的形式

对于坐标系在主方向上的情形，应力和应变的形式都有较大的简化。

$\boldsymbol{F}=\mathrm{diag}[F_1, F_2, F_3]$　$\boldsymbol{E}=\mathrm{diag}[E_1, E_2, E_3]$

$\boldsymbol{\sigma}=\mathrm{diag}[\sigma_1, \sigma_2, \sigma_3]$　$\boldsymbol{P}=\mathrm{diag}[P_1, P_2, P_3]$　$\boldsymbol{S}=\mathrm{diag}[S_1, S_2, S_3]$

因此，如 λ_i 代表在 x_i 方向的拉伸量，对应的控制方程也可以简化如下。

运动关系：

$$F_i=\lambda_i$$

$$E_i=\frac{1}{2}(\lambda_i^2-1)$$

不可压缩性：

$$J=\lambda_1\lambda_2\lambda_3=1$$

应力：

$$\sigma_i=J^{-1}\lambda_i P_i=J^{-1}\lambda_i^2 S_i$$

本构关系：

$$\sigma_i=\frac{\lambda_i^2}{J}\frac{\partial W}{\partial E_i}-p=\frac{\lambda_i}{J}\frac{\partial W}{\partial \lambda_i}-p$$

$$P_i=\lambda_i\frac{\partial W}{\partial E_i}-\frac{J}{\lambda_i}p=\frac{\partial W}{\partial \lambda_i}-\frac{J}{\lambda_i}p$$

$$S_i=\frac{\partial W}{\partial E_i}-\frac{J}{\lambda_i^2}p=\frac{1}{\lambda_i}\frac{\partial W}{\partial \lambda_i}-\frac{J}{\lambda_i^2}p$$

附录 2

标记和求和约定

在本书中采用黑体表示向量和张量，如 $\boldsymbol{E}$ 与 $\boldsymbol{F}$ ，用此方法表达的关系式称为直接记法(direct notation)，如

$$\boldsymbol{E}=\frac{1}{2}(\boldsymbol{F}^{\mathrm{T}}\cdot\boldsymbol{F}-\boldsymbol{I})$$

对应地，基于具体坐标系，将关系式写成向量和张量的分量形式，用此方法表达的关系式称为标示记法(indicial notation)，如

$$E_{ij}=\frac{1}{2}(F_{ki}F_{kj}-\delta_{ij})$$

在标示记法中，角标的组合符合求和约定(summation convention)又称为爱因斯坦求和约定(Einstein's summation convention)，约定的规则如下：

(1) 如果下角标在一项中出现了 2 次，则代表基于此角标开展从 1 到 3 的求和。例如，$a_ib_i=\sum_{i=1}^{3}a_ib_i=a_1b_1+a_2b_2+a_3b_3$，此时下角标 i 可以用 j 等任何其他指标符号代替。

(2) 下角标不能在一项中同时出现 3 次。

(3) 不在同一项中的下角标不具有求和的约定。例如，a_i+b_i 不代表对下角标求和，只代表 $i=1,2,3$ 三种可能。

(4) 如果需要表示下角标不具备求和的约定，可以将下角标加括号，写成 $a_{(i)}b_{(i)}$ 形式。

因此，对于向量 $\boldsymbol{x}=[x_i]$ 和矩阵 $\boldsymbol{S}=[S_{ij}]$ 的乘法 $\boldsymbol{x}\cdot\boldsymbol{S}=[x_1\quad x_2\quad x_3]\cdot\begin{bmatrix}S_{11}&S_{12}&S_{13}\\S_{21}&S_{22}&S_{23}\\S_{31}&S_{32}&S_{33}\end{bmatrix}$，写成标示记法为

$$x_i S_{ij} = x_1 S_{1j} + x_2 S_{2j} + x_3 S_{3j} = 0$$

代表了 $j = 1,2,3$ 的三种情况：

$$x_1 S_{11} + x_2 S_{21} + x_3 S_{31} = 0$$
$$x_1 S_{12} + x_2 S_{22} + x_3 S_{32} = 0$$
$$x_1 S_{13} + x_2 S_{23} + x_3 S_{33} = 0$$

类似地，$\boldsymbol{S} \cdot \boldsymbol{x} = \begin{bmatrix} S_{11} & S_{12} & S_{13} \\ S_{21} & S_{22} & S_{23} \\ S_{31} & S_{32} & S_{33} \end{bmatrix} \cdot \begin{bmatrix} x_1 \\ x_2 \\ x_3 \end{bmatrix}$，写成标示记法为 $S_{ij} x_j$ 。

对于矩阵 $\boldsymbol{A} = [A_{ij}]$，$\boldsymbol{B} = [B_{ij}]$，$\boldsymbol{C} = [C_{ij}]$ 其余常见的标示记法如下：

$\boldsymbol{C} = \boldsymbol{AB}$：$C_{ij} = A_{ik} B_{kj}$ ，表示 $C_{ij} = \sum_{k=1}^{3} A_{ik} B_{kj}$

$\boldsymbol{C} = \boldsymbol{A}^{\mathrm{T}} \boldsymbol{B}$：$C_{ij} = A_{ki} B_{kj}$，表示 $C_{ij} = \sum_{k=1}^{3} A_{ki} B_{kj}$

$\lambda = A_{ij} A_{ij}$，表示 $\lambda = \sum_{j=1}^{3} \sum_{i=1}^{3} A_{ij} A_{ij}$

特别地，符号 δ_{ij}（克罗内克符号）表示

$$\delta_{ij} = \begin{cases} 1, i = j \\ 0, i \neq j \end{cases}$$

δ_{ij} 可以视为单位矩阵，且有如下关系：

$$\delta_{ij} = \delta_{ji}$$
$$\delta_{kk} = 3$$
$$\delta_{ij} a_j = a_i$$
$$\delta_{ik} A_{kj} = A_{ij}$$

参考文献

[1] Fung Y C. Biomechanics: mechanical properties of living tissues[M]. Berlin: Springer Science & Business Media, 2013.

[2] Fung, Y C, Zweifach B W, Intaglietta M. Elastic environment of the capillary Bed[J]. Circulation Research, 1966, 19(2): 441 - 461.

[3] Fung, Y C, Zweifach B W. Microcirculation: Mechanics of blood flow in capillaries[J].. Annual Review of Fluid Mechanics, 1971, 3(1): 189 - 210.

[4] Feng Y, Abney T M, Okamoto R J, et al. Relative brain displacement and deformation during constrained mild frontal head impact[J]. Journal of the Royal Society Interface, 2010, 7(53): 1677 - 1688.

[5] Venkatesh, S K, Ehman R L. Magnetic resonance elastography[M]. Berlin: Springer, 2014.

[6] Mao Y, Wickström S A. Mechanical state transitions in the regulation of tissue form and function[J]. Nature Reviews Molecular Cell Biology, 2024, DOI: https://doi.org/10.1038/s41580-024-00719-x.

[7] Nemethova M, Auinger S, Small J V. Building the actin cytoskeleton: Filopodia contribute to the construction of contractile bundles in the lamella[J]. Journal of Cell Biology, 2008, 180(6): 1233 - 1244.

[8] Abuwarda, H, Pathak M M. Mechanobiology of neural development [J]. Current Opinion in Cell Biology, 2020, 10: 66: 104 - 111.

[9] Barriga, E H, Franze K, Charras G, et al. Tissue stiffening coordinates morphogenesis by triggering collective cell migration in vivo[J]. Nature, 2018, 554(7693): 523 - 527.

[10] Scarpa, E, Szabó A, Bibonne A, et al. Cadherin switch during EMT in

neural crest cells leads to contact inhibition of locomotion via repolarization of forces[J]. Developmental Cell, 2015, 34(4): 421 - 434.

[11] Desmond, M E, Jacobson A G. Embryonic brain enlargement requires cerebrospinal fluid pressure [J]. The International Journal of Developmental Biology, 1977, 57(1): 188 - 198.

[12] Desmond, M, Knepper J E, DiBenedetto A J, et al. Focal adhesion kinase as a mechanotransducer during rapid brain growth of the chick embryo[J]. The International Journal of Developmental Biology, 2014, 58(1): 35 - 43.

[13] Jiang, J, Zhang Z H, Yuan X B, et al. Spatiotemporal dynamics of traction forces show three contraction centers in migratory neurons[J]. Journal of Cell Biology, 2015, 209(5): 759 - 774.

[14] Kroenke, C D, Bayly P V. How forces fold the cerebral cortex[J]. The Journal of Neuroscience, 2018, 38(4): 767 - 775.

[15] Karzbrun E, Kshirsagar A, Cohen S R, et al. Human brain organoids on a chip reveal the physics of folding[J]. Nature Physics, 2018, 14(5): 515 - 522.

[16] Long, K R, Newland B, Huttne W, et al. Extracellular matrix components HAPLN1, lumican, and collagen Ⅰ cause hyaluronic acid-dependent folding of the developing human neocortex[J]. Neuron, 2018, 99(4): 702 - 719. e6.

[17] Kim, S, Uroz M, Bays J L, et al. Harnessing mechanobiology for tissue engineering[J]. Developmental Cell, 2021, 56(2): 180 - 191.

[18] Engler, A J Sen S, Sweeney H L, et al. Matrix elasticity directs stem cell lineage specification[J]. Cell, 2006, 126(4): 677 - 689.

[19] Yeung, T, Georges P C, Flanagan L A, et al. Effects of substrate stiffness on cell morphology, cytoskeletal structure, and adhesion[J]. Cell Motil Cytoskeleton, 2005, 60(1): 24 - 34.

[20] Wang, H B, Dembo M, Wang Y L. Substrate flexibility regulates growth and apoptosis of normal but not transformed cells[J]. Am J Physiol Cell Physiol, 2000, 279(5): C1345 - 50.

[21] Klein, E A, Yin L, Kothapalli D, et al. Cell-cycle control by physiological matrix elasticity and in vivo tissue stiffening[J]. Current Biology, 2009, 19(18): 1511 - 1518.

[22] Ghosh, K, Pan Zhi, Guan E, et al. Cell adaptation to a physiologically relevant ECM mimic with different viscoelastic properties [J]. Biomaterials, 2007, 28(4): 671 - 679.

[23] Przybyla, L, Lakins J N, Weaver V M. Tissue mechanics orchestrate wnt-dependent human embryonic stem cell differentiation[J]. Cell Stem Cell, 2016, 19(4): 462 - 475.

[24] Sunyer, R, Conte V, Escribano J, et al. Collective cell durotaxis emerges from long-range intercellular force transmission[J]. Science, 2016, 353(6304): 1157 - 1161.

[25] Fletcher, D A, Mullins R D. Cell mechanics and the cytoskeleton[J]. Nature, 2010, 463(7280): 485 - 492.

[26] Vogel, V, Sheetz M P. Cell fate regulation by coupling mechanical cycles to biochemical signaling pathways[J]. Current Opinion in Cell Biology, 2009, 21(1): 38 - 46.

[27] Kim, J K, Shin Y J, Ha L J, et al. Unraveling the Mechanobiology of the Immune System[J]. Advanced Healthcare Materials, 2019, 8(4): e1801332.

[28] Fiore, V F, Krajnc M, Quiroz F G, et al. Mechanics of a multilayer epithelium instruct tumour architecture and function[J]. Nature, 2020, 585(7825): 433 - 439.

[29] Taber, L. Continuum Modeling in Mechanobiology[M]. Berlin: Springer, Cham. XVIII, 535, 2020.

[30] Özkaya N, Leger D, Goldsheyder D, et al. Fundamentals of biomechanics: Equilibrium, motion, and deformation[M]. Berlin, Springer International Publishing: Imprint: Springer, Cham. p. 1 online resource (XV, 454 pages), 2017.

[31] Boal, D. Mechanics of the Cell[M]. Cambridge: Cambridge University Press, 2001.

[32] 龙勉,季葆华. 细胞分子生物力学[M]. 上海：上海交通大学出版社，2017.

[33] Duan, X, Li Y. Physicochemical characteristics of nanoparticles affect circulation, biodistribution, cellular internalization, and trafficking[J]. Small, 2013, 9(9-10): 1521-1532.

[34] Gao, H. Probing mechanical principles of cell-nanomaterial interactions[J]. Journal of the Mechanics and Physics of Solids, 2014, 62: 312-339.

[35] Wang, J, Sun J, Shi X. Interaction between nanoparticles and the cell [J]. Chinese Science Bulletin, 2015, 60(21): 1976-1986.

[36] Kaunas R, Zemel A. Cell and Matrix Mechanics[M]. Boca Raton: CRC Press, 2014.

[37] Oda, T, Iwasa M, Aihara T, et al. The nature of the globular- to fibrous-actin transition. Nature, 2009, 457(7228): 441-445.

[38] Lee, C Y, Lou J, Wen K K, et al. Actin depolymerization under force is governed by lysine 113: Glutamic acid 195-mediated catch-slip bonds [J]. Proc Natl Acad Sci USA, 2013, 110(13): 5022-7.

[39] Kojima H, Ishijima A, Yanagida T. Direct measurement of stiffness of single actin filaments with and without tropomyosin by in vitro nanomanipulation [J]. Proceedings of the National Academy of Sciences, 1994, 91(26): 12962-12966.

[40] Howard J. Mechanics of motor proteins and the cytoskeleton[M]. San Antonio: Sinauer Associates, 2001.

[41] Pampaloni F, Lattanzi G, Jonas A, et al. Thermal fluctuations of grafted microtubules provide evidence of a length-dependent persistence length[J]. Proceedings of the National Academy of Sciences, 2006. 103(27): 10248-10253.

[42] Fletcher, D A, Mullins R D. Cell mechanics and the cytoskeleton. Nature, 2010, 463(7280): 485-492.

[43] Phillips R, Kondev J, Theriot J. Physical biology of the cell[M]. 2nd. New York: Garland Science, 2012.

[44] Li T. A mechanics model of microtubule buckling in living cells[J].

Journal of Biomechanics, 2008, 41(8): 1722 - 1729.

[45] Gardel M L. Elastic Behavior of cross-linked and bundled actin networks[J]. Science, 2004, 304(5675): 1301 - 1305.

[46] Gardel M L, Nakamura F, Hartwig J H, et al. Prestressed F-actin networks cross-linked by hinged filamins replicate mechanical properties of cells [J]. Proceedings of the National Academy of Sciences, 2006, 103(6): 1762 - 1767.

[47] Kaunas R, Zemel A. Cell and matrix mechanics. Boca Raton: CRC Press, Taylor & Francis Group Group, 2015: 359.

[48] Kanchanawong P, Calderwood D A. Organization, dynamics and mechanoregulation of integrin-mediated cell-ECM adhesions [J]. Nature Reviews Molecular Cell Biology, 2023, 24(2): 142 - 161.

[49] Vogel, V, Sheetz M. Local force and geometry sensing regulate cell functions[J]. Nature Reviews Molecular Cell Biology, 2006, 7(4): 265 - 275.

[50] Bell, G I, Models for the specific adhesion of cells to cells. Science, 1978, 200(4342): 618 - 627.

[51] Marshall, B T, Long M, Piper J W, et al. Direct observation of catch bonds involving cell-adhesion molecules[J]. Nature, 2003, 423(6936): 190 - 193.

[52] Kong, F, Long M, Piper J W, et al. Demonstration of catch bonds between an integrin and its ligand[J]. Journal of Cell Biology, 2009. 185(7): 1275 - 1284.

[53] Marshall, B T, Sarangapani K K, Wu J, et al. Measuring molecular elasticity by atomic force microscope cantilever fluctuations. Biophysical Journal, 2006, 90(2): 681 - 692.

[54] Allinger, N L. Molecular structure: Understanding steric and electronic effects from molecular mechanics[M]. Hoboken, N. J. : Wiley, xix, 333 p, 2010.

[55] Poltev, V. Molecular mechanics: Principles, history, and current status, in handbook of computational chemistry [M]. Springer Dordrecht:

Springer, 2016.

[56] Lewars, E G. Molecular Mechanics, in Computational Chemistry: Introduction to the Theory and Applications of Molecular and Quantum Mechanics[M]. Berlin: Springer International Publishing: Cham. 51 - 99, 2016.

[57] Gefen, A Margulies S S. Are in vivo and in situ brain tissues mechanically similar[J]? Journal of Biomechanics, 2004, 37(9): 1339 - 1352.

[58] Qiu, S, Zhao X, Chen J, et al. Characterizing viscoelastic properties of breast cancer tissue in a mouse model using indentation[J]. Journal of Biomechanics, 2018, 69: 81 - 89.

[59] Namani, R, Feng Y, Okamoto R J, et al. Elastic characterization of transversely isotropic soft materials by dynamic shear and asymmetric indentation[J]. Journal of Biomechanical Engineering, 2012, 134(6): 061004.

[60] Fischer-Cripps, A C, Introduction to contact mechanics[M]. Berlin: Springer, 2000.

[61] Tyagi, M, Wang Y, Hall T J, et al. Improving three-dimensional mechanical imaging of breast lesions with principal component analysis [J]. Medical Physics, 2017, 44(8): 4194 - 4203.

[62] Schierbaum, N, Rheinlaender J, Schäffer T E. Viscoelastic properties of normal and cancerous human breast cells are affected differently by contact to adjacent cells[J]. Acta Biomaterialia, 2017, 55(Supplement C): 239 - 248.

[63] Griesenauer, R H, Weis J A, Arlinghaus L R, et al. Breast tissue stiffness estimation for surgical guidance using gravity-induced excitation[J]. Physics in Medicine and Biology, 2017, 62(12): 4756 - 4776.

[64] Dimitriadis, E K, Horkay F, Maresca J, et al. Determination of elastic moduli of thin layers of soft material using the atomic force microscope [J]. Biophysical Journal, 2002, 82(5): 2798 - 2810.

[65] Oyen, M L. Spherical indentation creep following ramp loading[J]. Journal of Materials Research, 2005, 20(8): 2094 - 2100.

[66] Sacks, M. Biaxial mechanical evaluation of planar biological materials [J]. Journal of Elasticity, 2000, 61: 199 - 246.

[67] Zhang, W, Feng Y, Lee C H, et al. A generalized method for the analysis of planar biaxial mechanical data using tethered testing configurations [J]. Journal of Biomechanical Engineering, 2015, 137(6): 064501 - 064501.

[68] Destrade, M, Gilchrist M D, Murphy J G, et al. Extreme softness of brain matter in simple shear[J]. International Journal of Non-Linear Mechanics, 2015, 75: 54 - 58.

[69] Demichelis, A, Divieto C, Mortati L, et al. Toward the realization of reproducible atomic force microscopy measurements of elastic modulus in biological samples [J]. Journal of Biomechanics, 2015, 48 (6): 1099 - 1104.

[70] Costa, K D. Single-cell elastography: Probing for disease with the atomic force microscope[J]. Dis Markers, 2003, 19(2 - 3): 139 - 154.

[71] Lin, D C, Dimitriadis E K, Horkay F. Robust strategies for automated AFM force curve analysis — I [J]. Non-adhesive indentation of soft, inhomogeneous materials. Journal of Biomechanical Engineering, 2007, 129(3): 430 - 440.

[72] Guz, N, Dokukin M, Sokolov I, et al. If cell mechanics can be described by elastic modulus: Study of different models and probes used in indentation experiments[J]. Biophys J, 2014, 107(3): 564 - 575.

[73] Gómez-González M, Latorre E, M Arroyo, et al. Measuring mechanical stress in living tissues[J]. Nature Reviews Physics, 2020, 2(6): 300 - 317.

[74] Septiadi D, Abdussalam W, L Rodriguez-Lorenzo, et al. Revealing the role of epithelial mechanics and macrophage clearance during pulmonary epithelial injury recovery in the presence of carbon nanotubes[J]. Adv

Mater, 2018, 30(52): e1806181.

[75] Narayanan V, Schappell L E, Mayer C R, et al. Osmotic gradients in epithelial acini increase mechanical tension across E-cadherin, drive morphogenesis, and maintain homeostasis. Curr Biol, 2020, 30(4): 624 - 633 e4.

[76] Wubshet, N, Liu A. Methods to mechanically perturb and characterize GUV-based minimal cell models[J]. Computational and Structural Biotechnology Journal, 2022, 18(21): 550 - 562.